"十四五"职业教育国家规划教材
职业教育课程改革与创新系列教材

电梯安装工艺与实训

主 编 冯晓军
参 编 周 军 杨鹏远 霍龙达 高 亮 周 琴
郭玲玲 赵武建 李巧红 袁嘉伟 刘 鹏
主 审 赵光瀛 李乃夫

机械工业出版社

本书以工作页的形式设计了4个学习项目、17个学习任务，内容包括：电梯施工前准备工作（电梯安装施工作业方案、电梯安装现场机房查勘、电梯安装现场井道查勘），电梯机械部件安装（样板架制作与放样、导轨的安装、门系统的安装、驱动系统的安装、轿厢和对重的安装、钢丝绳的安装、导靴的安装、限速器和安全钳的安装、缓冲器的安装），电梯电气部件安装（机房内电气安装、井道内电气安装、轿厢与层站电气安装），电梯试运行检查与调整（电梯运行前检查与调整、电梯试运行检查与调整）。

本书按照项目任务方式组织内容，以工作页形式呈现内容，具有鲜明的职业教育特色。

本书可作为全国中等职业教育电梯专业课程教材，也可用于职业技能培训和供从事电梯技术工作的人员学习参考。

本书附工作页，并配套电子课件、电子教案、习题答案、模拟试卷及动画资源。动画资源以二维码形式穿插于正文中，读者可以直接扫码观看，其他配套资源可通过 www.cmpedu.com 网站免费下载获取。

图书在版编目（CIP）数据

电梯安装工艺与实训/冯晓军主编. —北京：机械工业出版社，2020.6（2024.8重印）

职业教育课程改革与创新系列教材

ISBN 978-7-111-65897-9

Ⅰ.①电… Ⅱ.①冯… Ⅲ.①电梯-安装-职业教育-教材 Ⅳ.①TU857

中国版本图书馆CIP数据核字（2020）第105674号

机械工业出版社（北京市百万庄大街22号 邮政编码100037）
策划编辑：赵红梅 责任编辑：赵红梅 杨晓花
责任校对：王 延 封面设计：张 静
责任印制：单爱军
北京虎彩文化传播有限公司印刷
2024年8月第1版第6次印刷
184mm×260mm · 17.75印张 · 429千字
标准书号：ISBN 978-7-111-65897-9
定价：49.90元

电话服务	网络服务
客服电话：010-88361066	机 工 官 网：www.cmpbook.com
010-88379833	机 工 官 博：weibo.com/cmp1952
010-68326294	金 书 网：www.golden-book.com
封底无防伪标均为盗版	机工教育服务网：www.cmpedu.com

关于“十四五”职业教育
国家规划教材的出版说明

为贯彻落实《中共中央关于认真学习宣传贯彻党的二十大精神的决定》《习近平新时代中国特色社会主义思想进课程教材指南》《职业院校教材管理办法》等文件精神，机械工业出版社与教材编写团队一道，认真执行思政内容进教材、进课堂、进头脑要求，尊重教育规律，遵循学科特点，对教材内容进行了更新，着力落实以下要求：

1. 提升教材铸魂育人功能，培育、践行社会主义核心价值观，教育引导学生树立共产主义远大理想和中国特色社会主义共同理想，坚定“四个自信”，厚植爱国主义情怀，把爱国情、强国志、报国行自觉融入建设社会主义现代化强国、实现中华民族伟大复兴的奋斗之中。同时，弘扬中华优秀传统文化，深入开展宪法法治教育。

2. 注重科学思维方法训练和科学伦理教育，培养学生探索未知、追求真理、勇攀科学高峰的责任感和使命感；强化学生工程伦理教育，培养学生精益求精的大国工匠精神，激发学生科技报国的家国情怀和使命担当。加快构建中国特色哲学社会科学学科体系、学术体系、话语体系。帮助学生了解相关专业和行业领域的国家战略、法律法规和相关政策，引导学生深入社会实践、关注现实问题，培育学生经世济民、诚信服务、德法兼修的职业素养。

3. 教育引导学生深刻理解并自觉实践各行业的职业精神、职业规范，增强职业责任感，培养遵纪守法、爱岗敬业、无私奉献、诚实守信、公道办事、开拓创新的职业品格和行为习惯。

在此基础上，及时更新教材知识内容，体现产业发展的新技术、新工艺、新规范、新标准。加强教材数字化建设，丰富配套资源，形成可听、可视、可练、可互动的融媒体教材。

教材建设需要各方的共同努力，也欢迎相关教材使用院校的师生及时反馈意见和建议，我们将认真组织力量进行研究，在后续重印及再版时吸纳改进，不断推动高质量教材出版。

机械工业出版社

前　言

本书在编写理念上，按照当前职业教育教学改革和教材建设的总体目标，注重职业教育教学规律和技能型人才的成长规律，体现职业教育的教材特色，消除了传统教材仅注重课程内容组织而忽略对学生综合素质与能力培养的弊病，在传授知识与技能的同时注意融入对学生职业道德和职业意识的培养。

本书主要从课程内容体系及其相应教学方法上做了以下尝试与改革：

1. 实践“项目引领，任务驱动”理念，借助虚拟仿真安装作业的形式，呈现了4个学习项目、17个学习任务，主要内容如下：

1）根据电梯安装任务设置电梯施工前准备工作、电梯机械部件安装、电梯电气部件安装、电梯试运行检查与调整4个学习项目，每个项目依据实际安装工作顺序循序渐进。

2）电梯施工前准备工作是本书的开篇，也是电梯安装前的基础准备工作。依据电梯安装前需具备的知识和技能设计了3个学习任务，分别为电梯安装施工作业方案、电梯安装现场机房查勘、电梯安装现场井道查勘。从方案制定到现场检查再到施工准备，每个任务循序进行且都与电梯安装实际相联系。

3）电梯机械部件安装是本书的核心之一。依据电梯安装实际工作设计了9个学习任务，基本参照电梯安装实际顺序设置，即样板架制作与放样→导轨的安装→门系统的安装→驱动系统的安装→轿厢和对重的安装→钢丝绳的安装→导靴的安装→限速器和安全钳的安装→缓冲器的安装，每个任务循序进行，并在任务中穿插虚拟仿真操作和实际安装操作，便于学生充分理解和掌握电梯机械部件的安装知识和技能。

4）电梯电气部件安装是本书的另一个核心。依据电梯安装实际和电梯安装区域划分设计了3个学习任务，即机房内电气安装、井道内电气安装、轿厢与层站电气安装。在每个学习任务中，以虚拟仿真操作为主，提高了学生电气作业的安全性，并能够直观地实现电梯电气部件安装作业，便于学生充分理解和掌握电梯电气部件安装知识和技能。

5）电梯试运行检查与调整是本书的综合操作部分。经过前面3个项目、15个任务的学习，学生已完成电梯安装的基本操作知识和技能的学习，即将开展运行前的试运行与调整操作。本项目依据电梯试运行与调整的作业内容，按安装作业先后分为电梯运行前检查与调整、电梯运行检查与调整两个学习任务，任务之间相互递进，由浅入深，便于学生充分理解和掌握电梯试运行检查与调整的知识和技能。

2. 本书学习项目和学习任务设计如下。

1）本书学习项目设计如图1所示。

2）本书学习任务设计如图2所示。

3. 本书依托“有机房曳引式垂直电梯安装（有脚手架）”为模拟仿真安装任务的实施

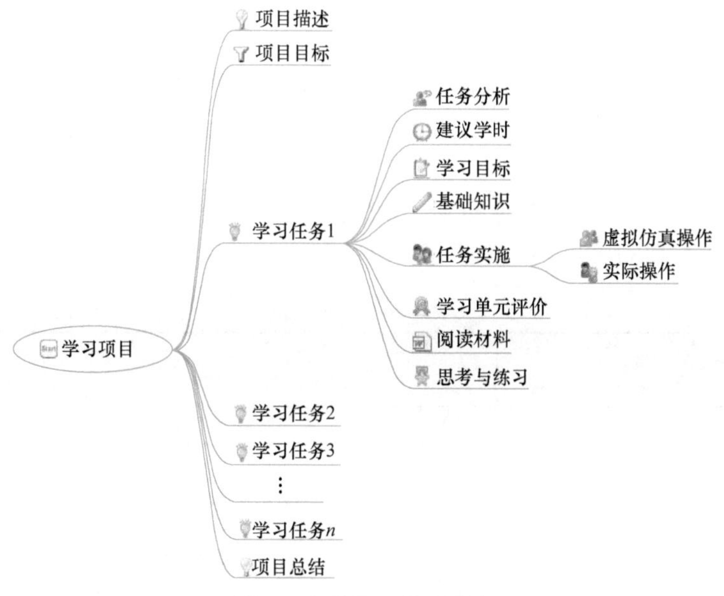

图1　本书学习项目设计

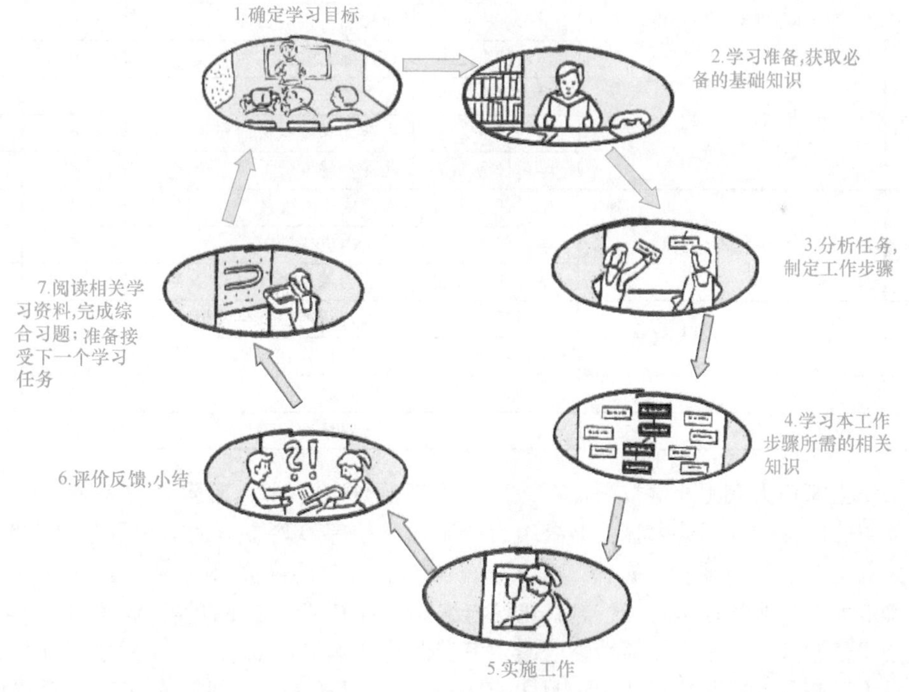

图2　本书学习任务设计

载体，实际操作以电梯模拟机房、模拟井道、模拟底坑实训设备以及电梯开关门实训设备作为实操技能学习载体。该软件解决了长期以来电梯教学设备实用性与教学操作性难以统一的矛盾，实现了真实的使用功能与整合的教学功能、完善的安全保障性能三者的统一，有利于在专业教学中实施任务驱动、项目教学和行动导向等具有职业教育特点的教学方法，达到更理想的教学效果。

4. 本书在内容处理上主要有以下几点说明：

1）若无特别说明，均指垂直电梯的安装。

2）教学（工作）过程强调安全教育与安全防护措施的有效实施。

3）教学组织建议以小组为单位，可进行小组讨论、角色扮演、教师示范（指导）、总结等教学环节。

4）本书可作为中等职业学校电梯专业教材使用，推荐的两个教学方案分别为90学时和126学时（均为一学期完成），见表1。

表1 推荐教学方案

学习项目	项目名称	学习任务	标题与内容	建议教学方案(学时)	
				方案一	方案二
项目1	电梯施工前准备工作	学习任务1.1	电梯安装施工作业方案	4	6
		学习任务1.2	电梯安装现场机房查勘	4	6
		学习任务1.3	电梯安装现场井道查勘	4	6
项目2	电梯机械部件安装	学习任务2.1	样板架制作与放样	4	6
		学习任务2.2	导轨的安装	6	8
		学习任务2.3	门系统的安装	8	10
		学习任务2.4	驱动系统的安装	4	6
		学习任务2.5	轿厢和对重的安装	6	10
		学习任务2.6	钢丝绳的安装	6	8
		学习任务2.7	导靴的安装	4	6
		学习任务2.8	限速器和安全钳的安装	6	8
		学习任务2.9	缓冲器的安装	4	6
项目3	电梯电气部件安装	学习任务3.1	机房内电气安装	4	6
		学习任务3.2	井道内电气安装	6	8
		学习任务3.3	轿厢与层站电气安装	4	6
项目4	电梯试运行检查与调整	学习任务4.1	电梯运行前检查与调整	6	8
		学习任务4.2	电梯运行检查与调整	6	8
		机 动		4	4
		总学时		90	126

本书由上海市大众工业学校冯晓军主编。中新软件（上海）有限公司周军、霍龙达参与编写任务中的虚拟仿真部分内容；上海市大众工业学校郭玲玲参与编写学习项目1部分内容；上海市大众工业学校周琴、袁嘉伟，日立电梯上海有限公司高亮参与编写学习项目2部分内容；上海市大众工业学校李巧红、赵武建参与编写学习项目3部分内容；亚龙智能装备集团股份有限公司杨鹏远、哈尔滨技师学院（哈尔滨劳动技师学院）刘鹏参与编写学习项目4部分内容。全书由冯晓军统稿并编写学习项目1~4中部分学习任务。上海市大众工业学校付磊、张建刚建议并修改了编写方案。本书由赵光瀛、李乃夫担任主审；陶丽芝、孙文涛、陈革、温镜峰、任庆远等为本书提供了相关资料。本书配套动画资源由中新软件（上海）有限公司提供。在此一并表示衷心的感谢！

欢迎读者及同行对本书提出意见或给予指正！

编 者

目 录

学习项目1 电梯施工前准备工作

项目描述

某工地拟安装一台乘客电梯，要求电梯安装企业结合实际完成以下工作任务：

1. 电梯安装施工作业方案。
2. 电梯安装现场机房查勘。
3. 电梯安装现场井道及底坑查勘。

项目目标

施工前准备是电梯安装工程的基础阶段，只有充分重视这项工作，才能保证工程施工顺利进行。在电梯安装之前先要做好调查研究，摸清工程情况，制订合理的施工方案，为电梯安装工作的实施打下基础。

通过本项目的学习达到以下目标：

1. 学会制订电梯安装进度表。
2. 学会制订电梯安装工艺流程图。
3. 学会进行开工前检验与开工告知。
4. 学会机房查勘的基本方法和内容。
5. 学会井道及底坑查勘的基本方法和内容。

学习任务1.1 电梯安装施工作业方案

任务分析

本任务是电梯安装工程的基础任务，了解电梯安装施工前的准备工作，积极做好开工准备，保证电梯安装施工的顺利进行。在电梯安装之前先要做好充分准备，摸清工程情况，制订合理的施工、接收和施工现场检验方案等，为电梯安装后续学习任务的实施打下基础。

建议学时

建议完成本任务用4~6学时。

学习目标

应知

1. 了解电梯安装施工方案的概念、特点。
2. 了解施工方案制订原则。
3. 理解电梯安装施工方案包含的内容。

4. 理解开工告知的概念、办理所需材料。

5. 掌握施工方案涉及的主要内容。

应会

1. 能够按照电梯安装施工的基本要求和内容开展作业。

2. 学会合理制订安装进度计划表。

3. 能够准备相关材料并办理开工告知。

基础知识

随着电梯市场竞争日益激烈，电梯生产厂商在电梯安装方面也在考虑降低成本、提高效率，因此，大多数电梯生产厂商在保障安全生产的情况下已同意有机房电梯在安装过程中采用电梯半成品作为升降平台并在慢车状态下进行电梯的安装，这就是业界所讲的“电梯无脚手架施工工艺”。无脚手架安装又称自导式安装，在安装过程中不借助电梯产品之外的辅助工具，具有简单易行、降低电梯安装工程成本、提高施工效率、提高安全性等优点。

电梯无脚手架安装工法的上样板架由在井道顶部架设改为在机房架设。由于是在机房地板上架设，避免了上样板架在井道顶部架设时的高空作业，井道部件是站在有充分安全保护的电梯轿厢厢体上进行安装；而电梯有脚手架安装工法中，安装井道部件（如导轨支架、导轨、厅门等）时电梯安装工人站在脚手架上进行安装作业，危险性较高。

电梯有脚手架安装工法需要在安装前搭建脚手架，在脚手架搭建完成后方可实施后续的安装作业。与无脚手架安装工法相比人力、物力消耗较大，安装成本高，但无机房电梯的安装依旧采用有脚手架安装工法。电梯无脚手架施工过程中，只要控制好安全节点，其各方面优势明显大于有脚手架施工。目前无脚手架施工工艺已经非常成熟，因此大部分安装企业在有机房电梯安装工艺上都选用自导式无脚手架安装。

一、电梯安装施工方案基础知识

电梯安装施工过程中，严格执行 GB 7588—2003《电梯制造与安装安全规范》及 1 号修改单、GB/T 10060—2011《电梯安装验收规范》、GB/T 10058—2009《电梯技术条件》、GB/T 10059—2009《电梯试验方法》、GB 50310—2002《电梯工程施工质量验收规范》。

1. 施工方案的概念

施工方案是电梯安装单位在进入施工现场前对电梯安装工程中的整梯或分项施工方法、步骤的整体分析，是对施工实施过程所消耗的劳动力、材料、机械、费用以及工期等在合理组织的条件下，进行安全、技术、经济的分析，力求采用新技术，从中选择最优方案。对于工程项目中一些施工难点和关键分部、分项工程，施工单位经常会编制专门的施工方案。

2. 施工方案的特点

1）施工方案是依据施工组织设计对电梯安装过程中一分项工程的施工方法而编制的具体的施工工艺，它将对此分项工程的材料、机具、人员、工艺进行详细的部署，保证质量、安全和安全文明施工的各项要求，应该具有可行性、可操作性，符合施工及验收规范。

2）施工方案编制的对象通常指具体的一个分部、分项工程施工的实施过程。其编制内容通常包括工程概况、施工中的难点及重点分析、施工方法的比较、具体的施工方法和质量、安全控制以及成品保护等方面的内容。

3）施工方案侧重实施，实施讲究可操作性，便于局部具体的施工指导，也是对施工方法的细化，它反映的是如何实施施工方案、如何保证施工质量以及如何控制施工安全。

二、施工方案包含内容

施工方案是以指导专业工程实施为对象的技术经济文件，是指导现场施工的基本规范。制订先进、合理、切实可行的施工方案是保证优质、高效完成安装工程的重要措施。

1. 电梯安装工程的基本概况

包括建设单位名称、安装地点、安装电梯台数、电梯层站与提升高度、电梯型号、曳引方式、控制方式、生产厂家、开工日期、竣工日期、设备和材料供应方式。

2. 施工顺序安排

多台电梯施工顺序的安排，应根据建设单位使用、投产的顺序，以及整体工程的综合平衡为原则来确定。

单台电梯施工顺序的安排如图 1-1 所示，并应考虑与土建交叉作业、安装工序的衔接，防止颠倒工序，避免重复劳动。

3. 施工方法及技术措施

电梯安装可根据安装工艺特点选择相应的安装方法。如采用有脚手架或无脚手架施工方法；轿厢在顶层或底层拼装方法；高层电梯的上、下模板放样法或分段放样法等。

对于土建上造成的既成事实的缺陷和产品上某些部件的不足，或建设单位提出的特殊要求，应制订出周密、经济、合理的技术措施。如牵涉到土建结构、产品设备的重要部位，应会同土建单位、制造厂、建设单位，对变更进行审签。

对于电梯安装的重要工序，建立质量控制点。如样板架的制作、承重梁埋墙深度、导轨整体高度的垂直差等，必须进行实际验收合格后，方可进入下道工序，否则安装完毕后就难以测量。电梯的试运行过程，也要采取严格的安全保护措施。

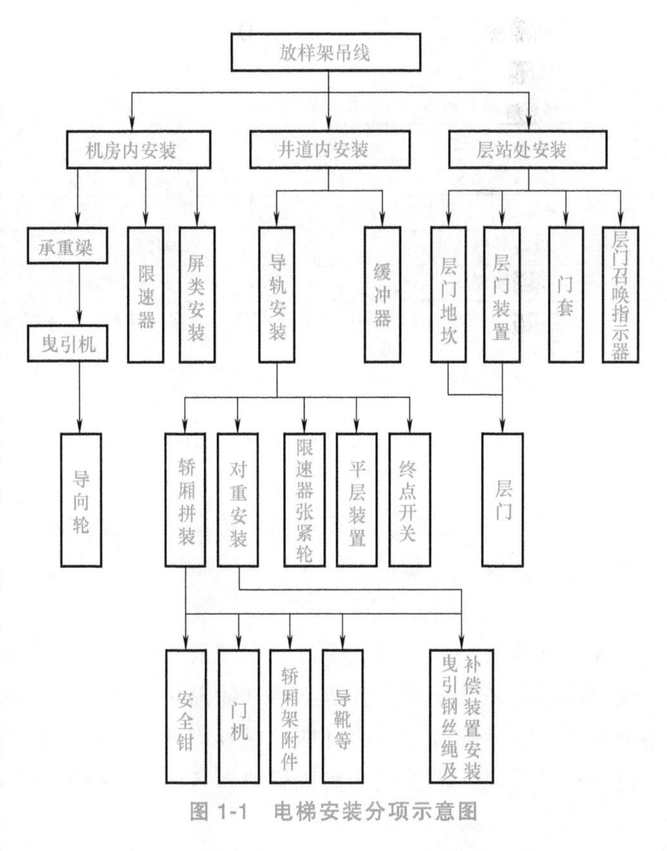

图 1-1 电梯安装分项示意图

总之，施工方法及技术措施必须结合实际，考虑工程特点、技术、进度上的要求，尽量采用成熟和先进的工艺。

4. 材料、机具、现场加工件计划

电梯安装主材均由制造厂家随机提供，自备常用材料为齿轮油、机油、润滑脂、样板架

板材、膨胀螺栓、水泥、氧气、乙炔及焊条等。

现场加工件是指现场勘测后，发现由土建尺寸缺陷而采用的补救技术措施，如钢牛腿制作、导轨支架制作等；也有因设备运输、吊装损坏需制作的部件；还包括安装过程中临时设施中采用的构件。

三、电梯安装进度表

安装进度表又称为施工计划，根据工程的需要，排出合理的安装计划，在制订过程中应注意以下几点：

1. 班组计划表

每个安装班组须制订相应的工作计划与工作进度，见表1-1。

表1-1 电梯安装计划表

序号	工序名称	参考天数	序号	工序名称	参考天数	序号	工序名称	参考天数
1	项目实情调查	0.5	10	机房设备安装	2	19	安装其余导轨	5
2	施工方案审批	2	11	第一档导轨安装	0.5	20	安装层门组件	3
3	机房、土建查勘	0.5	12	底坑缓冲器安装	0.5	21	安装井道部件	3
4	设备进场及吊装	0.5	13	轿地及轿架安装	1	22	轿厢最后组装	2
5	班组进场	0.5	14	安装对重架	0.5	23	厂检、调试	1
6	井道修正交接	1	15	曳引钢丝绳施放	0.5	24	政府部门验收	0.5
7	开口处安全防护	1	16	限速设备安装	0.5	25	竣工资料整理	2
8	设备开箱清点	1	17	安装随行电缆	0.5		电梯交付	1
9	放样	1	18	电梯慢车调试	1			

注：表中工作日按单台12层以下VVVF标准有机房客梯计算，因电梯操纵方式多，工作量有很大差异，本表仅供参考。

2. 数据记录

工作完成的每一步需做好必要的尺寸和数据记录，以便核实、检查。

3. 通知检验

每一道工序完成时，应通知安装监督员进行检验，如不合格，不能进行下道工序，且要及时返工，确保安装质量。

4. 编制施工计划

安装进度表的制订需要甲方或土建商的协助，加之电梯安装合同对工期有明确的要求，故预先编制好施工计划，并得到甲方的确认非常重要。需要甲方配合的主要事项有提供施工用电日期、提供临时工具房日期、提供终饰楼面标高日期、提供开箱清点电梯部件日期、提供门套填埋日期、提供机房搁机梁填埋日期、提供动力用电日期等。

5. 合同的签订

在正常情况下，按照电梯制造商与用户签订的买卖合同和安装合同相关规定，在电梯产品货到用户安装现场的前两个月，电梯安装单位会派前期施工联系人员，前往用户单位勘察电梯井道、机房、层门、底坑尺寸是否符合电梯合同中双方确认的并由电梯制造商提供的设计图。在前期，施工联系人员实际勘测井道后，还需要填写产品施工联系单，见表1-2，双方各执一份，并签字，作为进场安装前工作的依据。

表 1-2 电梯安装施工联系单

<table>
<tr><td colspan="2">项目名称</td><td colspan="3"></td></tr>
<tr><td colspan="2">项目地址</td><td colspan="3"></td></tr>
<tr><td colspan="2">委托方联系人</td><td></td><td>联系电话</td><td></td></tr>
<tr><td rowspan="6">电梯</td><td>电梯型号规格</td><td></td><td>层站数</td><td></td></tr>
<tr><td>井道平面尺寸</td><td>宽 mm
深 mm</td><td>机房平面尺寸</td><td>宽 mm
深 mm</td></tr>
<tr><td>机房高度</td><td>m</td><td>底坑深度</td><td>m</td></tr>
<tr><td>井道总高度</td><td>m</td><td>提升高度</td><td>m</td></tr>
<tr><td>门口宽度</td><td></td><td>门洞左侧墙宽</td><td></td></tr>
<tr><td>门口高度</td><td></td><td>门洞右侧墙宽</td><td></td></tr>
<tr><td>委托方负责项目</td><td colspan="4">1. 三相五线制正式电缆送至机房(并确保供电)____________。
2. 起吊____________。
3. 库房____________。
4. 楼层标高线____________。
5. 机房门窗____________。
6. 层站召唤孔____________。
7. 机房楼板留孔____________。
8. 主机承重梁安装孔____________。
9. 机房照明____________。
10. 机房爬梯护栏____________。
11. 二层机房防护____________。</td></tr>
<tr><td>安装后期委托方需完成工作</td><td colspan="4">1. 机房孔洞的封堵,承重梁头封堵。
2. 层门口门套外封堵及装修。
3. 层门地坎与地面之间空隙封堵。
4. 机房配备灭火设施。
5. 值班室(单独房间,有人接听)电话线(如果合同有监控)接至机房。
6. 正式电源(三相五线制)送至机房。
7. 到技术监督局培训电梯管理人员。
8. 机房门安装(朝外开启)。
9. 机房爬梯、护栏安装到位。
10. 机房照明、通风设施。</td></tr>
<tr><td>进场时间</td><td colspan="4"></td></tr>
<tr><td>安全事项</td><td colspan="4">1. 委托方应在各层门口,设置红白禁止入内标志防止无关人员进入。
2. 受托方施工期间,委托方应禁止任何人向井道内投掷物品。
3. 委托方应在井道附近放置灭火器、黄沙桶等消防器具。
4. 当受托方进行明火施工时,委托方应有专人值班,做好防火防爆工作。</td></tr>
</table>

6. 施工前手续的办理

根据《特种设备使用管理规则》规定，特种设备在投入使用前，使用单位必须持有有关资料到所在地区的地、市级以上（含地、市级）特种设备安全监管部门申请办理使用登记。

四、施工技术、安全交底

技术、安全交底的目的是为了使参与施工人员明确了解工程的特点、技术要求、安全要求，做到心中有数，以便科学地组织施工和按规程进行作业。

电梯安装公司项目部技术人员将根据现场实际情况编制的施工方案递交技术负责人审核批准后，向安装班组长或工地负责人进行交底。

交底主要内容包括：

1）施工方案的内容。

2）图样要求、质量要求和应注意的关键问题。

3）安全施工的注意事项。

4）安装过程记录、质量自检记录的内容、要求、填写方式。

交底可以书面与口头相结合，重要事项必须进行书面交底，必要时还需用示范操作方法进行技术交底。这是落实技术责任制的重要措施。

五、开工告知

电梯作为一种特种设备，在安装前要向国家相关部门提出申请，进行备案，否则不能施工。

1. 开工告知的目的

根据《特种设备安全监察条例》规定，安装、大修和改造特种设备前，使用单位必须持有关资料到所在地区的区、县级特种设备安全监察机构和特种设备检验单位申请备案和告知，安装完工经特种设备检验单位验收合格后必须到质量技术监督局办理注册登记手续后，电梯方能投入使用，否则被认为不合法律手续、甚至被罚款。所以在电梯安装前，安装单位需携带单位资质性文件、出厂合格证等相关资料到项目所在地、县区局特种设备安全监督部门办理告知手续。

2. 开工告知包含的内容

开工告知包含电梯安装开工告知单、电梯监督检验开工报验单、安装资质证、产品制造单位安装授权书、产品制造许可证（复印件）、整梯型式试验报告、安装人员名单及其操作证、产品合格证，以便审查企业资格是否符合所从事的安装活动的要求，审查安装设备是否合法生产。由当地特种设备监察部门审查后，再由检验单位监督安装过程，办理完告知和安装过程监督检验手续，安装施工单位方可进行施工安装。

视频教学资源

演示电梯安装施工作业方案。

扫码观看

任务实施

步骤一：学习准备

1. 根据本任务学习内容编制电梯安装工艺，教师事先做好预案，通过填写电梯安装工艺流程记录表（见表1-3）完成本任务，学生分组开展任务实施工作。

2. 指导教师对电梯安装工艺流程记录表填写要求做简单介绍。

3. 学生制订电梯安装方案。

4. 组织学习观看视频，了解电梯安装工艺流程记录表编写的基本内容与要求。

5. 学生以3~6人为一组，结合本任务学习内容、教师讲解，然后将电梯安装工艺顺序填写在表1-3中。

表1-3　电梯安装工艺流程记录表

作业人员		记录人	
作业小组名称：			
电梯安装工艺流程			
备注			

步骤二：制订安装方案

模拟实际电梯安装作业，完成电梯安装合同的签订任务。

1. 完成产品施工联系单填写任务。

2. 完成电梯安装工艺流程记录表填写任务。

步骤三：教师巡回指导

结合本任务学习内容，开展任务实施作业，教师巡回指导，及时发现和解决学生存在的问题。

步骤四：任务点评

根据学生的任务实施情况，进行任务实施点评，提高学生应用所学知识解决实际工作问题的能力。

学习单元评价

自我评价（100分）

由学生根据任务完成情况进行自我评价，评分值记录于表1-4中。

表1-4　自我评价表

学习任务	项目内容	配分	评分标准	扣分	得分
学习任务1.1	1. 课堂纪律	10	1. 不遵守课堂纪律要求(扣2分/次) 2. 有其他的违反课堂纪律的行为(扣2分/次)		
	2. 熟悉电梯安装工艺流程	40	1. 利用网络资源、工艺手册等查找有效信息(5分) 2. 叙述电梯安装前的准备工作(5分) 3. 叙述电梯安装施工方案的概念、特点(5分) 4. 叙述电梯安装施工方案包含内容(5分) 5. 叙述开工告知的概念、办理所需材料(5分) 6. 合理制订安装进度计划表(5分) 7. 模拟操作(10分)		
	3. 安装工艺流程记录	40	1. 填写安装工艺流程表(5分) 2. 缺少工艺流程(缺漏一个扣3分,总分15分) 3. 安装工艺流程错乱(缺漏一个扣3分,总分15分) 4. 能独立完成工作页的填写(5分)		
	4. 职业规范和环境保护	10	1. 在工作过程中工具和器材摆放凌乱(扣3分/次) 2. 不爱护设备、工具,不节省材料(扣3分/次) 3. 在工作完成后不清理现场,在工作中产生的废弃物不按规定处置(扣2分/次,将废弃物遗弃在工作现场的可扣3分/次)		
			总评分=(1~4项总分)		

签名：________　________年____月____日

阅读材料

电梯安装安全操作规程（示例）

电梯安装是多工种协同的立体交叉高空作业，危险性很大。加强电梯安装工程中的安全防护，减少和避免伤亡事故，非常重要。根据有关技术标准和安全规程，对电梯安装、调试全过程提出规定、要求及注意事项，供施工现场负责人及安装作业人员遵照执行。

一、一般规定

1. 所有参加电梯安装工程的管理干部和技术工人必须经过有关的安全技术培训，熟悉有关的安全技术规程。经考核合格，领取与作业内容相关的特种作业人员操作证，并持证上岗。

2. 凡不适应登高作业者，如患有高血压、心脏病等人员，不得从事电梯安装施工工作。

3. 施工单位在承接安装任务后，应根据施工现场的实际情况和工程具体内容，编写施工方案。施工方案中应包括安全技术措施，就安全生产问题向班组及施工人员详细交底并签字。

4. 施工方案批准后，必须坚决执行，不得随意更改。如果在执行过程中遇到和发生新的安全问题时，应即时上报安全管理部门，立即调整或采取相应措施。

二、施工准备

1. 清扫施工现场的进出通道。每层电梯层门门口、机房等做好防护，以防杂物落入井道内和阻碍施工通道。机房门、窗完好。门上装锁并悬挂“非电梯施工人员不得入内”的标志牌。

2. 开箱清点后的设备及材料的堆放要求如下：

1）重型设备及部件，不可集中堆放在楼板或屋顶上，应分散堆放并垫好脚手板，或放于承重梁上。

2）长型部件及材料，如轨道、立柱、门框、门扇、型钢、轿厢顶、底盘等不允许立放，防止倾倒伤人。

3）堆放的设备及材料不能阻碍施工通道。

3. 认真清理井道内杂物和底坑内积水。根据施工方案要求，按《高层建筑施工安全防护规定》有关规定搭设井道脚手架（若采用无脚手架施工，则应按安全规范要求制作施工吊笼并检验其安全可靠性）。

1）脚手架若用钢管搭设，其扣件连接应牢固。严禁用铁丝代替扣件捆扎钢管脚手。若用毛竹搭设，需用大于12#的铁丝绑扎绞紧，横杆不得移动，脚手架顶部承重力应为2500N/m^2。

2）从第三层起每隔两层张设一片安全网，网四边应与横杆可靠连接，网内不得有杂物。

3）脚手架横杆间距为600~800mm，与井道壁间距在满足安装情况下越小越好。两端交替顶墙，保持架体牢固。

4）每一施工面均应铺设脚手板（保证施工所需要的数量）。木质脚手板厚度应不小于50mm，宽度不小于200mm，且与横杆固定后两端外露应大于300mm。

5）脚手架必须采取接地保护措施，搭设完毕后在底坑中打一接地桩并与架子立柱可靠连接。

6）脚手架搭设完毕后由安全主管部门（或施工负责人）检查验收并签字。

4. 利用脚手架清理井道内壁残留模板、钢筋等杂物，堵塞井壁孔洞，铲除凸出部分。

5. 每层电梯层门必须装设外开防护门，防止意外坠落，直至电梯层门装好后方可拆除，防护门应注明警告语，如“井道危险，勿进，勿抛杂物”等。

6. 施工用临时电应安全可靠，容量相符。导线采用橡皮电缆。临时配电柜（箱）设在机房或首层电梯厅内并上锁，照明和动力回路分设开关，线路装设剩余电流保护装置。禁止用工作零线代替保护接地线。

井道内施工用照明，其电压不得大于36V，行灯变压器设在电梯井道外并加箱上锁，线路装设熔断器保护，井道内照明线路应与脚手架保持一定距离，禁止使用塑料线，灯头上加装防护灯罩。手持电动工具应符合《施工现场临用电安全防护规定》。

7. 标明施工现场的火灾报警处、火警电话号码、消防栓具体位置，并在首层、机房、顶层及井道1/2处各配置干粉灭火器两台。

三、安全操作

1. 严禁酒后或在精神恍惚时从事电梯安装作业。

2. 进入井道施工现场时，不得穿着硬底鞋，必须戴好安全帽，系好安全带，施工人员随身携带的小型工具，如锤子、扳手等要装入工具包，或用绳子系好扣在手腕上，以免滑落伤人。施工中不可向上或向下乱抛材料和工具。

3. 在井道和脚手架上工作时，必须照顾上下左右的其他作业人员，相互提醒和防范，并注意不要碰撞各条垂直线，防止变形和掉落伤人，应避免在井道内垂直交叉作业。

4. 在井道内和脚手架上使用电动工具时，应戴好绝缘手套并注意站立位置，电动工具应有良好的接地保护，用完后立即切断电源。

5. 井道内的电焊把线、气焊皮管等要经常理顺，并检查有无磨损、拉断、漏气、漏电及打火现象。在进行电气焊、气割等动火工作前应先向主管部门申报，征得批准并落实了专人监护后方可进行动火作业。作业完毕经检查不存隐患后方可离开。

6. 施工中使用的易燃易爆品，如汽油、煤油油漆、氧气、乙炔气（或电石）等要妥善保管，分开存放并远离火源，使用时注意安全距离，作业后不可零散地留在施工现场，要入库进行统一保管。

7. 安装使用的吊具、绳索等使用前要仔细检查，做强度试验，吊装时核对吊钩强度及被吊物重量，在机房进行承重架、曳引机设备就位时，要保持适当的操作间距，防止挤压碰撞吊装电梯导轨，最好用小型卷扬机进行，吊钩采用转钩，防止钢丝绳打旋。无条件而必须用人力拉绳时，最少应有两人以上操作，起吊和就位导轨时，除固定导轨的工作人员外，井道内不得停留其他人员，底坑中更不能进行其他安装工作。高层电梯应尽量减少起吊次数。

8. 对重装置、曳引绳安装中，除按操作规程外，应注意：

1）安装对重框架时，手拉葫芦悬挂牢靠对重框架下部严禁站人，防止框架绞动时撞击挤压。

2）对重块装入框架后，应装好固定装置，防止移动滑出（在电梯试运行前，应对其平衡系数核对）。

3）钢丝绳末端若采用金属或树脂填充锥套固定时，在预热锥套、加温填充物过程中，应防止烫伤，浇灌锥套时，应戴好防护眼镜和手套，使用喷灯的装油量不得超过容积的3/4。

4）曳引绳安装完毕后，应严格检查，确认可靠后方可提起轿厢，拆除支承依托，然后慢慢放下轿厢，及时调整绳头组合螺母。

9. 在多台电梯共用的井道里作业时，应加倍小心，安装人员不但要注意本电梯的位移，还要留心相邻电梯的动态。

10. 在给轴承和其他摩擦滑动部位加注润滑油时，应避免溢出。加油过程中电梯不得运转，冬季或雨季施工时，应注意滑落伤害，尤其是登高作业时更应做好防护。机房门窗应关好，以防雨雪浸入。

11. 电梯机械、电气等各部分安装完毕后，应按产品设计规范、安装规范等技术要求逐项目、逐单元进行严格检查和调整。

12. 认真清除机房、轿厢、层门等各处的障碍，自上而下拆除井道脚手架，施工临时用电和各种防护设施等收好堆放整齐，关闭各层层门。

思考与练习

一、填空题

1. 施工方案是在合理组织的条件下，进行__________、__________的分析，力求采用新技术，从中选择最优方案。

2. 施工方案应该具有__________、__________，符合施工及验收规范。

3. 每个安装班组须制定相应的____________________。

4. 工作完成的每一步须做必要的__________和__________记录，以便核实、检查。

5. 技术、安全交底的目的是为了使参与施工人员明确了解__________、技术要求、安全要求，做到心中有数，以便科学地组织施工和按规程进行作业。

二、判断题

1. 电梯安装的实质是电梯零部件的总装配，必须在电梯使用现场进行。（ ）

2. 电梯安装前，不需派专业检测人员根据国家标准和委托单位、设计单位所提供的电梯井道、机房土建图的尺寸进行查验，并做好详细记录备案。（ ）

3. 在电梯安装与大修工程中，无须在井道内架设脚手架。（ ）

4. 电梯井道内脚手架有竹、木、钢管三种。（ ）

5. 电梯安装根据安装工艺特点，采用指定的安装方法来完成。（ ）

三、选择题

1. 电梯安装工程一般以小组为单位进行，通常有（ ）安装1~2台电梯。

A. 2~4人　　B. 2~6人　　C. 3~5人　　D. 3~6人

2. 电梯在施工时，超过（　　）以上，应系好安全带。

A. 1.0m　　B. 1.2m　　C. 1.3m　　D. 1.5m

3. 竹脚手架用于立杆时，其长度为（　　），小头有效部分直径大于60mm。

A. 4~8m　　B. 4~9m　　C. 4~10m　　D. 4~12m

4. 特种设备安装、改造及重大维修的施工单位应当在施工前将拟进行的特种设备安装、改造、维修情况书面告知（　　）特种设备安全监督管理部门。

A. 省级　　B. 地市级　　C. 区县级　　D. 乡镇级

5. 电梯安装施工过程中，电梯安装单位可以不（　　）。

A. 遵守施工现场的安全生产要求　　B. 落实现场安全防护措施

C. 与建筑物同步施工　　D. 在电梯井道工程质量验收之后进行

四、简答题

1. 简述电梯安装施工方案的特点。

2. 简述开工告知包含的内容。

学习任务1.2　电梯安装现场机房查勘

任务分析

电梯安装作业需遵循电梯安装作业标准，在安装作业前需做好充足的安装准备，开展机房查勘作业，及时了解作业现场情况，对安装现场进行调查、了解，落实必要的施工条件，并做好记录，为施工作业提供依据。通过本任务的学习，有助于学生了解电梯安装前机房查勘所应具备的基本知识，掌握电梯安装过程中机房查勘的基本内容和方法，便于学生掌握从事电梯安装工作的基础能力。

建议学时

建议完成本任务用4~6学时。

学习目标

应知

1. 了解电梯土建检查作业内容及要求。
2. 了解现场施工条件的内容。
3. 掌握土建勘查作业要点。
4. 掌握机房查勘记录表填写方法和内容。

应会

1. 能够按照电梯机房查勘的基本要求和内容开展作业。
2. 学会机房查勘方法与内容。

基础知识

一、电梯机房土建情况检查

电梯驱动主机及其附属设备应设置在一个专用房间内，该房间应有实体的墙壁、房顶、门和（或）活板门，只有经过批准的人员（维修、检查和营救人员）才能接近，该房间称为机房，机房土建图如图 1-2 所示。

机房不应用于电梯以外的其他用途，也不应设置非电梯用的线槽、电缆或装置。但机房可设置电梯的驱动主机、通风设备、空调，机房还应设置火灾探测器、灭火器和防鼠设施。

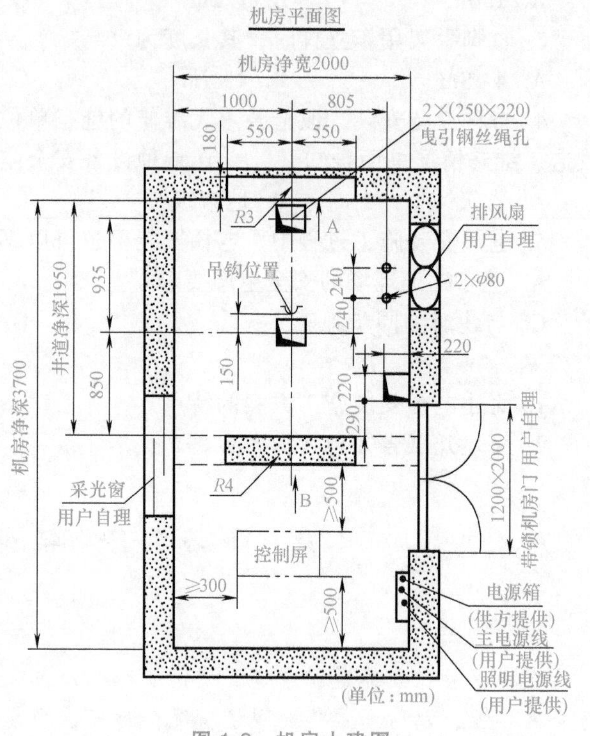

图 1-2 机房土建图

1. 承载强度

机房结构应能承受预定的载荷和力。机房要用经久耐用和不易产生灰尘的材料建造。机房地面应采用防滑材料，如抹平混凝土、地坪漆、波纹钢板等。

2. 机房尺寸

机房应有足够的尺寸，以允许人员安全方便地对有关设备进行作业，尤其是对电气设备的作业。特别是工作区域的净高应不小于 2m，且在控制柜前有一块净空面积，该面积从控制柜的外表面测量时深度不小于 0.70m；宽度为 0.50m 或控制柜的全宽两者中的大者。

为了对运动部件进行维修和检查，在必要的地点以及需要人工紧急操作的地方，要有一块不小于 0.50m×0.60m 的水平净空面积，供活动区域的净高度应不小于 1.80m。净空场地的通道宽度应不小于 0.50m、在没有运动部件的地方，此值可减少到 0.40m。

供活动区域的净高度是指从屋顶结构梁下面测量到通道场地和工作场地的地面。电梯驱动主机旋转部件的上方应有不小于 0.30m 的垂直净空距离。机房地面高度不一并且相差大于 0.50m 时，应设置楼梯或台阶，并设置护栏。机房地面有任何深度大于 0.50m、宽度小于 0.50m 的凹坑或任何槽坑时，均应盖住。通道门宽度不小于 0.6m，高度不小于 1.8m，且门不得向房内开启。通往机房的通道宽度不得低于 1m。

3. 门和检修活板门

电梯机房门耐火极限不低于 1 小时防火门，通道门的宽度应不小于 0.60m，高度应不小于 1.80m，且门不得向房内开启。供人员进出的检修活板门，其净通道尺寸应不小于 0.80m×0.80m，且开门后能保持在开启位置。所有检修活板门，当处于关闭位置时，均应能支撑两个人的体重，每个人按在门的任意 0.20m×0.20m 面积上作用 1000N 的力，门应无永久变形。检修活板门除非与可收缩的梯子连接外，不得向下开启。如果门上装有铰链，应属于不能脱钩的形式。当检修活板门开启时，应有防止人员坠落的措施（如设置护栏）。

门或检修活板门应装有带钥匙的锁，可以从机房内不用钥匙打开。只供运送器材的活板门，只能从机房内部锁住。

4. 其他开口

楼板和机房地板上的开孔尺寸，在满足使用前提下应减到最小。为了防止物体通过位于井道上方的开口，包括通过电缆用的开孔坠落的危险，必须采用圈框，此圈框应凸出楼板或完工地面至少 50mm。

5. 通风

机房应有适当的通风，同时必须考虑到井道通过机房通风。从建筑物其他处抽出的陈腐空气不得直接排入机房内。应保护电机、设备以及电缆等，使它们尽可能不受灰尘、有害气体和湿气的损害。机房温度要求在 5~40℃之间，所以机房一般设置温湿度计。

6. 照明和电源插座

机房应设有永久性的电气照明，地面上的照度应不小于 200lx。照明电源应与电梯驱动主机电源分开，可通过另外的电路或通过与主开关供电侧相连，而获得照明电源。在机房内靠近入口（或多个入口）处的适当高度应设有一个开关，控制机房照明。

机房内应至少设有一个电源插座且机房内需提供电梯电源开关装置，设置的位置必须是在机房内显眼的位置，且能迅速切断电源，高度距离地面为 1.3~1.5m。

7. 防鼠措施

机房门口应安装防鼠板，机房内设置粘鼠板或防鼠笼及诱饵。

8. 电梯机房应有的各种标识

电梯机房吊钩梁上应标识吊钩安全设计载荷，电梯轿厢平层标识，电梯紧急救援盘车方法，紧急救援设备，机房防火制度，机房管理制度，安装维修单位资质及维修操作人证件复印件要标示清楚。

9. 设备的搬运

在机房顶板或横梁的适当位置上，应装备一个或多个适用的具有安全工作载荷标识的金属支架或吊钩，以便起吊重载设备，电梯驱动主机选装部件上方应有不小于 0.3m 的垂直净空。

二、现场的基本施工条件

安装前应了解设备的到货、保管情况，从设备堆放到安装现场的道路状况、距离，以便确定采取何种水平运输方式。了解土建单位有无可供利用的垂直提升设备（要求提升高度到机房，提升重量为单台曳引机毛重），确定设备大件的吊运方式。

落实现场的材料、工具用房。一般要求在井道附近的房间，面积 15m^2 左右，门窗齐全，底层、顶层各一间。10 层以上的电梯，在中间层宜备一间。

施工临时用电必须是三相四线制，且容量应满足施工用电和电梯试运行的需要。电源应引到机房内，并设置开关。

视频教学资源

演示电梯安装现场机房查勘。

扫码观看

任务实施

步骤一：学习准备

1. 指导教师事先了解模拟机房周边情况，做好预案，开展分组准备工作。

2. 指导教师对操作的安全规范要求做简单介绍。根据电梯机房布置图进行现场核对、实测。例如：

1）机房必须满足最小面积要求，机房尺寸将影响设备的排列、布置。

2）机房的最低高度、吊钩的预埋位置和载荷量与曳引机安装位置有关。

3）机房的门宽不小于1m，便于设备进入机房。

4）机房内应通风良好，并有足够的照明。

5）机房电源一般设在入口处。

3. 借助仿真软件制订电梯安装方案。

4. 组织学生观看视频，了解机房土建的基本要求和查勘机房的基本内容。

5. 学生以3~6人为一组，在指导教师的带领下根据电梯机房布置图进行现场核对、实测。然后将测量结果记录于表1-5中。

表1-5 电梯机房查勘记录表

序号	测量内容	测量要求	是否达标
1	机房尺寸		
2	工作区域的净高		
3	紧急作业区域面积		
4	机房通道门		
5	机房地板开孔尺寸		
6	地面照度		

注意：操作过程要注意安全，由于本任务在模拟井道中操作，需提醒学生注意开口部防护。机房测量需在教师指导下进行。

步骤二：模拟机房现场查勘

模拟实施机房查勘作业，具体任务如下：

1. 完成机房尺寸测量任务，验证机房设置是否符合标准。

2. 实施机房照明和供电情况查勘作业任务。

3. 查勘机房内搬运设施是否符合要求。

步骤三：教师巡回指导

结合本任务学习内容，开展模拟任务实施作业，教师巡回指导，及时发现和解决学生存在的问题。

步骤四：任务点评

根据学生的任务实施情况，进行任务实施点评，提高学生应用所学知识解决实际工作问题的能力。

学习单元评价

自我评价（100分）

由学生根据任务完成情况进行自我评价，评分值记录于表1-6中。

表 1-6　自我评价表

学习任务	项目内容	配分	评分标准	扣分	得分
学习任务 1.2	1. 安全意识	15	1. 不遵守安全操作规范要求(扣 2 分/次) 2. 有其他违反安全操作规范的行为(扣 2 分/次)		
	2. 查勘作业、数据测量与记录	70	1. 测量数据准确,测量内容如下: (1)机房尺寸(8 分) (2)工作区域的净高(8 分) (3)紧急作业区域面积(6 分) (4)机房通道门(6 分) (5)机房地板开孔尺寸(6 分) (6)地面照度(6 分) 2. 测量方法准确(10 分) 3. 查勘作业规范(10 分) 4. 模拟查勘作业(10 分)		
	3. 职业规范和环境保护	15	1. 在工作过程中工具和器材摆放凌乱(扣 3 分/次) 2. 不爱护设备、工具,不节省材料(扣 3 分/次) 3. 在工作完成后不清理现场,在工作中产生的废弃物不按规定处置(扣 2 分/次,将废弃物遗弃在工作现场的可扣 3 分/次)		
			总评分=(1~3 项总分)		

签名：________　________年____月____日

阅读材料

电梯施工现场管理

一、施工现场管理网络图

施工现场管理网络图如图 1-3 所示。

二、施工安全管理网络图

施工安全管理网络图如图 1-4 所示。

三、施工质量管理网络图

施工质量管理网络图如图 1-5 所示。

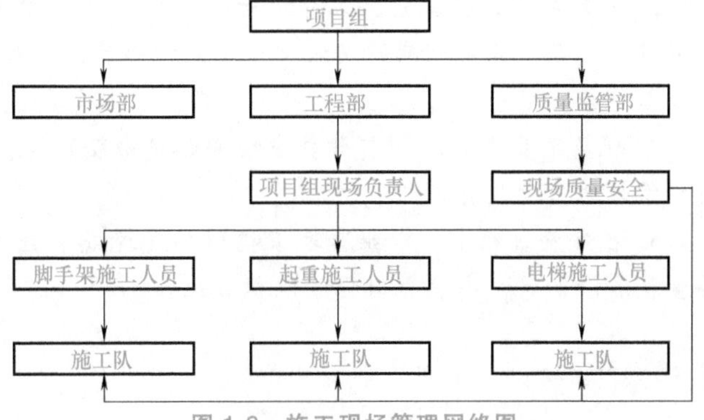

图 1-3　施工现场管理网络图

四、现场监管

1. 电梯制造企业或专业安装工程公司委派项目经理、专职安监员、现场质监员。

2. 项目经理主要负责计划进度编制、进度控制、安全和质量管理、用户服务和资源控制等综合协调工作。

3. 专职安监员（安全工程师）主要负责施工小队安全教育及安全工作指导，并通过施工小队安全员对整个工程实施过程中所涉及安全生产方面的工作及措施予以落实，可以定期或不定期地对施工现场安全现状进行检查，有权对违章行为进行处置，实现安全监控。

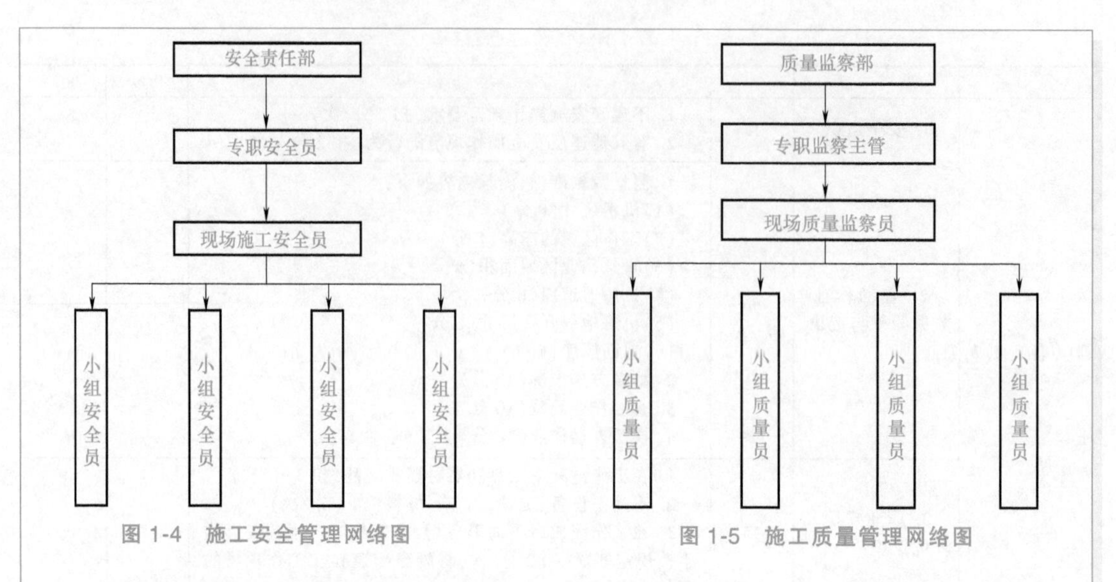

图 1-4 施工安全管理网络图

图 1-5 施工质量管理网络图

4. 现场质监员（质量工程师）主要负责电梯安装现场的安装质量监察，通过施工小队质量员落实质量措施，可以定期或不定期地对施工质量进行抽检及参与电梯完工后的验收，安装人员应积极配合。

5. 在安装的全过程中，现场安装人员应接受项目经理的统一管理，严格遵守业主、总承包方及监理方的现场各项规章制度，确实做到文明施工、安全施工。

五、安全和质量控制

1. 每项工程设专职或兼职质量/安全监督人员，在安装小队内设兼职质量/安全人员，建立自检和互检制度。小队质量/安全检查员应按照安装与验收标准及安全检查表的要求，对各安装工序进行检查，并记录。

2. 安装应严格按工艺、工序进行。现场的质量员监督安装全过程，对每个安装阶段都应进行检查，并对相应的安装质量记录加以确认，如前一工序未达到要求，不能进行下一步工作等。

3. 现场项目负责人、质量员应经常巡视安装现场，组织必要的质量/安全现场会，进行经常性的质量教育。

4. 在安装过程中，专业监理工程师如发现或有理由认为某个部位有缺陷或故障、需要查找和修复时，安装公司应予以积极配合。

相关链接

电梯模拟机房实训系统

一、设备名称

电梯模拟机房实训系统。

二、设备图样

电梯模拟机房实训系统现场图如图 1-6 所示。

三、可开展实训项目

1）电梯控制柜主要组成部件认知。

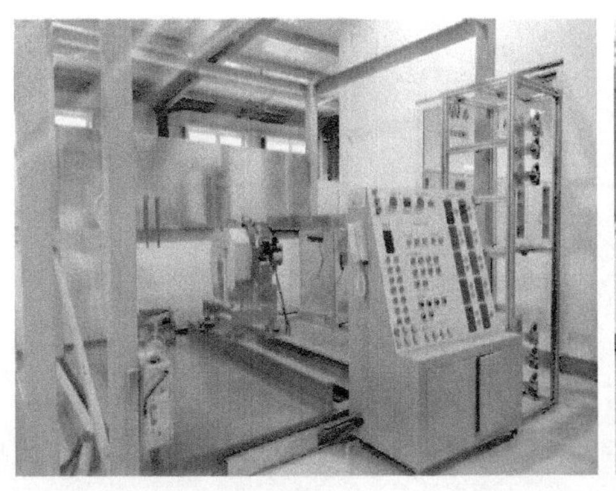

图 1-6　电梯模拟机房实训系统

2）电梯控制参数设置。

3）电梯故障排除。

4）电动机参数自学习。

5）故障设置箱。

6）永磁同步曳引机磁极角度位置辨识。

7）电梯井道参数自学。

8）电梯检修运行。

9）电梯模拟正常运行。

10）变频器参数设置。

11）可通过软件监控电梯运行状态。

思考与练习

一、填空题

1. 机房结构应能承受预定的＿＿＿＿＿＿。

2. 机房应有足够的尺寸，以允许人员安全方便地对有关设备进行作业，工作区域的净高应＿＿＿＿＿＿。

3. 通道门的宽度应＿＿＿＿＿＿，高度应＿＿＿＿＿＿，且门不得向房内开启。

4. 检修门的任意＿＿＿＿＿＿面积上作用 1000N 的力，门应无永久变形。

5. 机房应设有永久性的电气照明，地面上的照度应＿＿＿＿＿＿ lx。

二、判断题

1. 当机房检修活板门开启时，应设置护栏防止人员坠落。（　）

2. 电梯机房地面应采用防滑材料，如抹平混凝土、波纹钢板等。（　）

3. 电梯机房要用经久耐用和不易产生灰尘的材料建造。（　）

4. 机房应有足够的尺寸，以允许人员安全方便地对有关设备进行作业，尤其是对电气设备的作业。（　）

5. 机房地面至机房顶板之间的最大垂直距离，称为机房高度。（　）

6. 机房应有适当的通风，同时必须考虑到井道通过机房通风，从建筑物其他处抽出的

陈腐空气不得直接排入机房内。 （ ）

7. 机房或滑轮间不应用于电梯以外的其他用途，也不应设置非电梯用的线槽、电缆或装置。 （ ）

三、选择题

1. 电梯机房必须通风，其环境温度应保持为（ ）℃。

A. 3~55　B. 5~40　C. 20~30　D. 40~60

2. 机房地面高度不一且相差最小大于（ ）mm 时，应设置楼梯或台阶，并设置护栏。

A. 300　B. 500　C. 800　D. 1000

3. 机房地面有任何最小深度大于（ ）mm、宽度小于 0.50m 的凹坑或任何槽坑时，均应盖住。

A. 300　B. 500　C. 800　D. 1000

4. 机房或滑轮间不可设置（ ）。

A. 杂物电梯或自动扶梯的驱动主机

B. 该房间的空调或采暖设备，包括以蒸气和高压水加热的采暖设备

C. 火灾探测器

D. 灭火器

5. 机房内沿平行于轿厢（ ）方向的水平距离，称为机房宽度。

A. 长度　B. 宽度　C. 上下　D. 左右

6. 机房应设有永久性的电气照明，地面上的照度最小应不小于（ ）lx。

A. 100　B. 200　C. 500　D. 800

7. 机房应有足够的尺寸，供活动区域的净高度最少应不小于（ ）m。

A. 0.8　B. 1　C. 1.8　D. 2.0

8. 机房应有足够的尺寸，对运动部件进行维修和检查，在必要的地点以及需要人工紧急操作的地方，应有（ ）。

A. 最小不小于 0.20m×0.60m 的水平净空面积

B. 最小不小于 0.40m×0.60m 的水平净空面积

C. 最小不小于 0.50m×0.60m 的水平净空面积

D. 最小不小于 0.80m×0.60m 的水平净空面积

9. 机房应有足够的尺寸，特别是工作区域的净高最少应不小于（ ）m。

A. 0.8　B. 1　C. 1.5　D. 2.0

四、简答题

1. 简述电梯安装现场的基本施工条件。

2. 简述电梯机房土建情况检查内容。

学习任务 1.3　电梯安装现场井道查勘

任务分析

电梯安装作业需遵循电梯安装作业标准，在开展电梯安装作业前需做好充足的安装准

备，开展井道查勘作业，及时了解作业现场情况，对安装现场进行调查、了解，落实必要的施工条件，并做好记录，为施工作业提供依据。通过本任务的学习，有助于学生了解电梯安装前井道查勘所应具备的基本知识，掌握电梯安装过程中井道查勘的基本内容和方法，便于学生掌握从事电梯安装工作的基础能力。

建议学时

建议完成本任务用4~6学时。

学习目标

应知

1. 了解电梯井道查勘作业内容及要求。
2. 了解现场施工条件的内容。
3. 掌握井道查勘作业要点。
4. 掌握井道查勘记录表填写方法和内容。

应会

1. 能够按照电梯井道查勘的基本要求和内容开展作业。
2. 学会井道查勘方法与内容。

基础知识

当电梯井道内有围壁时，井道是指围壁内的区域；无围壁时，井道是指距电梯运动部件1.50m水平距离内的区域。电梯井道应为电梯专用，井道内不得装设与电梯无关的设备、电缆等。井道内允许装设采暖设备，但不能用蒸汽和高压水加热，采暖设备的控制与调节装置应装在井道外面。

一、井道基本情况

电梯井道通过井道壁、底板和井道顶板与周围分开，确保电梯运行有足够的空间。

1. 全封闭井道

在全封闭井道的建筑物中，为了防止火焰蔓延，井道应由无孔的墙、底板和顶板完全封闭起来。只允许在层站层门、通往井道的检修门、井道安全门以及检修活板门等处开口。

2. 部分封闭井道

在不要求井道在火灾情况下用于防止火焰蔓延的场合，井道不需要全封闭时，要为正常接近电梯的人员，提供足以防止遭受电梯运动部件危害的围壁，井道围壁的高度应可防止作业人员直接或间接用手持物体触及井道中电梯设备而干扰电梯的运行安全。

若围壁高度符合图1-7和图1-8的要求，则说明围壁高度足够。

3. 围壁高度的选择

1）在层门侧的高度不小于3.50m。

2）其余侧以实际情况确定，当围壁与电梯运动部件的水平距离为最小允许值0.50m时，高度应不小于2.50m；若该水平距离大于0.50m时，高度可随着距离的增加而减少；当距离等于2.0m时，高度可减至最小值1.10m。

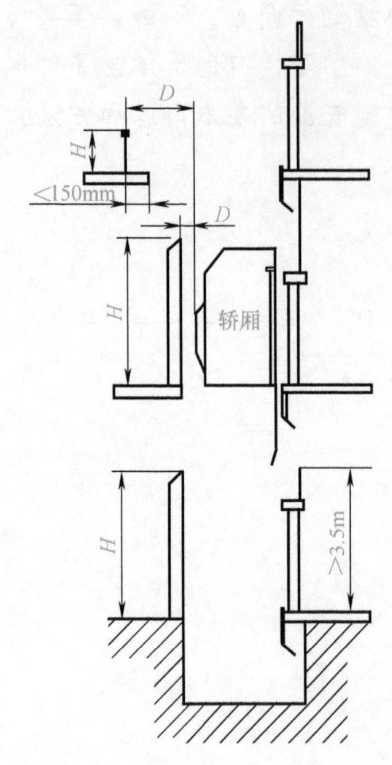

图 1-7 部分封闭的井道示意图

H—围壁高度 *D*—与电梯运动部件的距离

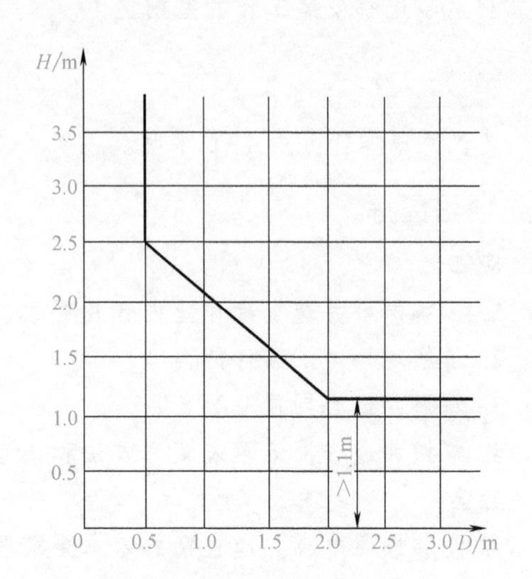

图 1-8 部分封闭的井道围壁高度与距电梯运动部件距离的关系

二、检修门、井道安全门和检修活板门

通往井道的检修门、井道安全门和检修活板门，除了因使用人员的安全或检修需要外，一般不应使用。检修门的高度不得小于 1.40m，宽度不得小于 0.60m。井道安全门的高度不得小于 1.80m，宽度不得小于 0.35m。检修活板门的高度不得大于 0.50m，宽度不得大于 0.50m。当相邻两层门地坎间的距离大于 11m 时，其间应设置井道安全门，以确保相邻地坎间的距离不大于 11m。

检修门、井道安全门和检修活板门均不应向井道内开启。检修门、井道安全门和检修活板门均应装设用钥匙开启的锁。当上述门开启后，不用钥匙也能将其关闭和锁住。检修门与井道安全门即使在锁住情况下，同样能不用钥匙从井道内部将门打开。

只有检修门、井道安全门和检修活板门均处于关闭位置时，电梯才能运行。对通往底坑的通道门，在不是通向危险区域的情况下，可不必设置电气安全装置。危险区域是指电梯正常运行中，轿厢、对重（或平衡重）的最低部分，包括导靴、护脚板等和底坑底之间的自由垂直距离至少为 2m 的区域。电梯的随行电缆、补偿绳或补偿链及其附件、限速器张紧轮和类似装置均应不构成危险区域。检修门、井道安全门和检修活板门均应无孔，同时应具有与层门一样的机械强度，且应符合相关建筑物防火规范要求。

三、井道的通风

井道应适当通风，井道不能用于非电梯用房的通风。建议井道顶部的通风口面积至少为井道截面积的 1%。

四、井道壁、地面和顶板

井道结构应符合国家建筑规范的要求，并应至少能承受如下几项载荷：主机施加的、轿厢偏载情况下安全钳动作瞬间经导轨施加的、缓冲器动作产生的、由防跳装置作用的以及轿厢装卸载所产生的载荷等。

1. 井道壁的强度

为保证电梯的安全运行，井道壁应具有足够的机械强度，即用一个 300N 的力，均匀分布在 $5cm^2$ 的圆形或方形面积上，垂直作用在井道壁的任一点上，应无永久变形，弹性变形不大于 15mm。

2. 底坑地面的强度

底坑的地面应能支撑每根导轨的作用力（悬空导轨除外），由导轨自重再加安全钳动作瞬间的反作用力。

轿厢缓冲器支座下的底坑地面应能承受满载轿厢静载 4 倍的作用力。

对重缓冲器支座下（或平衡重运行区域）的底坑地面应能承受对重（或平衡重）静载 4 倍的作用力。

井道底坑应无渗水、漏水。井道圈梁或预埋件从底坑地面向上起 0.5m 为第一档圈梁或预埋件，由此往上每隔固定尺寸设一档圈梁或预埋件，距离不大于 2.5m，最后一档从井道顶部向下起 0.5m 设一档圈梁或预埋件。

五、井道尺寸要求

井道尺寸是指垂直于电梯设计运行方向的井道截面沿电梯设计运行方向投影所测定的井道最小净空尺寸，该尺寸应和土建布置图所要求的一致，允许误差应符合下列规定：

1）提升高度小于 30m，允许偏差为 0~25m。

2）提升高度大于 30m 小于 60m，允许偏差为 0~35mm。

3）提升高度大于 60m 小于 90m，允许偏差为 0~50mm。

4）提升高度大于 90m，电梯厂家根据实际需要确定允许偏差。

视频教学资源

演示电梯安装现场井道查勘。

扫码观看

任务实施

步骤一：学习准备

1. 指导教师事先了解模拟井道周边情况，做好预案，开展观察测量、学生分组的准备工作。

2. 指导教师对操作安全规范要求做简单介绍。根据电梯井道图进行现场核对、实测。

1）实测井道的平面尺寸（即深与宽），并与图样对照，如尺寸偏大可以补救，严禁偏小。井道顶层的高度、底坑的深度、牛腿的尺寸、门洞宽度等都需一一核对。

2）了解井道的结构，是混凝土还是砖砌。

3）观察预埋件或预留孔是否符合要求，为安装支架提供合理依据。

4）测量电梯各层门前的地坪标高、墙体装饰层厚度，如粉刷层、大理石。

5）了解土建结构。对于尺寸不符合安装要求的地方，要及时修正。如遇到土建上已成定局、不宜修正之处，在安装前要采取相应的补救措施，确保电梯安装符合技术要求和验收规范。

3. 借助仿真软件完成井道查勘作业。

4. 组织学生观看视频，了解机房查勘的基本内容。

5. 学生以3~6人为一组，在指导教师的带领下根据电梯机房布置图进行现场核对、实测。然后将测量结果记录于表1-7中。

表1-7 电梯机房查勘记录表

序号	测量内容	测量要求	是否达标
1	井道情况		
2	井道尺寸		
3	检修门基本尺寸		
4	井道通风面积		
5	井道壁强度		
6	底坑地面强度		

注意：操作过程要注意安全，由于本任务在模拟井道中操作，需提醒学生注意开口部防护，井道测量需在教师指导下进行。

步骤二：模拟完成井道查勘作业

完成井道查勘作业，查勘内容包括井道宽度、井道深度、顶层高度、底坑深度等。与载重、速度及厂家电梯部件尺寸有直接关系的按施工图样要求查勘。

步骤三：教师巡回指导

结合本任务学习内容，开展任务模拟实施作业，教师巡回指导，及时发现和解决学生存在的问题。

步骤四：任务点评

根据学生的任务实施情况，开展任务实施点评，提高学生应用所学知识解决实际工作问题的能力。

学习单元评价

自我评价（100分）

由学生根据学习任务完成情况进行自我评价，评分值记录于表1-8中。

表 1-8　自我评价表

学习任务	项目内容	配分	评分标准	扣分	得分
学习任务 1.3	1. 安全意识	15	1. 不遵守安全操作规范要求(扣 2 分/次) 2. 有其他违反安全操作规范的行为(扣 2 分/次)		
	2. 查勘作业、数据测量与记录	70	1. 测量数据准确,内容如下: (1)井道情况(8 分) (2)井道尺寸(8 分) (3)检修门基本尺寸(6 分) (4)井道通风面积(6 分) (5)井道壁强度(6 分) (6)底坑地面强度(6 分) 2. 测量方法准确(10 分) 3. 查勘作业规范(10 分) 4. 模拟查勘作业(10 分)		
	3. 职业规范和环境保护	15	1. 在工作过程中工具和器材摆放凌乱(扣 3 分/次) 2. 不爱护设备、工具,不节省材料(扣 3 分/次) 3. 在工作完成后不清理现场,在工作中产生的废弃物不按规定处置(扣 2 分/次,将废弃物遗弃在工作现场的可扣 3 分/次)		
			总评分=(1~3 项总分)		

签名：________　________年____月____日

阅读材料

脚手架搭设

一、脚手架的种类

脚手架是为了便于施工活动和安全操作的一种临时设施。脚手架的种类很多，常用的有扣件式钢管脚手架、碗扣式脚手架和门式脚手架三大类，电梯井道用脚手架通常使用扣件式钢管脚手架。

按脚手架搭设的方法又可分为落地式脚手架、悬挑式脚手架、吊式脚手架和升降式脚手架等。

扣件式钢管脚手架是目前广泛应用的一种多立杆式脚手架，其不仅可用作外脚手架，还可用作里脚手架、满堂脚手架和支模架等。

扣件式钢管脚手架由钢管、扣件和底座组成。钢管为外径 48mm、壁厚 3.5mm 的焊接钢管，扣件为可锻铸铁或玛钢扣件。

常用扣件的形式有三种：供两根任意角度相交钢管连接的回转扣件，如图 1-9a 所示；供两根垂直相交钢管连接的直角扣件，如图 1-9b 所示；供两根对接钢管连接的对接扣件，如图 1-9c 所示。

底座一般采用厚 8mm、边长 150~200mm 的钢板做底板，上焊 150mm 高的钢管。底座有内插式和外套式，如图 1-10 所示。

二、电梯安装施工中脚手架搭设用钢管与扣件组成

1. 用于搭建脚手架的钢管一般有两种，一种外径 48mm，壁厚 3.5mm；另一种外径 51mm，壁厚 3mm；根据其所在位置和作用不同，可分为立杆、水平杆、扫地杆等。

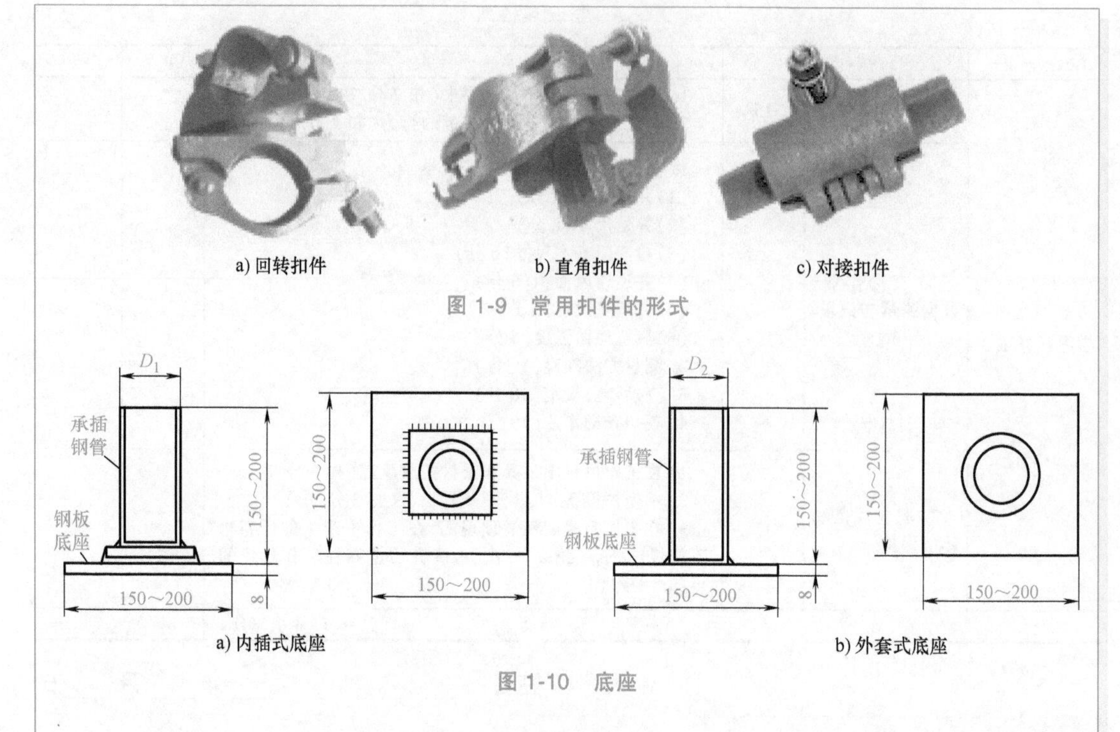

图 1-9 常用扣件的形式

图 1-10 底座

依据 JGJ 130—2011《建筑施工扣件式钢管脚手架安全技术规范》，脚手架钢管应采用现行国家标准 GB/T 13793—2016《直缝电焊钢管》或 GB/T 3091—2015《低压流体输送用焊接钢管》中规定的 Q235 普通钢管；钢管的钢材质量应符合现行国家标准 GB/T 700—2006《碳素结构钢》中 Q235 级钢的规定。脚手架钢管宜采用 ϕ48. 3mm×3. 6mm 钢管。每根钢管的最大质量不应大于 25. 8kg。

2. 脚手架用的新钢管必须有制造厂提供的质量证明书，如对质量有怀疑，应抽验机械性能符合规定方能使用。

3. 不允许用铁丝代替扣件捆扎钢管脚手架。

三、脚手架搭设要求

1. 搭设前必须将井道清理干净，检查底坑无漏水现象。

2. 根据井道的平、立面尺寸及轿厢、对重导轨的安装位置，由施工人员提供脚手架搭设草图，明确搭设要求，交有关人员施工。搭设草图应包括平面图和立面图。

3. 脚手架搭设要安全稳固，每根横杆一头要顶住井壁，保证脚手架整体在井道内不晃动，一般 3t 以下的电梯可采用单井字式，3t 以上的大型电梯可采用双井字式，脚手架有效载荷能力不小于 2. 45×1. 3Pa。

4. 脚手架的搭设应便于施工。

1）横杆在井道内的空间位置均不能影响导轨支架与导轨的安装。

2）横杆上下间隔要适中，一般为 600～800mm，便于施工时上下爬登。

3）每层层门牛腿下方 200mm 处，应用脚手板或竹排铺设一个作业平台，便于安装地坎、层门立柱和层门。

4）离井道顶 1800mm 左右，也用脚手板或竹排铺设一个作业平台，便于安装样板架。

5. 在脚手架上铺设脚手板或竹排时，两端与横杆用铁丝绑扎牢靠，各层间的脚手架交错排列。

6. 井字架的4根立杆在位于顶层牛腿下200~500mm应有接头，用于拼装轿厢时，将其以上部分脚手架拆除，免得截断立杆。

7. 每一施工面均应铺设脚手板，木质脚手板厚度应不小于50mm，宽度应不小于200mm，与横杆固定后两端处露出部分应大于300mm。

8. 脚手架搭好后，由电梯施工员或安全员验收确认签字。

思考与练习

一、填空题

1. 无围壁时，井道是指距电梯运动部件______水平距离内的区域。

2. 在全封闭井道的建筑物中，为了防止火焰蔓延，该井道应由无孔的墙、底板和顶板______起来。

3. 围壁高度在层门侧的高度______。

4. 井道顶部的通风口面积至少为______。

5. 轿厢缓冲器支座下的底坑地面应能承受满载轿厢静载______倍的作用力。

二、判断题

1. 电梯井道的土建工程必须符合建筑工程质量要求。（ ）

2. 电梯井道最好不设置在人们能到达的空间上面。（ ）

3. 采用部分封闭井道，如果井道附近电气照明足够，井道内可不设照明。（ ）

4. 检修门与安全门在锁住情况下，不用钥匙从井道内部能将门打开。（ ）

5. 检修门、井道安全门和检修活板门均应无孔。（ ）

6. 检修门、井道安全门和检修活板门均应装设用钥匙开启的锁。当上述门开启后，不用钥匙不能将其关闭和锁住。（ ）

7. 井道不需要全封闭时，在人员可正常接近电梯处，围壁的高度应足以防止人员直接或用手持物体触及井道中电梯设备而干扰电梯的安全运行。（ ）

8. 井道应适当通风，井道不能用于非电梯用房的通风。（ ）

三、选择题

1. 同一井道及同一时间内，不允许有立体交叉作业，且不得多于（ ）。

A. 两名操作人员　B. 两名电工　C. 三名操作人员　D. 两个班组

2. 无论是在井道作业还是在轿顶作业，首先都应明确（ ）。

A. 安全进出井道的程序　B. 安全电压的范围

C. 电梯控制及运行原理　D. 应携带的工具或设施

3. 严禁在井道内上下同时作业，否则应（ ）。

A. 系安全带　B. 戴安全帽　C. 带信号传呼　D. 停止作业

4. 当相邻两层地坎之间距离超过11m时，应在其间井道壁上开设的通往井道供（ ）用的门，即井道安全门。

A. 安装　B. 维修　C. 援救乘客　D. 检查

5. 对于电梯井道，以下说法正确的是（　　）。

A. 井道内不得装设与电梯无关的设备、电缆等，包括各种取暖设备

B. 井道内不得装设与电梯无关的设备、电缆等，但允许装设采暖设备及其控制调节装置（非蒸汽或高压水取暖）

C. 井道内不得装设与电梯无关的设备、电缆等，但允许装设采暖设备，要求采暖设备为非蒸汽或高压水取暖，且控制和调节设备不能装在井道内

D. 井道内不得装设与电梯无关的设备、电缆等，但允许装设各种采暖设备及其控制调节装置

6. 多台并列成排电梯的共用井道的底坑深度应按（　　）要求确定。

A. 速度最快的电梯　　B. 速度最慢的电梯

C. 电梯的平均速度　　D. 所有电梯底坑深度之和

7. 多台并列成排电梯的共用井道的顶层高度应按（　　）要求确定。

A. 速度最快的电梯　　B. 速度最慢的电梯

C. 电梯的平均速度　　D. 所有电梯底坑深度之和

8. 检修门的高度最小不得小于（　　）m，宽度不得小于0.60m。

A. 0.50　　B. 0.80　　C. 1.40　　D. 1.80

9. 建议井道顶部的通风口面积至少为井道截面积的（　　）%。

A. 0.5　　B. 1　　C. 1.5　　D. 2

四、简答题

1. 简述井道壁的强度检查内容。

2. 简述底坑地面的强度检查内容。

项目总结

本项目作为本书的入门篇，综合介绍电梯安装施工前准备工作。

1. 电梯作为垂直运输的设备，其安装施工方案是对施工单位施工方法的分析，是对施工实施过程所耗用的劳动力、材料、机械、费用以及工期等在合理组织的条件下，进行技术、经济的分析。

2. 电梯安装施工准备工作由电梯安装施工方案、机房查勘、井道查勘三部分组成，每个部分都是安装作业基础，为后续安装作业提供基础数据支持。

3. 施工方案是依据施工组织设计关于某一分项工程的施工方法而编制的具体的施工工艺，它将对安装工程的材料、机具、人员、工艺进行详细的部署，保证质量要求和安全文明施工要求，施工方案应该具有可行性、可操作性，符合施工及验收规范。

4. 电梯安装前的机房查勘，是为了在安装作业前了解机房建筑情况，结合实际情况及时完善机房建筑结构，使机房基础建筑条件达到国标对电梯机房的要求。

5. 电梯安装前的井道查勘，使安装施工单位及时了解井道建筑情况，通过测量和查勘来掌握井道建筑情况，结合实际情况及时完善改进井道建筑结构，使井道基础建筑条件达到国标对电梯井道的要求，有助于电梯开展安装作业。

通过完成本项目，对电梯施工前准备工作应有一个整体的感性认识，并对电梯施工方案、机房查勘、井道查勘等的功能、作用有初步的认识。

学习项目2　电梯机械部件安装

项目描述

某工地拟安装一台乘客电梯，现已完成施工前准备工作，要求电梯安装企业依据实际工作情况，参照无脚手架电梯安装工艺制订电梯安装施工方案，开展安装作业。本任务主要完成以下工作：

1. 样板架制作与放样。
2. 机房设备及部件的安装。
3. 安装第一档导轨。
4. 安装底坑缓冲器部件。
5. 轿底、轿架、安全钳、导靴安装。
6. 安装对重部件。
7. 曳引钢丝绳的施放。
8. 限速器部件的安装。
9. 随行电缆和轿顶、轿厢电器部件的临时安装。
10. 其余导轨安装。
11. 层门组件的安装。
12. 井道其他部件的安装。
13. 轿厢最后组装。

项目目标

电梯机械部件安装是电梯安装工程的重要阶段，必须高度重视。通过本项目学习，将使学生学会电梯机械部件安装调整方法，为从事电梯安装工作奠定基础。

通过本项目的学习达到以下目标：

1. 学会样板架的制作与放样方法。
2. 学会电梯导轨的安装调整方法。
3. 学会层门的安装调整方法。
4. 学会驱动系统的安装与调整方法。
5. 学会轿厢的安装调整方法。
6. 学会钢丝绳的安装与调整方法。
7. 学会导靴的安装调整方法。
8. 学会限速器安全钳的安装调整方法。
9. 学会缓冲器的安装调整方法。

学习任务2.1　样板架制作与放样

任务分析

电梯的样板架制作与放样是电梯安装作业中的基础内容，是后续安装作业的基准。放样不合理将导致重大经济损失，放样的精度将直接影响后续安装精度及施工成本。通过本任务的学习，有助于学生熟悉样板架制作的基本知识，掌握使用样板架放样的基本方法，同时也为后续安装工作打下基础。

建议学时

建议完成本任务用4~6学时。

学习目标

应知

1. 了解样板架的制作材料。
2. 理解样板架的作用。
3. 掌握样板架放样方法。

应会

1. 能够根据井道布置图，实测井道并核实尺寸。
2. 能够根据井道布置图，独立完成样板架制作与放样作业。

基础知识

在电梯安装过程中，最重要的环节是放样。放样是将电梯井道安装工程图样上设计的位置（或物体）放到实地位置（或物体）的过程。放样过程中需要使用样板架。样板架的作用是定位电梯导轨、轿厢、对重、层门等核心部件在电梯井道中的位置，以保证电梯安装的精度和可靠性，图2-1为井道布局图。

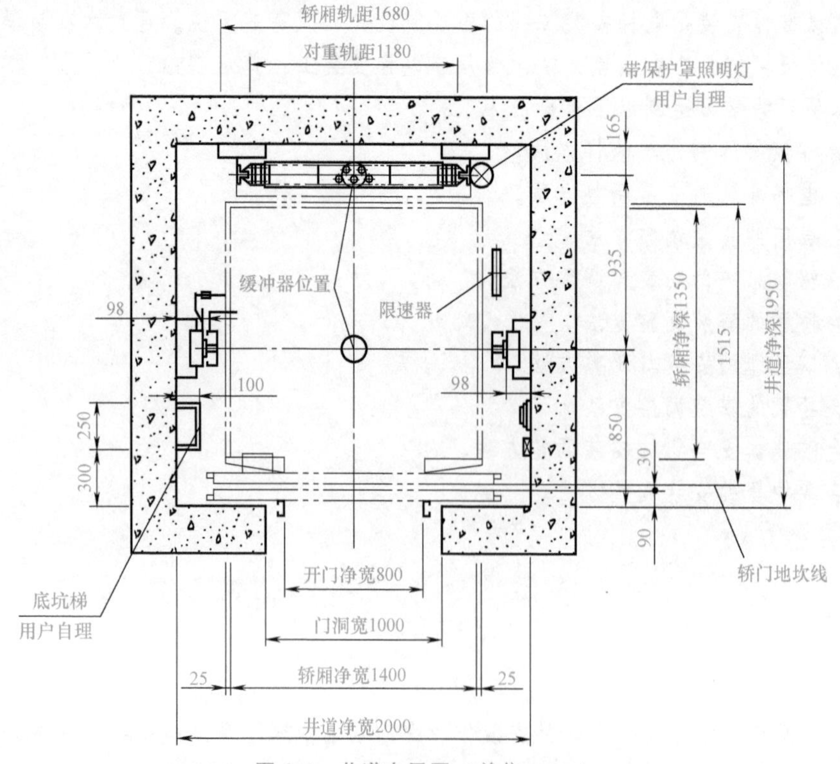

图2-1 井道布局图（单位：mm）

目前国内无脚手架电梯安装施工放样中，主要是利用机房地面定位钻孔后采用角铁固定样线，并从机房地面定位角铁挂线锤至底坑；采用角铁现场制作底坑样板架，底坑样板架所标图样各点位置上下重合后固定底坑样板架，以此来定位电梯轿厢导轨和对重导轨位置，从而确定轿厢、层门和对重的位置，为后续电梯其他部件的安装提供准确位置。

一、样板架基本知识

样板架的作用是当安装层门、轿厢、轿厢导轨、对重导轨等井道部件时，在井道内确定其安装位置。

样板架一般选用易制作的成本低、韧性好、强度大、不易变形的材料制作。选用木料制作时，应选具有一定的厚度、硬度、不易变形的木材；选用钢材制作时，建议用4#角钢制作，因为它强度足够、重量适宜、便于制作与定位。制作样板架的材料应长度适中、无弯曲变形。

样板架由门样板、导轨样板、对重导轨、木制或钢制托架组成。

样板架的类型根据结构可分为整体式和局部式，其中整体式样板架结构严谨、扎实，不易整体变形；局部式样板架制作简单，但稍受力极易损坏。原则上，不论是哪一类型的样板架，只要做工精良、定位准确，都确实可行。

样板架按对重位置分为对重后置式和对重旁置式，如图 2-2 和图 2-3 所示。样板按井道位置分为上样板和下样板。

无脚手架电梯安装工艺电梯放样方法与传统脚手架工法有所区别：上样板设置在机房地面，下样板与传统脚手架工法相同，设置在底坑处；门口样线设置方式相同，以开门宽度尺寸为依据；主、副导轨样线有所区别，将原来两条导轨支架定位线及一条导轨校核线统一为两条导轨支架定位及校核线。放样在机房进行，上样板设置在机房楼板面上，门口、主轨、副轨的样板均采用统一的样板，如图 2-4 所示，通过木牙螺钉直接固定在机房楼板上。整个样使用 10 条样线。

1. 放置样板顺序

样线是井道装置安装基准线，在放置样板时，应先放置门口样板（出入口样板）。实际上，当门口样板放置定位好后，整个样板架的位置已唯一确定，所以样板放置顺序为：放置门口样板→放置轿厢样板→放置对重样板。

2. 放置样板的要求

1）确定门中心线与门边线的位置。

2）确定轿厢导轨中心线与门中心线一致。

3）确定对重导轨中心线与门中心

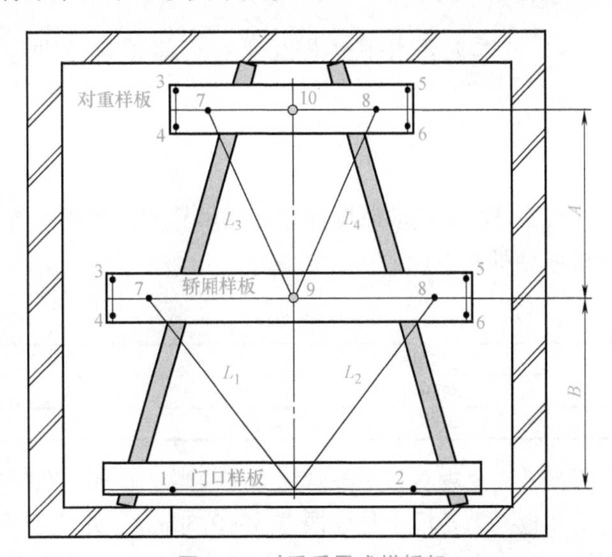

图 2-2 对重后置式样板架

A—轿厢导轨与对重导轨中心距

B—轿厢门地坎与轿厢导轨中心距

1、2—门口样线落线点 3～6—导轨支架安装位置落线点

7、8—导轨校正落线点 9—轿厢曳引点 10—对重曳引点

L_1～L_4—样板放置测量线段

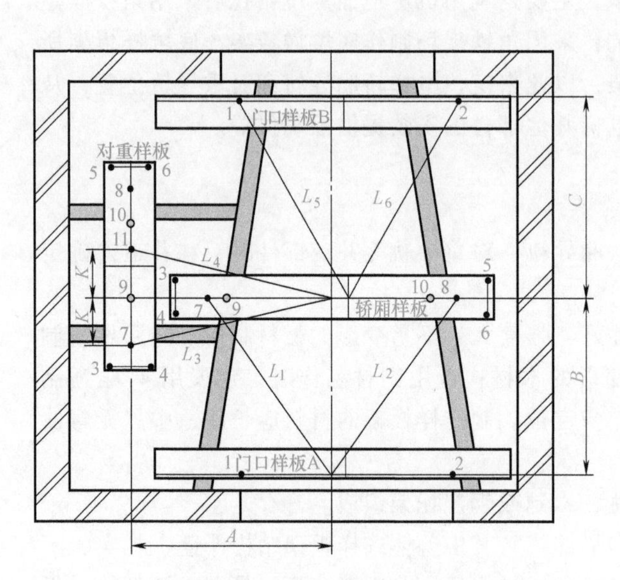

图 2-3 对重旁置式样板架

A—轿厢导轨与对重导轨中心距 B—轿厢门地坎与轿厢导轨中心距
C—轿厢导轨与对重导轨中心距 K—对重样板放置定位距
1、2—门口样线落线点 3~6—导轨支架安装位置落线点
7、8—导轨校正落线点 9—轿厢曳引点 10—对重曳引点
11—对重样板放置测量点 L_1~L_6—样板放置测量线段

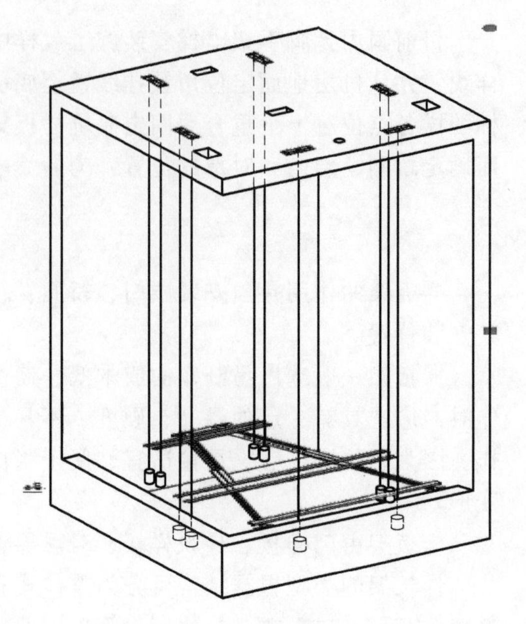

图 2-4 电梯放样整体示意图

线一致。

4）各样板要水平并相互平行，间距符合井道布局图尺寸要求，保证尺寸 $L_1=L_2$、$L_3=L_4$。

二、样板架制作和架设

根据电梯布置的轿厢尺寸，用不易变形的干木料制成样板架，木料必须光滑平直，木板规格可参照表 2-1。

表 2-1 放样木料选择

提升高度/m	厚/mm	宽/mm
≤30	40	80
>30	50	100

提升高度越高，木条厚度应相应增大，或用角钢制作。

样板架上各尺寸允许误差为±0.30mm，并应严格检查，不得有扭曲现象；在样板架上标记轿厢中心线、门中心线、门口净宽线、导轨固定位置线和层门地坎线，并在所需挂放铅垂线的各点处钉一枚铁钉，以备放线和定线时用。

1. 中分门样板架

中分门放置的样板架，门口样板两件，门口样板标记开门宽度，挂线点与样板边缘距离为 5~10mm，如图 2-5 所示。

2. 对重样板架

对重在轿厢侧面放置的样板架，根据井道布置图上导轨间距及导轨高度确定位置，轿厢（对重）导轨样板两件，如图2-6所示。

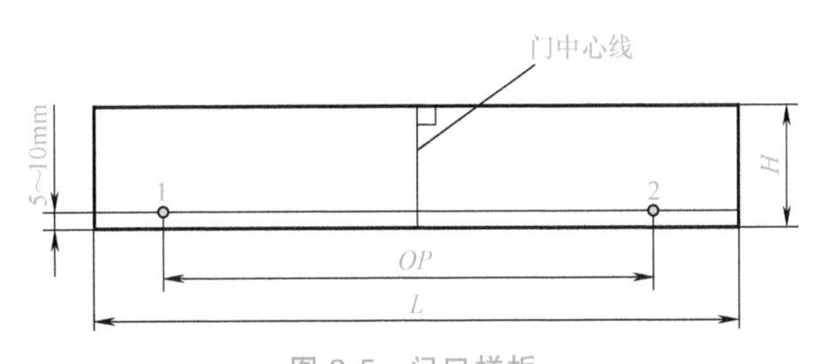

图2-5 门口样板

1、2—门口样线放线点 H—样板宽度

OP—门口净宽度 L—样板长度

3. 放置样板架

(1) 标出中心线

样板的四面光滑平直，按图样要求拼接样板，如图2-7a所示，标记轿厢中心线，如图2-7b所示，以及开门净宽线、轿厢导轨中心线、对重导轨中心线、对重中心线。

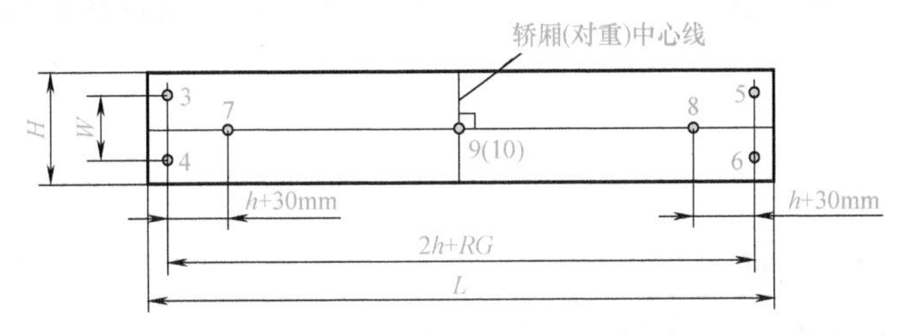

图2-6 轿厢（对重）样板

3~6—导轨支架安装位置落线点 7、8—导轨校正落线点 9（10）—轿厢（对重）中心线

h—导轨隼高 30mm—校对尺寸 H—样板宽度 W—导轨支架挂线点间距 RG—导轨中心距 L—样板长度

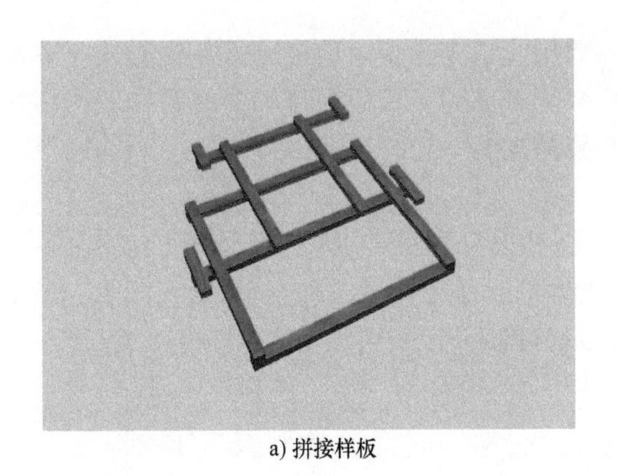

a) 拼接样板

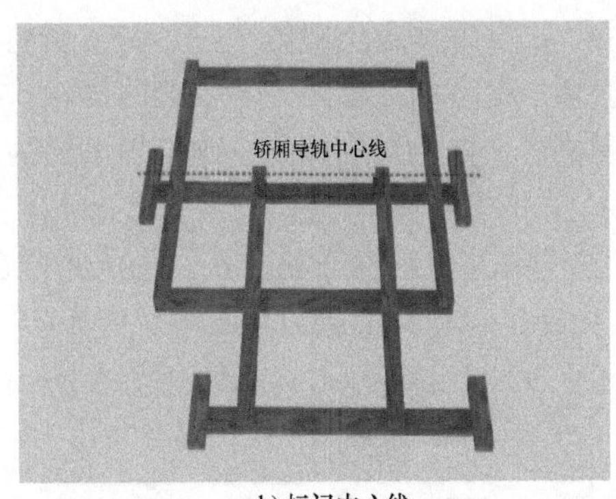

b) 标记中心线

图2-7 样板安装示意图

(2) 复查尺寸

最后复核各对角线尺寸是否相等，轿厢导轨到对重导轨中心距偏差不大于1mm，并用胶粘牢。

4. 悬挂铅垂线

在距机房楼板500~1000mm以内，先放置两根截面积大于100mm×80mm刨平的木梁，用于托放已钉好的样板架，将木梁用楔固定于井道墙壁上。然后在样板架上标记放铅垂线的各点处，用20~22号细铁丝放铅垂线至底坑，并在离坑底200~300mm处悬挂10~20kg的线锤将铅垂线拉紧，待铅垂线稳定后，测量各层层门牛腿、门口及井壁的相对位置，校正样板的位置，达到所需位置后，将样板架固定在木梁上，如图2-8所示。

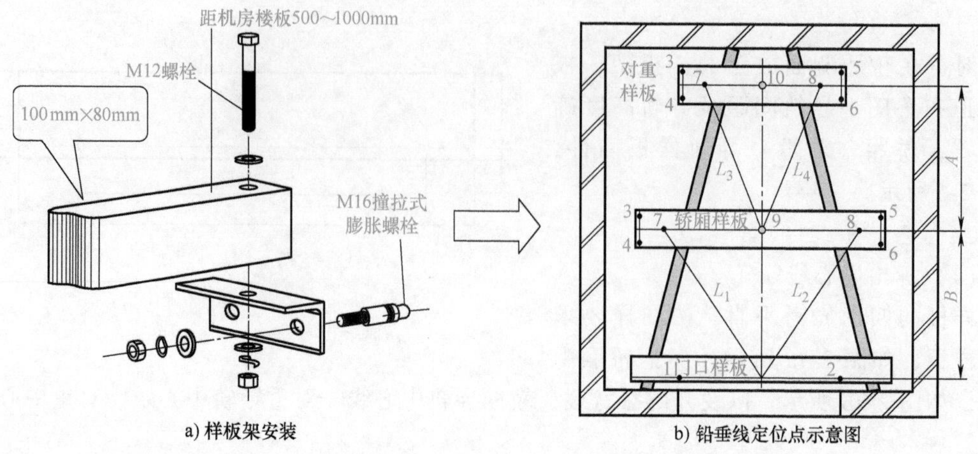

图 2-8 样板架安装与铅垂线定位

安装样板架的技术要求：

1）根据井道的实际净空尺寸放置。

2）水平度误差小于 5mm。

三、井道测量与基准线确定

在电梯安装前，确定井道安装基准线是关系到电梯安装内在质量和外观质量的必不可少的关键性工作。

由于在电梯井道土建施工时，垂直误差一般较大，电梯安装前应进行井道测量，并根据测量结果，在考虑井道内安装位置的同时，还必须考虑到各层门与建筑物的配合协调，从而逐步调整电梯样板架放线点，确定出电梯的安装基准线。

1. 井道测量顺序与方法

1）先在井道内侧测量尺寸，包括井道宽 X、井道深 Y，门口左内壁尺寸 E、右内壁尺寸 F，前内壁、预埋件边缘 G，如图 2-9 所示；再测门口样线尺寸，包括前内壁上部尺寸 A 和下部尺寸 B、牛腿尺寸 C、前外壁尺寸 D，门口样线测量示意图如图 2-10 所示。

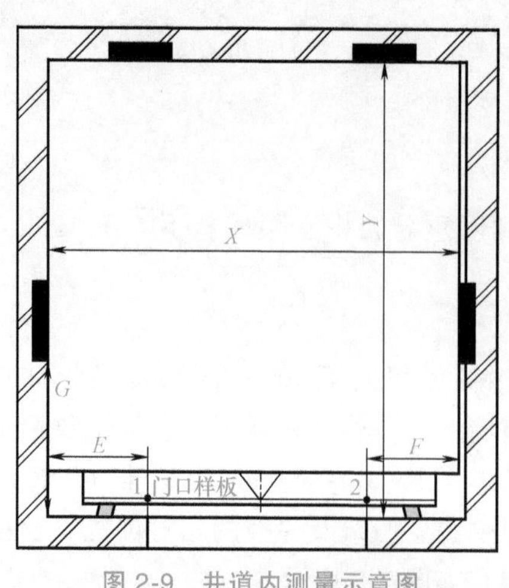

图 2-9 井道内测量示意图

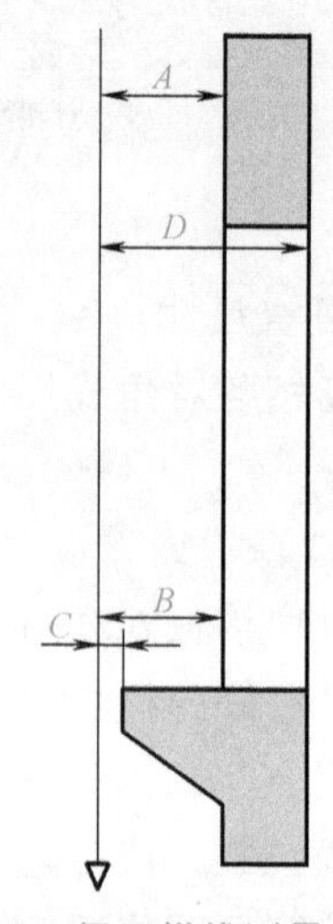

图 2-10 门口样线测量示意图

2）在各层上对各尺寸进行测量，并将数据记录于表2-2中。

表2-2 井道测量记录表 （单位：mm）

楼层	A_1	A_2	C_1	C_2	D_1	D_2	E	F	G_1	G_2
1										
2										
3										
4										
5										
井道宽X、井道深Y按实际井道尺寸计算 （例如：$X_1=2100, X_2=2150, X_3=2200; Y_1=2200, Y_2=2210, Y_3=2215$）										

3）根据井道测量法确定基准线时，应注意井道内安装的部件对轿厢运行有无妨碍，同时必须考虑门上滑道及地坎等与对重、井道壁的距离，必须保证在轿厢及对重上下运行时，其运动部分与井道内静止的部件及建筑结构净距离不小于50mm。

4）确定对重导轨中心线时，应考虑对重框宽度，距墙壁及轿厢应有不小于50mm的间隙。

5）确定各层层门地坎位置时，应根据层门样线测出每层牛腿与该线的距离，安装离墙最远的地坎后，门立柱与墙面间隙应小于30mm。

6）对于层门建筑上装有大理石门套及装饰墙的电梯，确定层门基准线时，除考虑以上3）~5）项外，还应根据建筑施工图，便于门套及装饰墙的施工。

7）两台或多台并列电梯安装时，应根据井道、候梯厅等情况对所有层门指示灯、按钮盒位置进行整体考虑，使其高低一致，并与建筑物协调。还应根据建筑及门套施工尺寸考虑做到电梯候梯厅两边宽度一致，以保证门套建筑施工的美观要求，如对设定的轿门地坎边沿位置线段需要平移或扭转时，各轿门边沿位置线段在新位置下的延长线仍应互相重合，其偏差应不大于2mm，$|a-b|\leqslant 1$mm，$|a-c|\leqslant 1$mm，$|a-d|\leqslant 1$mm，如图2-11所示；相对式两台电梯的轿厢中心延长线应重合，偏差值应不大于1mm。

8）如果测得的数值与土建交工的纵横轴线基本一致，初步定位的样板架就可作为正式定位；如果数值偏差较大，则需根据实测数据，提出井道修补意见，待土建修补井道后，重新定位放线和复测。

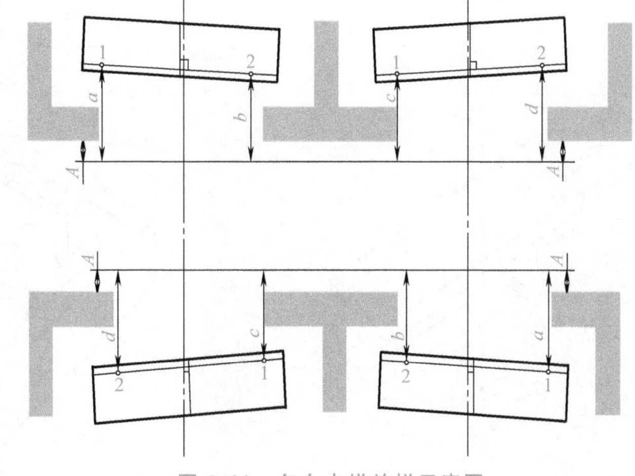

图2-11 多台电梯放样示意图

2. 上样板定位点

放样作业中的上样板定位要点，如图2-12所示。

1）按井道布局图所示位置和尺寸确定门口样板位置并固定。

2）按布局图位置和尺寸确定主导轨样板位置并固定。

3）按布局图位置和尺寸确定副导轨样板位置并固定。

4）样板中每段尺寸的偏差值≤1mm。

5）样板放置水平度不大于1/1000。

3. 下样板定位点

放样作业中的下样板定位要点，如图2-13所示。

1）安装下样架。

2）悬挂门口样线（1、2点）。

3）样线悬挂线锤。

4）静止后门口下样板的1、2点与样线轻轻接触。

5）固定门口样板、主副导轨样板。

4. 放线

（1）测量要求

测量样板的水平度误差在全平面内不大于5mm，在井道顶部放两根层门口样线，两线距离取门口净宽。逐层测量井道，样线到井道前壁距离符合要求。测量各楼层数据并记录，根据测量结果调整样板架前后左右位置，使样线与两侧壁符合厂家要求。

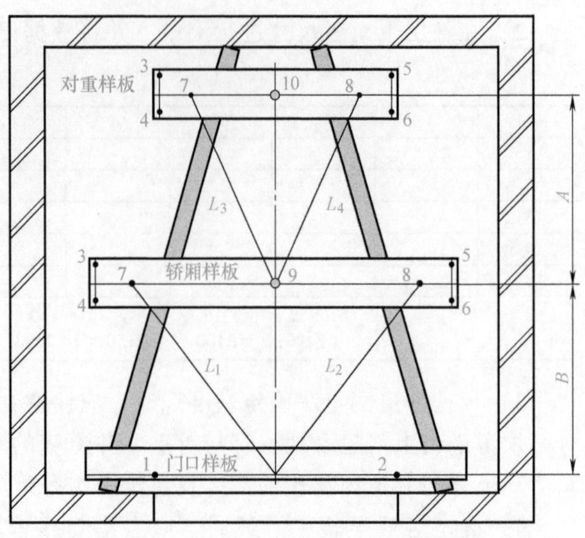

图2-12 上样板定位示意图

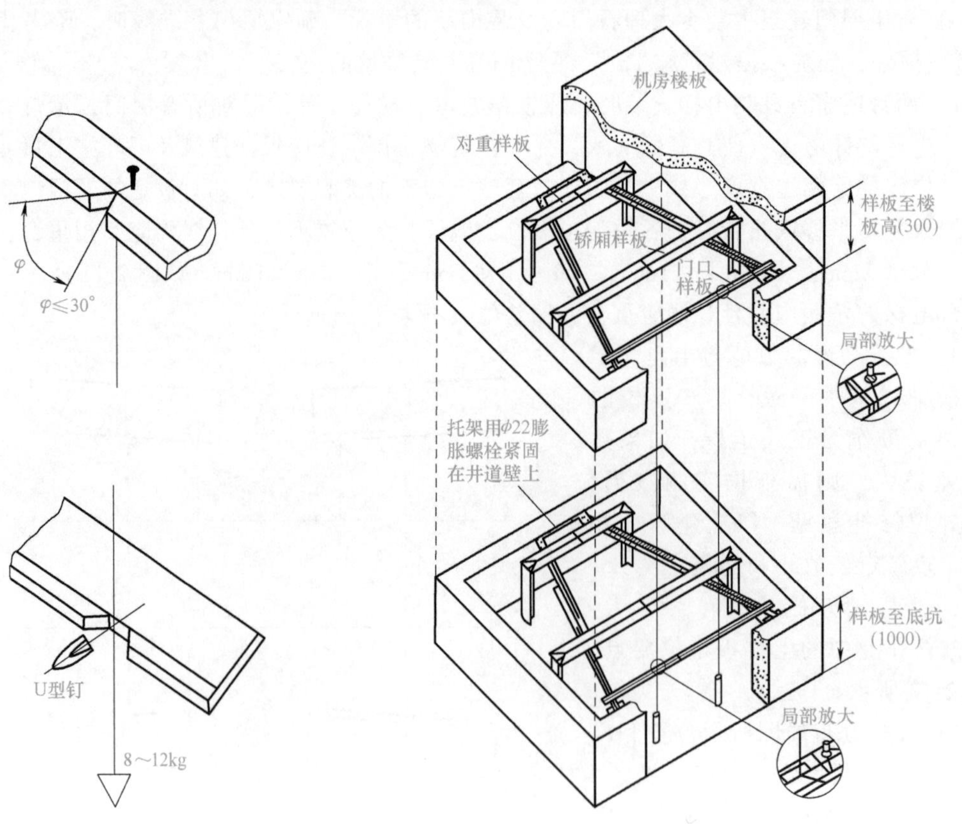

图2-13 下样板定位示意图（单位：mm）

（2）放线要求

确定井道中心线、轿厢中心线和对重中心线。在样板处，将钢丝一端悬一较轻物体，如

图 2-14a 所示，顺序缓缓放下至底坑，垂线中间不能与脚手架或其他物体接触，且不能使钢丝有死结现象，在放线点处，用锯条或电工刀垂直锯划出微型小槽，使微型槽顶点为放线点，如图 2-14b 所示。

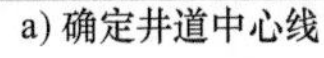

a) 确定井道中心线

b) 确定放线点

图 2-14　确定井道中心线、放线点

（3）放线过程

将线放入，以防基准线移位造成误差，并在放线处注明该线的名称，如图 2-15a 所示，把尾线在固定铁钉上绑牢，线放到底坑后用线锤替换放线时悬挂的物体任其自然垂直静止，如行程较高会有风，线锤不易静止时，可在底坑放一水桶，桶内装入适量的水或机油，将线锤置于桶内，如图 2-15b 所示，增加其摆动阻力，使线锤尽快静止，待基准线静止后，将线固定于稳线架上。

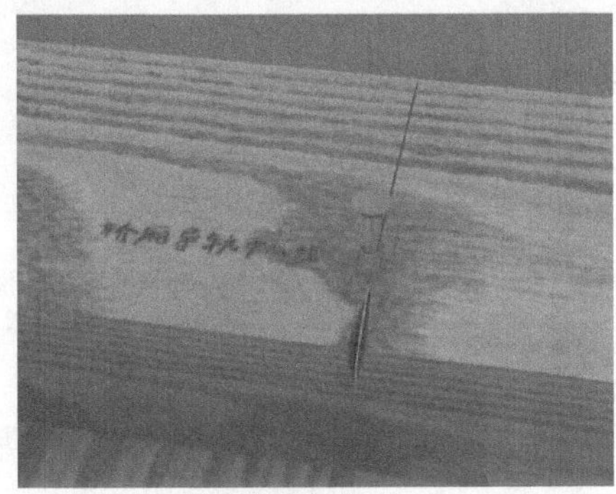

a) 标注放线名称

b) 线锤入水桶

图 2-15　放线过程

（4）检查样线

检查各放线固定点的各部分尺寸、对角线等尺寸在允许误差范围内，确定无误后方可进行下道工序。

视频教学资源

演示样板架安装方法。

扫码观看

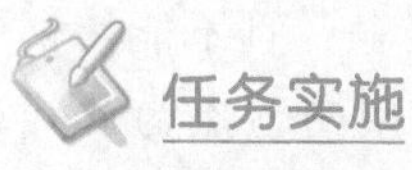

任务实施

步骤一：学习准备

1. 根据本任务学习内容在“有机房曳引式垂直电梯安装（有脚手架）”学习平台进行垂直电梯样板架安装与样线挂设操作，教师事先做好预案，利用学习平台先模拟完成本次学习任务，然后集中开展任务实施工作，教师做巡回指导。

2. 指导教师对垂直电梯样板架安装与样线挂设操作做简单介绍。

3. 借助学习平台首先实施模拟制作样板架和放样作业。

4. 根据实际操作任务的要求选取电梯安装通用工具和器材。电梯安装通用工具和器材见表 2-3 和表 2-4。

表 2-3 安全用具

序号	名称	型号/规格	数量	单位	备注
1	安全帽		2	个	
2	安全带	双背式安全带	2	套	
3	隔离带	警戒线护栏	2	根	
4	对讲机		2	台	

表 2-4 工具和器材

<table>
<tr><th>序号</th><th>名称</th><th>型号/规格</th><th>数量</th><th>单位</th><th>备注</th></tr>
<tr><td>1</td><td>钢直尺</td><td>300mm</td><td>1</td><td>把</td><td rowspan="20">精度要求：仪器和量具的精度应满足下列要求：
1. 质量、力、长度、时间和速度的测量误差在±1%范围内
2. 加、减速度检测误差在±5%范围内
3. 电压、电流检测误差应在±5%范围内
4. 温度和湿度检测误差应在±5%范围内</td></tr>
<tr><td>2</td><td>角尺</td><td>300mm</td><td>1</td><td>把</td></tr>
<tr><td>3</td><td>钢卷尺</td><td>5m</td><td>1</td><td>把</td></tr>
<tr><td>4</td><td>塞尺</td><td></td><td>1</td><td>把</td></tr>
<tr><td>5</td><td>线锤</td><td></td><td>若干</td><td>个</td></tr>
<tr><td>6</td><td>放大镜</td><td></td><td>1</td><td>个</td></tr>
<tr><td>7</td><td>常用电工工具</td><td></td><td>1</td><td>套</td></tr>
<tr><td>8</td><td>便携式检验灯</td><td></td><td>1</td><td>盏</td></tr>
<tr><td>9</td><td>工具袋</td><td>布料、麻线</td><td>1</td><td>个</td></tr>
<tr><td>10</td><td>记号笔</td><td>红色</td><td>2</td><td>支</td></tr>
<tr><td>11</td><td>活扳手</td><td>100mm，150mm，200mm，300mm</td><td>各 1</td><td>把</td></tr>
<tr><td>12</td><td>梅花扳手</td><td></td><td>1</td><td>套</td></tr>
<tr><td>13</td><td>套筒扳手</td><td></td><td>1</td><td>套</td></tr>
<tr><td>14</td><td>螺钉旋具</td><td>50mm，75mm，150mm，200mm</td><td>各 1</td><td>把</td></tr>
<tr><td>15</td><td>十字旋具</td><td>75mm，100mm，150mm，200mm</td><td>各 1</td><td>把</td></tr>
<tr><td>16</td><td>冲击钻</td><td></td><td>1</td><td>把</td></tr>
<tr><td>17</td><td>手电钻</td><td></td><td>1</td><td>把</td></tr>
<tr><td>18</td><td>手锯</td><td></td><td>1</td><td>把</td></tr>
<tr><td>19</td><td>常用钳工工具</td><td></td><td>1</td><td>套</td></tr>
<tr><td>20</td><td>钢丝</td><td>ϕ0.7mm</td><td>1</td><td>扎</td></tr>
</table>

步骤二：模拟放样操作

根据井道布置图完成样板架制作与放线作业，并检查各放线固定点的各部分尺寸、对角线等尺寸符合安装要求，具体安装任务包括：

1. 样板架制作。

2. 放样操作。

步骤三：教师巡回指导

结合本任务学习内容，开展任务模拟操作与实际操作练习，教师巡回指导，及时发现和解决学生存在的问题。

步骤四：任务点评

根据学生的任务实施情况，进行任务实施点评，提高学生应用所学知识解决实际工作问题的能力。

学习单元评价

自我评价（100 分）

由学生根据学习任务完成情况进行自我评价，评分值记录于表 2-5 中。

表 2-5　自我评价表

学习任务	项目内容	配分	评 分 标 准	扣分	得分
学习任务 2.1	1. 课堂纪律	10	1. 不遵守课堂纪律要求(扣 2 分/次) 2. 有其他违反课堂纪律的行为(扣 2 分/次)		
	2. 熟悉制作样板架及放样工序	70	1. 独立完成工作页的填写(6 分) 2. 利用网络资源、工艺手册等查找有效信息(6 分) 3. 正确使用工、量具及设备(8 分) 4. 叙述样板架的作用、制作材料、组成与样式(8 分) 5. 叙述样板安装的安全措施(8 分) 6. 依照工艺手册和规范操作独立完成样板的制作(8 分) 7. 在教师指导下完成上样板架放置,尺寸复核并固定(8 分) 8. 以吊挂重块的方式放样线,并符合尺寸要求(8 分) 9. 模拟放样操作(10 分)		
	3. 职业规范和环境保护	20	1. 在工作过程中工具和器材摆放凌乱(扣 3 分/次) 2. 不爱护设备、工具,不节省材料(扣 3 分/次) 3. 在工作完成后不清理现场,在工作中产生的废弃物不按规定处置(扣 2 分/次,将废弃物遗弃在工作现场的可扣 3 分/次)		
			总评分=(1~3 项总分)		

签名：________　________年____月____日

阅读材料

新型电梯放样工艺

新型电梯放样工艺基于一种新型电梯样板架装置，该装置采用铝合金材料，有足够的承重能力，且框架光滑平直，框架之间稳固、不晃动、不变形；主框架结构自带刻度，精确保证各铅垂线位置；可任意组合挂线尺寸参数，适用多种规格型号电梯；样板架支架水平度可精确调整，如图2-16所示。主框架能折叠收拢后放于铝合金行李箱中，便于存放及运输。

该装置装梯之前由电梯安装工拖带行李箱于安装现场直接使用，节省制作时间及成本。使用时只需从铝合金行李箱中取出折叠后样板架，放于机房地面安装位展开，固定好相应螺栓，依据装置本身自带水平仪调整样板架安装水平度；根据机房井道平面图并按照该装置上的精确刻度调整好样板架上各支架及挂线压板的准确位置，即完成电梯样板架就位，且保证了放样精度。

新型电梯样板架装置将电梯安装定位由传统现场样板架制作定位变为现场样板架调整定位。较传统放样工艺节省时间，提高精度，且可重复使用，使放样工艺原材料成本降低，解决了电梯安装企业在电梯放样过程中对安装人员过于依赖的问题。

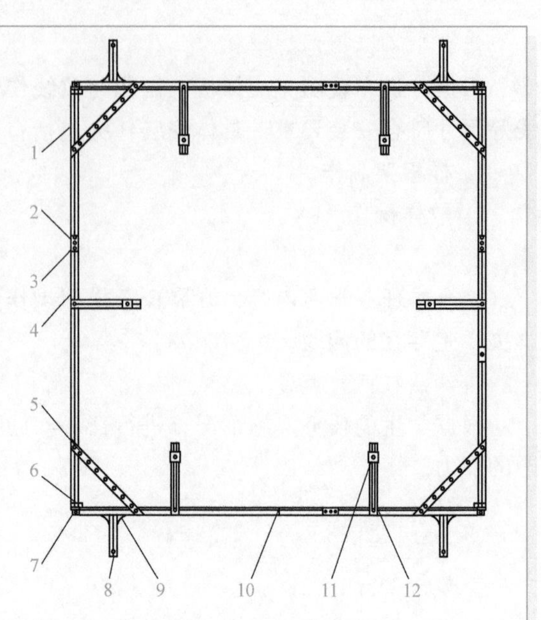

图2-16 新型电梯样板架结构示意图

1—主支架 2—水平仪 3—水平仪安装座 4—铰链 5—斜拉紧固件 6—限位块 7—水平度调节螺钉 8—支撑架 9—三角连接件 10—一字连接件 11—挂线压板 12—挂线支架

思考与练习

一、填空题

1. ＿＿＿＿＿＿是将电梯井道安装工程图样上设计的位置（或物体）放到实地位置（或物体）的过程。

2. 确定对重导轨中心线时，应考虑对重框宽度距墙壁及轿厢应不小于＿＿＿的间隙。

3. 门立柱与墙面间隙应＿＿＿＿＿。

4. 样板架上各尺寸允许误差为＿＿＿＿＿，并应严格检查，不得有扭曲现象。

5. 样板架上标注出轿厢中心线、门中心线、门口净宽线、＿＿＿＿＿＿和厅门地坎线。

二、判断题

1. 样板架是根据电梯轿厢、对重、导轨等部件的实际相关尺寸所制成的足尺放样板架，是电梯由上向下挂各种安装铅垂线的依据和出发点，因此对样板架的制作必须尺寸准确、结构牢固。 （ ）

2. 在电梯井道土建施工时，电梯安装前无须进行井道测量。 （ ）

3. 井道中运动部分与井道内静止部件及建筑结构净距离可随意选取。 （ ）

4. 电梯各轿门边沿位置线段在新位置下的延长线仍应互相重合，其偏差应不大于2mm。 （ ）

5. 样板位置偏差值不大于1mm、水平度不大于1/1000。 （ ）

6. 样板架可分为对甩式（对重位于轿厢的侧面）样板架和旁置式（对重位于轿厢后面）样板架。（　）

三、选择题

1. 样板架托梁的水平度误差应不超过（　）。

A. 3mm　B. 4mm　C. 5mm　D. 6mm

2. 在样板架垂线的末端用（　）的线锤张紧。

A. 50~100N　B. 100~150N　C. 100~200N　D. 150~200N

3. 样板架是根据电梯对重、轿厢、（　）等部件的实际尺寸所制作的放样样板。（多选题）

A. 对重架　B. 轿门　C. 导轨　D. 缓冲器

4. 电梯安装完应进行封闭的开孔有层门边缘缝隙、（　）。

A. 机房门洞　B. 放样开孔

C. 机房孔洞　D. 底坑下方人能到达的位置

5. 中分式电梯安装放样时最少应放（　）根样线。

A. 6　B. 8　C. 12　D. 14

四、简答题

1. 简述样板架和铅垂线如何放置。

2. 简述放样作业中上样板定位要点，如图2-17所示。

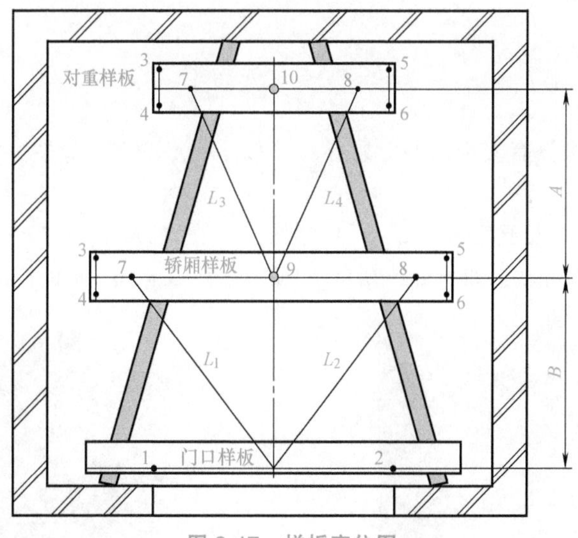

图2-17　样板定位图

学习任务2.2　导轨的安装

任务分析

电梯导轨是垂直电梯运行的重要组成部件，电梯导轨的安装精度将直接影响电梯运行状况。同时，电梯导轨是电梯导向系统的重要组成部分，可确保电梯沿垂直方向运行。掌握导轨的安装与调整有助于提升学生对电梯导轨的安装作业能力，为从事电梯安装工作及后续维保工作奠定基础。

建议学时

建议完成本任务用 6~8 学时。

学习目标

应知

1. 了解导轨支架、导轨的类型及应用场合。
2. 理解导轨支架安装基本知识。

应会

1. 能够完成导轨支架和导轨的安装操作。
2. 能够根据电梯安装图相关要求，完成导轨支架和导轨的调整。

基础知识

电梯导轨是由钢轨和连接板构成的电梯构件，分为轿厢导轨和对重导轨。按截面形状分为 T 型、L 型和空心三种形式。导轨在起导向作用的同时，承受轿厢制动时的冲击力、安全钳紧急制动时的冲击力等。这些力的大小与电梯的载重量和速度有关，因此应根据电梯速度和载重量选配导轨。

一、导轨类型

1. 空心导轨

空心导轨只能用作没有安全钳的对重导轨，如 TK3A 型空心导轨，如图 2-18 所示。

2. T 型导轨

T 型导轨用于速度不大于 0.4m/s 的各种类型电梯，如 T89 型、T127 型等。T127 表示导轨背面宽度为 127mm 的 T 型导轨，如图 2-19 所示；TK3A 表示 3kg/m、地面折边的对重空心导轨。

图 2-18 TK3A 型空心导轨

图 2-19 T127 型热轧钢导轨

导轨必须根据弯曲应力来确定其尺寸和规格。在安全装置作用于导轨的情况下，必须根据弯曲和压弯应力确定导轨尺寸。对于悬挂式导轨（固定于井道顶部），应考虑拉伸应力而不是压弯应力。

导轨及其附件和接头应能承受施加的载荷和力，以保证电梯安全运行。运行过程中需保证轿厢与对重（或平衡重）的导向作用，导轨变形应限制在一定范围内，并且电梯在运行过程中不应出现门的意外开锁、安全装置的意外动作以及移动部件与其他部件碰撞。

T型导轨的最大计算允许变形量为：装有安全钳的轿厢、对重（或平衡重）导轨，安全钳动作时，在两个方向上为5mm；对于没有安全钳的对重（或平衡重）导轨，在两个方向上为10mm。

电梯导轨的安装调整是在井道内根据所挂铅垂线位置安装轿厢和对重导轨各两根。这些导轨用压导板、螺母固定在导轨支架上，导轨支架则与井道墙固定连接构成一个供电梯轿厢与对重升降导向运行的轨道，导轨的安装对于整个电梯安装质量的好坏是一个重要的环节。

二、导轨支架安装

导轨支架可以使导轨在建筑物上固定，因此在电梯使用过程中，导轨能自动地或采用简单调节方法对建筑物的正常沉降和混凝土收缩变形所造成的影响予以补偿，防止因导轨附件的转动而造成导轨的松动。

1. 导轨支架安装前检查

在安装导轨支架前，首先应检查核对相应尺寸、预留孔或预埋件的位置及大小是否与土建要求相符，要复核由样板上放下的基准线。基准线距导轨支架平面1~3mm，支架平行度误差不大于0.5mm，搭入码托的深度$D \geqslant 2L/3$，样线与孔中心线重合，两线间距一般为80~100mm，其中一条是以导轨中心为准的基准线，另一条是安装导轨支架辅助线，如图2-20所示。

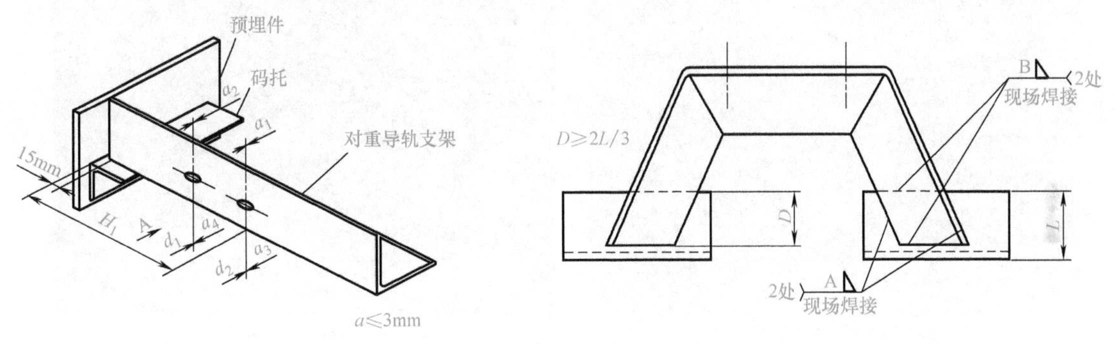

图2-20　导轨支架安装示意图

A、B—焊接位置

其次，测出每个导轨支架距墙的实际高度，并按顺序逐个进行安装调整；调整完成后根据导轨支架中心线及其平面辅助线，确定导轨支架位置，进行找平、找正；然后进行焊接，焊缝应连续并全焊，水平度误差$X \leqslant 1.5\%H$，垂直度误差$|a_1-a_2| \leqslant 0.5$mm，如图2-21所示。

2. 导轨支架的安装要点

（1）导轨支架的位置

在没有导轨支架预埋件的井道壁上，当图样上没有明确规定最上一排导轨支架和最下一排导轨支架的位置时，按照井道布局图要求确定导轨支架的安装位置。

（2）导轨支架要求

最下一排导轨支架安装在底坑装饰地面上方1000mm的相应位置，如图2-22a所示。每根导轨应至少有两组导轨支架，且导轨支架的间距应小于2500mm；最上一排导轨支架安装在井道顶板下面不大于500mm的相应位置，如图2-22b所示。在确定导轨支架位置的同时

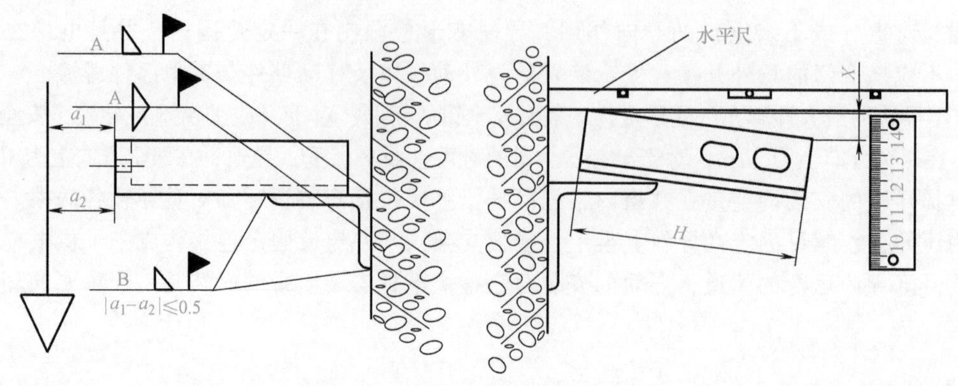

图 2-21　导轨支架定位（单位：mm）

A，B—焊接位置　a_1，a_2—测量位置

还要考虑导轨连接板与导轨支架不能相碰，应相互错开。每个导轨支架与导轨接头的距离应不小于 30mm。

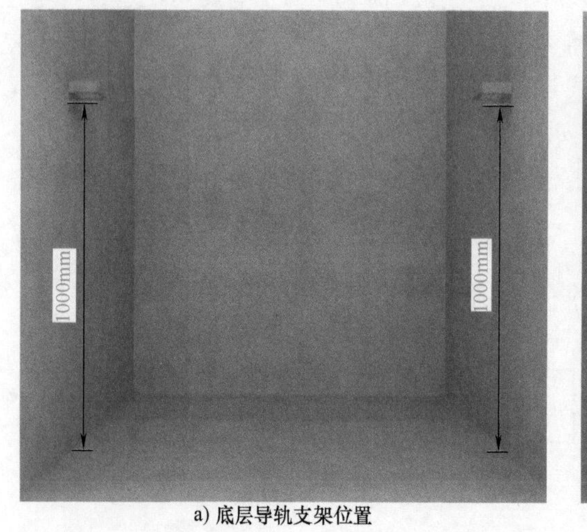

a) 底层导轨支架位置

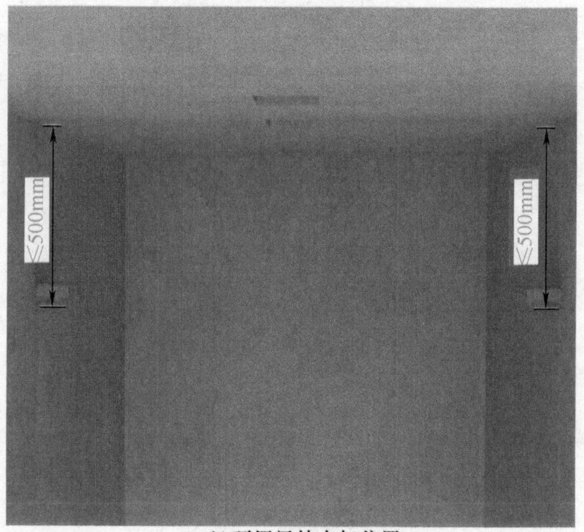

b) 顶层导轨支架位置

图 2-22　导轨支架要求

（3）安装导轨支架

清除预埋件表面的混凝土，核查预埋件的位置。若其位置偏移达不到安装要求，可在预埋件上补焊铁板，铁板厚度不小于 16mm，如图 2-23a 所示，长度一般不超过 300mm，如图 2-23b 所示，当长度超过 200mm 时，端部用直径不小于 16mm 的膨胀螺栓固定于井壁。加装铁板与原预埋件搭接长度不小于 50mm，要求三面满焊。

（4）复核尺寸

安装导轨支架前要复核由样板上放下的基准线，两线间距一般为 80~100mm。测出每个导轨支架距墙的实际高度，划导轨支架中心线，并按顺序编号进行加工。根据导轨支架中心线及其平面辅助线确定导轨支架位置并进行焊接，整个导轨支架的水平度误差应不大于 5mm。为保证导轨支架平面与导轨接触面严实，支架端面垂直误差应不大于 1mm。

（5）焊接要求

导轨支架与预埋件接触面应严密，焊接采取内外四周满焊，焊接高度应不小于 5mm，

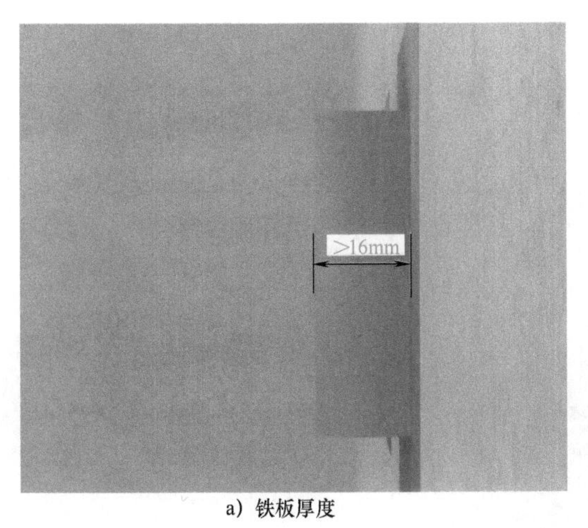

a）铁板厚度

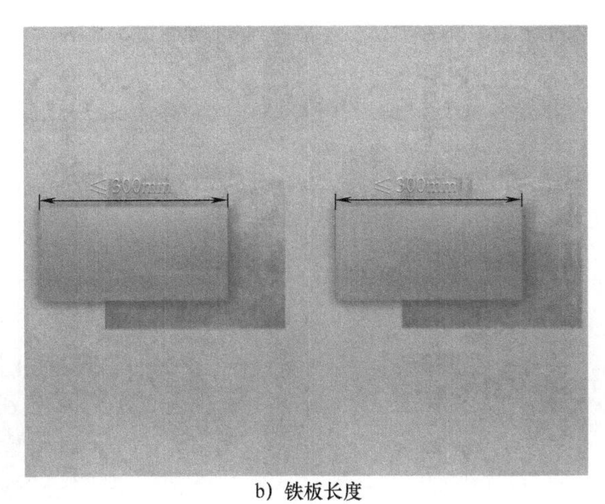

b）铁板长度

图2-23　清理和准备

焊缝要饱满均匀且不能有夹渣、气泡等。

（6）固定要求

混凝土电梯井壁没有预埋件的情况多使用直径不小于16mm的膨胀螺栓。打膨胀螺栓孔位置要准确并垂直于墙面，深度要适当，一般以膨胀螺栓被固定后护套外端面与墙壁表面相平为宜。

三、导轨安装

导轨安装过程中，应考虑井道总高与导轨数量，确定导轨长度，在导轨摆放过程中，榫舌向上，并保持在同一方向，如图2-24所示。

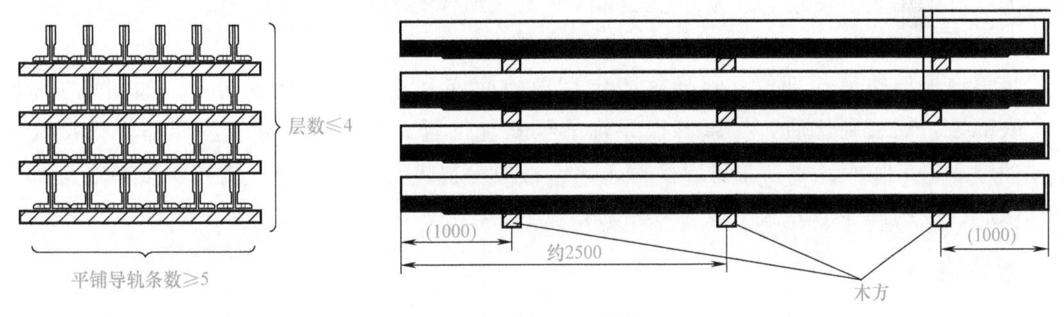

图2-24　导轨的摆放（单位：mm）

导轨在井道中的起吊、垫底、定位方法如图2-25所示。

导轨安装过程中，两列导轨顶面间的距离偏差应为：轿厢导轨0～2mm；对重导轨0～3mm。每列导轨工作面（包括侧面与顶面）与安装基准线每5m的偏差均应不大于下列数值：

1）轿厢导轨偏差。轿厢导轨和设有安全钳的对重（平衡重）导轨为0.6mm。

2）对重导轨偏差。不设安全钳的对重（平衡重）导轨为1.0mm。

轿厢导轨和设有安全钳的对重（平衡重）导轨工作面接头处不应有连续缝隙，导轨接头处台阶应不大于0.05mm。如超过应修平，修平长度应大于150mm。

不设安全钳的对重（平衡重）导轨接头处缝隙应不大于1.0mm，导轨工作面接头处台

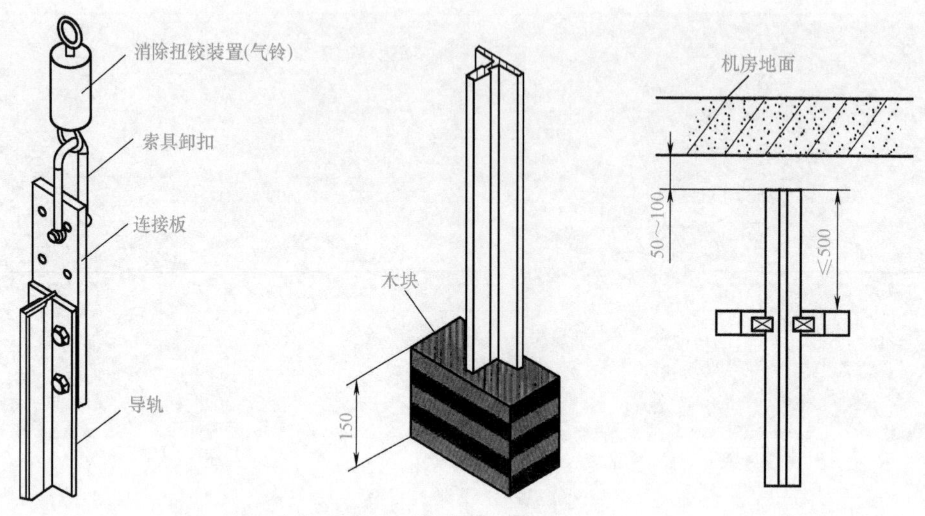

图 2-25　导轨起吊、垫底、定位（单位：mm）

阶应不大于 0.15mm。

导轨的安装要点如下：

（1）导轨的位置

将导轨底座放入底坑，并用导轨安装基准线校正其相应位置，在顶层地面架设 0.5t 的卷扬机，吊钩经过滑轮下放至井道。先用 D 型卡扣锁住导轨连接板，再将导轨吊装至安装位置。

（2）吊装方式

采用卷扬机吊装导轨，可以采用多根导轨整体吊装就位的方法。若导轨较轻，且提升高度不大，可采用人力使用直径不小于 16mm 的尼龙绳代替卷扬机吊装导轨。

（3）吊装顺序

将第一根导轨吊装到位，将导轨固定在导轨底座和相应的导轨支架上，如图 2-26a 所示。底部导轨安装到位后，将第二根导轨吊至安装位置。将上下两导轨的凹凸榫拼接在一起，如图 2-26b 所示，通过导轨连接板、螺栓将两导轨进行连接。当一侧导轨按顺序全部安装到位后，可用同样的方法吊装另一侧的导轨。

四、导轨校正

1. 调整导轨垂直度和中心位置

调整导轨位置，使其端面中心与基准线相对，并保持规定间隙（如规定 30mm）。用钢直尺检查导轨端面与基准线的间距和中心距离，用对中校正用卡板校对两导轨面分中情况，如不符合要求，应调整导轨前后距离和中心距离，如图 2-27 所示。

2. 校导尺检查

用校导尺检查、找正导轨，完成扭曲调整，如图 2-28 所示。

将校导尺端平，并使两端指针尾部侧面和导轨侧工作面贴平、贴严，两端指针尖端指在同一水平线上，说明无扭曲现象。如贴不严或指针偏离相对水平线，说明有扭曲现象，则用专用垫片调整导轨支架与导轨之间的间隙（垫片不允许超过 3 片）使之符合要求。为了保

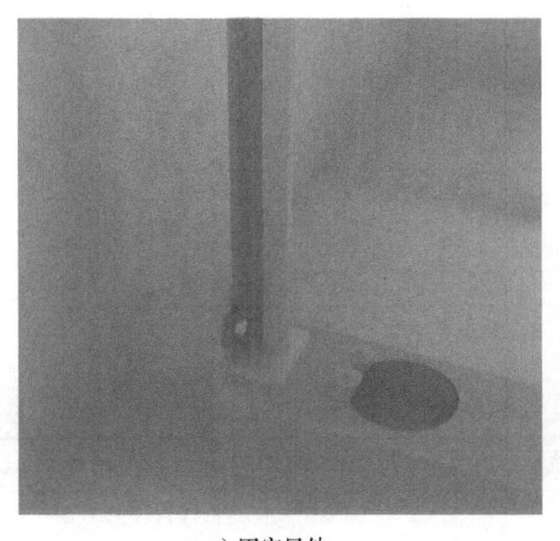
a) 固定导轨

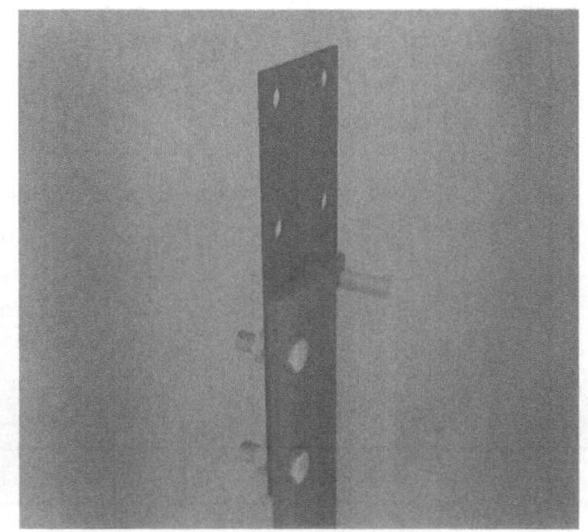
b) 导轨连接

图 2-26　导轨安装

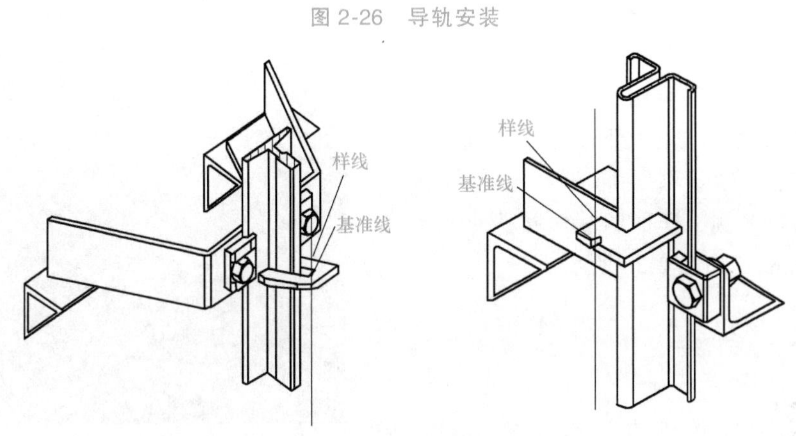

图 2-27　校正导轨尺寸与分中

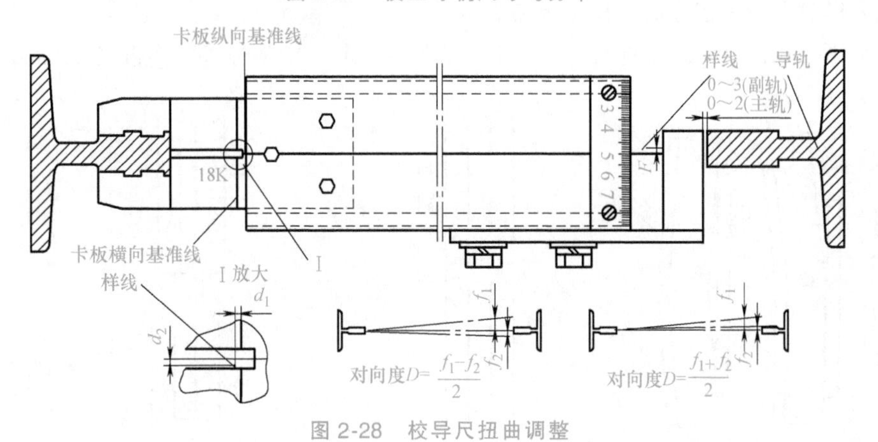

图 2-28　校导尺扭曲调整

证测量精度，用上述方法调整以后，将校导尺反向 180°旋转，用同一方法再进行测量调整，直至符合要求。

3. 找正导轨间距

操作时，在找正点（找正点在导轨支架处及两支架中心处）处将校导尺端平，调整校导尺长度满足导轨间距 L 的要求，并保证与导轨端面间隙在 0.5～1mm，用塞尺测量校导尺与导轨端面间隙，使其符合要求。两导轨端面间距 L 如图 2-29 所示，不同梯速、不同类型的导轨，其偏差值应符合表 2-6 要求。

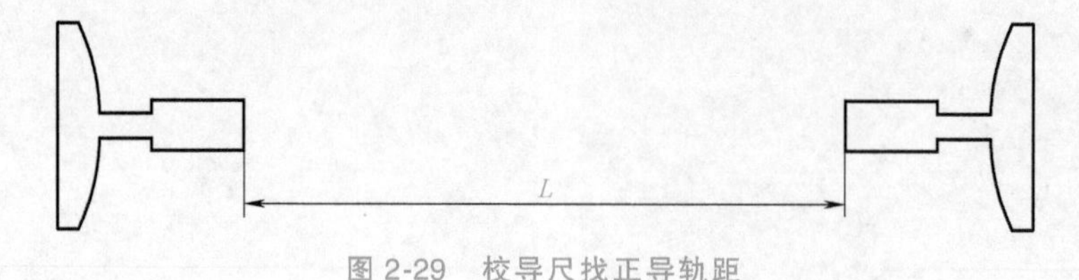

图 2-29 校导尺找正导轨距

表 2-6 两导轨端面间距的偏差要求

类型	轿厢导轨	对重导轨	轿厢导轨	对重导轨
	2m/s 以上		2m/s 以下	
偏差范围	不大于 1mm	不大于 2mm	不大于 2mm	不大于 2mm

上述三项必须同时调整，使之达到要求。

导轨工作面直线度可用刀口形直尺靠在导轨工作面，用塞尺检查均不大于规定。导轨接头处的全长不应有连续缝隙，局部缝隙应不大于 0.5mm。两导轨的侧工作面和端面接头处的台阶应不大于 0.5mm，如图 2-30 所示。

图 2-30 调整导轨端面间隙

五、修正导轨接头处的工作面

1. 接头处工作面检查

导轨接头处工作面直线度检查方法：用 500mm 钢直尺靠在导轨工作面，用塞尺检查 a、b、c、d 处，如图 2-31a 所示，误差均应不大于表 2-7 的规定（接头处对准钢直尺 250mm 处）。

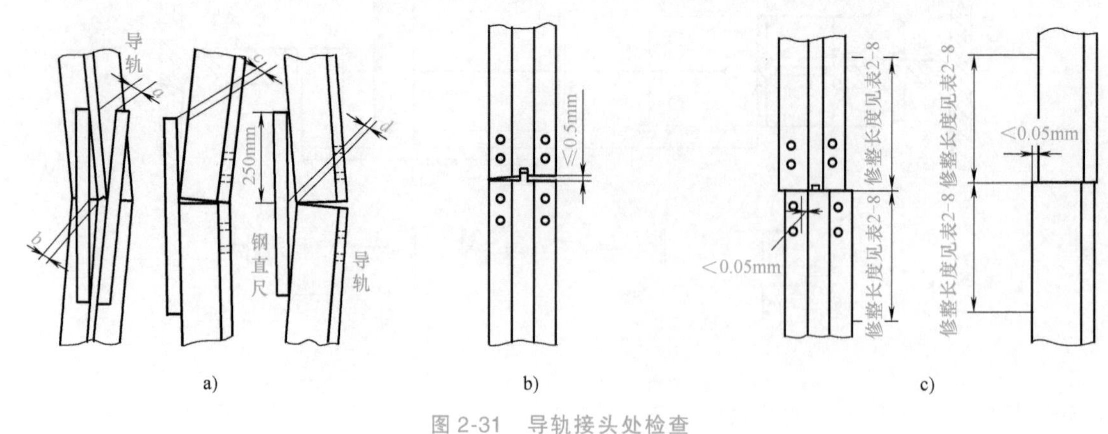

图 2-31 导轨接头处检查

表 2-7 导轨工作面直线度允许误差

导轨连接处	a	b	c	d
允许误差/mm	0.15	0.06	0.15	0.06

2. 接头处工作面缝隙检查

导轨接头处的全长不应有连续缝隙，局部缝隙应不大于0.5mm，如图2-31b所示。

3. 接头处工作侧面检查

两导轨的侧工作面和端面接头处的台阶应不大于0.5mm，如图2-31c所示。

对台阶应沿斜面用手砂轮或油石进行磨平，修整长度应符合表2-8的要求。

表2-8　台阶修整长度

电梯速度	>3m/s	<3m/s
修整长度/mm	300	200

六、无脚手架电梯安装基础的8条导轨安装

1. 安装导轨支架码托（可调式、非可调式）

按电梯井道设计图中电梯导轨支架档位的设置要求，安装首档的主、副轨码托。当电梯底坑深度为3m以上时，在电梯井道底层搭设脚手架，安装第一、二档导轨支架。电梯第一、二档导轨支架安装在底坑装饰地面上方1000mm的相应位置（见图2-22）。每根导轨应至少有两组导轨支架，且导轨支架的间距应小于2500mm。在确定导轨支架位置的同时还要考虑导轨连接板与导轨支架不能相碰，应相互错开。每个导轨支架与导轨接头的距离应不小于30mm。清除预埋件表面的混凝土，核查预埋件的位置。若其位置偏移达不到安装要求，

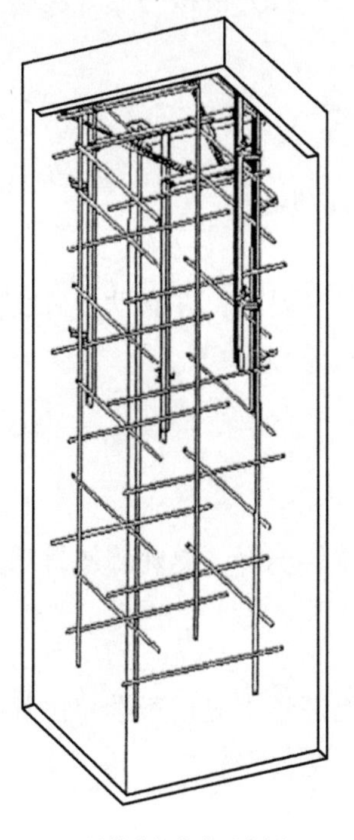
a) 导轨支架安装示意图

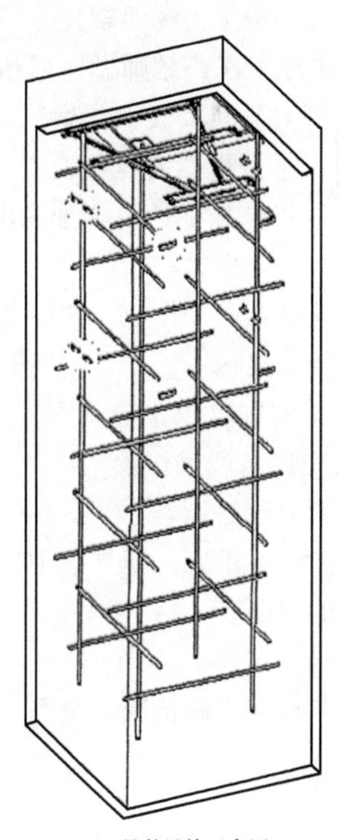
b) 吊装导轨示意图

图2-32　导轨安装示意图

可在预埋件上补焊铁板，铁板厚度不小于16mm（见图2-23a），长度一般不超过300mm（见图2-23b）。当长度超过200mm时，端部用直径不小于16mm的膨胀螺栓固定于井壁。加装铁板与原预埋件搭接长度不小于50mm，要求三面满焊。

2. 切割导轨支架

根据样线测量在导轨支架档位上的支架需要的高度尺寸，对应切割好各主、副导轨支架（非可调式时），如图2-32a所示。

3. 吊入导轨

通过麻绳或卷扬机从井道外吊入主、副导轨各4条至井道内，可采用吊进一条、就位安装一条、调整一条的顺序；也可以全部吊入后再逐条安装，如图2-32b所示。

视频教学资源

演示安装导轨的方法。

扫码观看

任务实施

步骤一：学习准备

1. 根据本任务学习内容在“有机房曳引式垂直电梯安装（有脚手架）”学习平台进行垂直电梯导轨安装操作，教师事先做好预案，利用学习平台先模拟完成本次学习任务，然后集中开展任务实施工作，教师做巡回指导。

2. 指导教师对导轨安装操作做简单介绍。

3. 借助学习平台模拟实施导轨安装作业。

4. 根据实际操作任务的要求选取电梯安装通用工具和器材。

步骤二：模拟电梯导轨安装作业

按要求完成导轨安装作业，使电梯导轨安装作业符合要求，并有助于后续安装工序的开展，具体安装任务包括：

1. 导轨支架的安装作业。

2. 导轨的安装与调整作业。

步骤三：教师巡回指导

结合本任务学习内容，开展任务模拟操作与实际操作练习，教师巡回指导，及时发现和解决学生存在的问题。

步骤四：任务点评

根据学生的任务实施情况，进行任务实施点评，提高学生应用所学知识解决实际工作问题的能力。

学习单元评价

自我评价（100分）

由学生根据学习任务完成情况进行自我评价，评分值记录于表2-9中。

表 2-9 自我评价表

学习任务	项目内容	配分	评分标准	扣分	得分
学习任务 2.2	1. 课堂纪律	10	1. 不遵守课堂纪律要求(扣 2 分/次) 2. 有其他违反课堂纪律的行为(扣 2 分/次)		
	2. 熟悉导轨安装与调整作业	70	1. 独立完成工作页的填写(6 分) 2. 利用网络资源、工艺手册等查找有效信息(6 分) 3. 正确使用工、量具及设备(8 分) 4. 识别导轨及导轨支架的类型及其应用场合(8 分) 5. 描述导轨支架常用的固定方法(8 分) 6. 叙述导轨支架、导轨安装的技术要求(8 分) 7. 以小组合作的方式完成导轨支架安装(8 分) 8. 以小组合作的方式完成导轨的吊装、校正(调整)(8 分) 9. 模拟导轨安装与调整操作(10 分)		
	3. 职业规范和环境保护	20	1. 在工作过程中工具和器材摆放凌乱(扣 3 分/次) 2. 不爱护设备、工具,不节省材料(扣 3 分/次) 3. 在工作完成后不清理现场,在工作中产生的废弃物不按规定处置(扣 2 分/次,将废弃物遗弃在工作现场的可扣 3 分/次)		
			总评分=(1~3 项总分)		

签名:________ ________年____月____日

阅读材料

电梯导轨选型及安装方法

一、电梯导轨的安装要求

导轨安装质量的好坏直接影响电梯设备运行的舒适性和安全性。导轨安装技术的选择与设计是电梯安装的重要组成部分。导轨的主要功能是平衡轿厢装置的重量和导向，支撑并确保安全装置可靠工作。国家标准严格规定，为了确保电梯的安全可靠运行，导轨的相邻两支架安装距离不超过2.5m，若支架间距大于2.5m，应满足GB 7588—2003规定导轨安装强制要求，并有导轨间距大于2.5m的选用依据。

不同井壁结构材料导轨支架的固定方法不同。如果井壁是混凝土结构，一般有四种固定支架的方法，如钢板预埋法、固定膨胀塞法；当井壁厚度小于0.1m时，采用锚杆固定方法、直接埋入法。如果井壁采用砖结构，为了保证导轨支架固定可靠，最好采用混凝土环梁固定支架或在井壁上适当安装槽钢支架。高质量的安装要求导轨的垂直度好、平稳性高，此外，还有导轨间距均衡、接头间隙小等方面的精度要求。为了保证导轨的安全可靠运行和导轨上的平衡，在导轨安装标准规范中对安装过程提出了许多严格的精度要求。

二、电梯导轨的选型

根据不同截面形状，电梯导轨分为I型、T型和空心型。I型和空心型导轨成本低，但不能用于无支撑安全钳的施工，通常只用于平衡侧。中高速电梯不使用这两种导轨。T型导轨应用范围广，其制造和使用已经标准化。从T型导轨的行业标准可以看出，T型导轨已经实现了产品系列化，主要参数有底部宽度、顶部高度、工作面厚度，不同材料、不同加工工艺和不同型号的T型导轨具有不同的强度和刚度。在现场安装中，需要严格按照电梯安装过程计算并验证导轨的布置是否与承载力匹配。然而，为了得到更精确的导轨模型，需要计算和分析导轨的承载力。GB 7588—2003 的附录中只对导轨承载能力计算进行了简单的定性描述。

三、电梯导轨支架间距的选择和计算

对轿厢进行受力分析可知，轿厢及其附件产生的重力与轿厢作用于曳引绳的拉力并不是一对作用力和反作用力。虽然轿厢运行在直线导轨上，但因导轨的制造和安装误差，无法做到绝对垂直，加之轿厢运行在井道内会受到各种气流的影响，此外，由于轿厢的几何形状和悬挂方式不同，载荷会在轿厢内波动，无法使载重力和曳引绳上的拉力始终保持在铅垂线方向，轿厢会在水平方向产生分力，可将这种水平分力定义为支反力。支反力通过导轨作用于导靴，再传给轿厢，导靴上的支反力的反作用力将引起导轨的弯曲效应。影响支反力的三个重要因素为：轿厢和平衡配重的悬挂方式；轿厢与平衡配重作用于导轨的位置；轿厢内载重分布的均匀性。

对于低速轻载电梯，只需根据弯曲应力确定导轨的几何参数即可。然而，当安全装置作用于导轨时，必须考虑弯曲应力和压缩应力的综合作用来确定导轨的尺寸。弯曲应力与导轨间距成正比，导轨间距与弯曲截面的模量成反比。因此，导轨的弯曲应力随导轨支架间距的增大而增大。支架的间距不能太大。通过分析可知，如果选用最常用的抗拉强度为520MPa 的导轨，在安全钳的运行下，导轨的许用应力不会超过 290MPa。

总之，电梯的基本参数应根据实际情况决定，应该是各个方面因素的综合分析，既要保证电梯导轨的质量，又要降低施工安装成本，提高电梯投入使用后的安全性能。导轨的综合应力随支架间距的增大而增大。然而，支架数量过多将导致施工成本增加。通常根据最大的支架间距，首先计算出相应的最大综合应力，并在满足国家标准的情况下，选择可以安全使用、减少生产成本的安装方式。在实际安装导轨时，导轨支撑间距也可以大于25mm，但必须提升导轨的材质和截面形状，还要对导轨的弯曲强度进行校核。

思考与练习

一、填空题

1. 电梯导轨是由钢轨和连接板构成的电梯构件，它分为________________。

2. T127 表示________________________________。

3. 导轨安装过程中，两列导轨顶面间的距离偏差应为：轿厢导轨________________；对重导轨________________。

4. 找正点处将长度较导轨间距 L 小________________的校导尺端平，用塞尺测量校导尺与导轨端面间隙，使其符合要求。

5. 导轨接头处台阶应________________________。

二、判断题

1. 导轨通常采用机械加工方式或冷轧加工方式制作，其抗拉强度应为 370~520N/mm^2。（　　）

2. 导轨安装前应清洗导轨工作表面及两端榫头，并检查导轨的直线度不大于 1/6000，

且单根导轨全长偏差不大于 1mm。（　　）

3. 同一水平的导轨支架其高低之差一般不大于 300mm。（　　）

4. 电梯导轨是一种表面未经过机械加工的 T 型钢轨，用于电梯轿厢或对重的运动导向。（　　）

三、选择题

1. 导轨是为电梯轿厢和对重提供（　　）的构件。

A. 定位　B. 支撑　C. 导向　D. 安全运行

2. 导轨接头处允许台阶应不大于（　　），如超过应修整，修整长度为 150mm 以上。

A. 0.04mm　B. 0.05mm　C. 0.06mm　D. 0.07mm

3. 导轨工作面接头处不应有连续缝隙，且局部缝隙应不大于（　　）。

A. 0.4mm　B. 0.5mm　C. 0.6mm　D. 0.7mm

4. 由于导轨接头未按标准进行修整或修整长度未达到要求，而造成运行时的异常噪声，需打磨至（　　）mm 以内。

A. 1.0　B. 0.5　C. 0.1　D. 0.05

5. 电梯导轨的安装，是用（　　）把导轨固定在导轨支架上的。

A. 螺栓　B. 压码　C. 销钉　D. 铆钉

6. 校正导轨接头的平直度时，应拧松（　　），逐根调直。

A. 导轨支架固定螺栓　B. 两头邻近的导轨连接板螺栓

C. 所有螺栓　D. 压轨板

四、简答题

1. 简述导轨校正的方法。

2. 简述修正导轨接头处工作面的方法。

学习任务 2.3　门系统的安装

任务分析

门系统作为电梯中的重要系统，对于电梯安全运行来讲，其作用十分重要。据统计，80%以上的电梯故障和 70%以上的电梯事故都是门系统出现问题而造成的。电梯门系统事故占电梯事故的比重最大，发生也最为频繁。通过电梯门系统的安装与调整基本知识和方法的学习，使学生具备从事电梯门系统安装的能力，为学生从事电梯安装与维修工作奠定基础，便于学生在施工现场开展轿厢和对重安装调整作业。

建议学时

建议完成本任务用 8~10 学时。

学习目标

应知

1. 了解电梯门系统的结构、类型。

2. 熟悉电梯门系统的安装与调整要求。

应会

能够完成电梯门系统的安装作业。

基础知识

一、门系统基本知识

1. 电梯门系统的组成

电梯的门系统包括层门、轿门及其开关门装置和附属部件。电梯层门，也称为厅门，主要功能是封闭层站入口及轿厢入口，防止人员和物品坠落井道或轿厢内乘客和物品与电梯井道相撞而发生危险。

轿门是设置在轿厢入口的门，设在轿厢靠近层门的一侧，供电梯司机、乘客和货物进出。简易电梯的开关门是用手操作的，称为手动门。一般电梯都装有自动开启装置，由轿门带动层门，层门上装有电气、机械联锁装置的门联锁。只有轿门开启才能带动层门的开启，所以轿门称为主动门，层门称为被动门。

轿门安装在轿厢上，由门机（电动机、控制器及门刀）、轿门板、轿门地坎护脚板等组成。每个轿门设置有轿门开门限制装置，防止在非平层状态或者发生事故时轿门被人为扒开造成故障等。

2. 电梯门的作用

电梯门的作用是：当电梯停止时，供人和货物进出；当电梯运行时，将人和货物与井道隔离，防止人和货物与井道碰撞甚至坠入井道。只有当轿门和所有的层门都完全关闭后，电梯才能运行。因此在层门上装有机电联锁功能的自动门锁，平时层门全部关闭，在外面不能打开；只有当轿门开启时才能带动层门开启。如果要从层门外打开层门，则必须用锁匙才能开门，同时断开电气控制回路使电梯不能启动运行（检修状态除外）。据统计，电梯发生的人身伤亡事故有70%是由层门引起的。所以门系统是电梯的重要设备，也是电梯重要的安全保护装置。

3. 电梯门的分类

电梯门按照结构形式可分为中分式、旁开式和直分式三种，且层门必须与轿门同一类型。

中分式门与旁开式门最为常用，中分式门主要用在客梯上，具有开门速度快、出入方便、可靠性好的优点；旁开式门具有开门宽度大、对井道宽度要求小的优点，多用在货梯和医用电梯上；直分式门的门扇不占用井道和客厅厢的宽度，能使电梯具有最大的开门宽度，主要用于杂物梯和大吨位的货梯（如汽车电梯）。

4. 电梯门的结构与尺寸要求

电梯轿门和层门一般由自动开门机及开门机构、自动门锁及门刀、安全触板、应急开锁装置、强迫关门装置、导轨架、滑轮、滑块、门框、地坎等部件组成。层门安装在每层电梯出口处，每个层门设有机械和电气联锁装置，保证层门打开时电梯不能运行。门关闭后，门扇之间及门扇与立柱、门楣和地坎之间的间隙应尽可能小。对于乘客电梯，此运动间隙不得大于6mm；对于载货电梯，此间隙不得大于8mm。由于磨损，间隙值允许达到10mm。层门净入口宽度比轿厢净入口宽度在任一侧的超出部分均不应大于50mm。每个层站入口均应装设一个具有足够强度的地坎，以承受通过它进入轿厢的载荷。层门应防止正常运行中脱轨、机械卡阻或行程终端错位的现象。由于磨损、锈蚀或火灾原因可能造成导向装置失效时，应设有应急的导向装置使层门保持在原有位置上。

水平滑动层门的顶部和底部都应设有导向装置。悬挂用的绳、链、带，其设计安全系数不应小于 8。悬挂绳滑轮的直径不应小于绳直径的 25 倍。悬挂绳与链应加以防护，以免脱出滑轮槽或链轮。阻止关门力不应大于 150N，这个力的测量不得在关门行程开始的 1/3 之内进行。层门及其刚性连接的机械零件的动能，在平均关门速度下的测量值或计算值不应大于 10J。

滑动门的平均关门速度按其总行程减去下面的数字计算：对中分式门，在行程的每个末端减去 25mm；对旁开式门，在行程的每个末端减去 50mm。当乘客在层门关闭过程中，通过入口时被门扇撞击或将被撞击，一个保护装置应自动地使门重新开启。此保护装置的作用可在每个主动门扇最后 50mm 的行程中被消除。对于这样的一种系统，即在一个预定的时间后，它使保护装置失去作用以抵制关门时的持续阻碍，则门扇在保护装置失效下运动时，动能不应大于 4J。

二、层门地坎的安装

1. 地坎安装精度要求

根据门样板确定层门地坎安装位置，如图 2-33 所示。

1）层门地坎端面与门口样线距离为 30mm，同时在门口宽度位置划线，该距离的误差应小于 1mm。如图 2-34 所示。

2）地坎 B 面如图 2-34、图 2-35 所示，上门口宽划线应与门口样线对齐，偏差小于 1mm。

3）地坎 B 面的水平误差不超过 1/1000，B 面应高出楼板装饰面 2～5mm，如图 2-35 所示，水泥地坎托架角铁必须全焊。

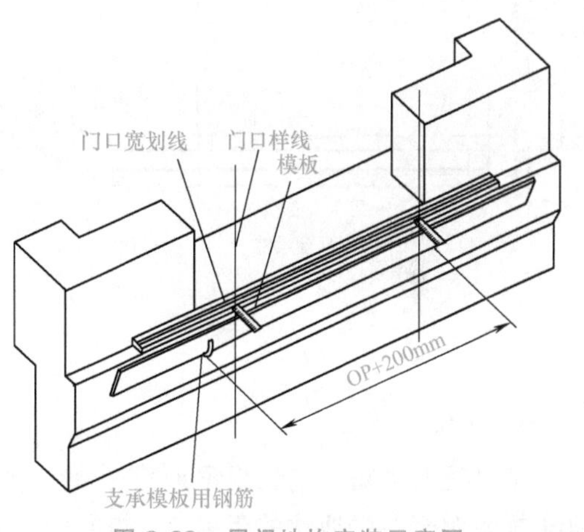

图 2-33　层门地坎安装示意图

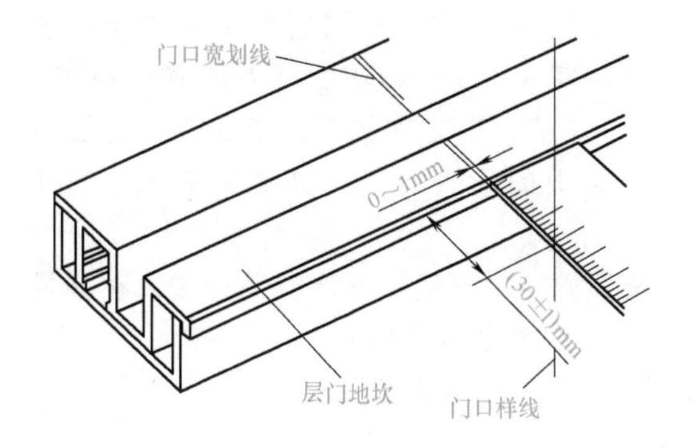

图 2-34　层门地坎与样线距离

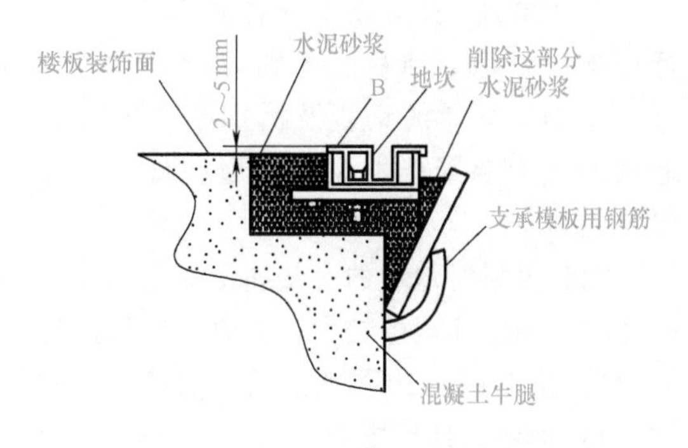

图 2-35　地坎与地板面误差

2. 确定门安装位置

在安装过程中，由样板放下两条层门安装基准线，对楼层高的可采用导轨的二次定位法将其固定在自然静止状态下，下样板用铁丝捆扎固定。根据电梯层门地坎中心及净开门宽度，用划针画出门中心线和净开门宽度线，如图 2-36 所示。在安装层门地坎之前，首先要定出各层层门地坎的标高线，方便以后地面装修，这对多台并列梯安装层门地坎时尤为重要，并做好相应记录。

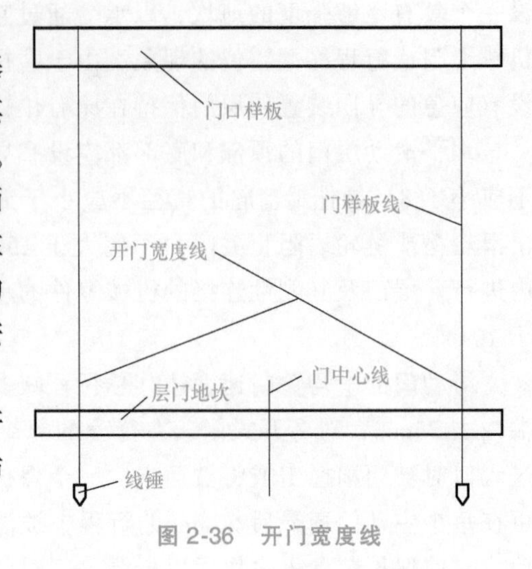

图 2-36 开门宽度线

层门地坎安装时必须控制的安装尺寸包括开门宽度、门高度、门中心线、门导轨和门地坎与样线距离等，如图 2-37 所示。

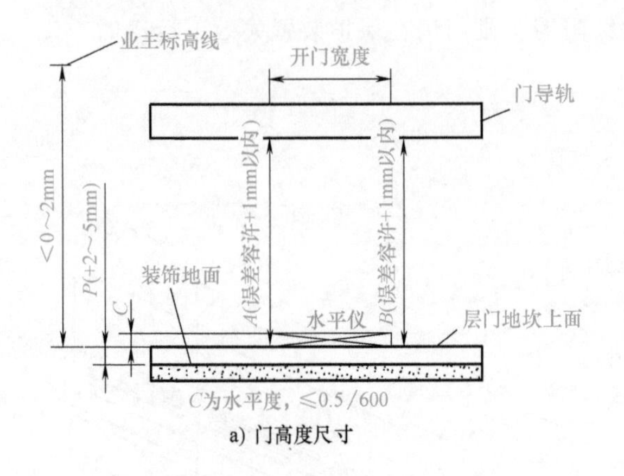

a) 门高度尺寸

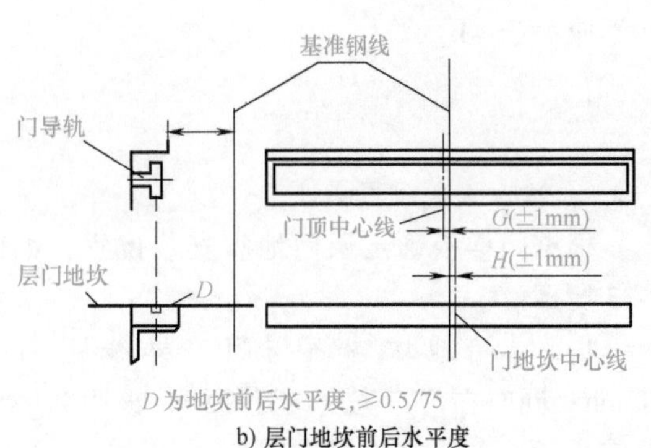

b) 层门地坎前后水平度

图 2-37 层门地坎安装尺寸

3. 牛腿的安装

对混凝土牛腿，应先根据地坎标高线和地坎组件确定地脚钢筋或螺栓高度，然后测量轿厢导轨侧面至层门地坎的距离 L，与层门地坎净开门中心点是否一致（误差不大于 1mm）。

如果没有混凝土牛腿，在预埋件上焊接支架，可安装钢制牛腿来稳固地坎。额定载重量在 1000kg 及其以下的各类电梯，可用不小于 65mm 的等边角钢制作牛腿支架，进行焊接，并稳装地坎，牛腿支架不少于 3 个；额定载重量在 1000kg 以上的各类电梯，可采用 10mm 厚的钢板及槽钢制作牛腿支架，进行焊接，牛腿支架不少于 5 个。若层门地坎处既无混凝土牛腿又无预埋件，可采用 M14 以上的膨胀螺栓固定牛腿支架，进行组装地坎。

钢制牛腿时地坎的安装如图 2-38 所示。在样板架固定时已确定地坎安装位置，在测量梯井时，如墙面误差较大，需修井后再进行牛腿安装，其安装方法如下：

1）用 M12×120 膨胀螺栓将层门地坎支架 2 紧固在层门侧井道墙壁上。

2）把层门地坎支架 1 与地坎组件临时紧固在一起。

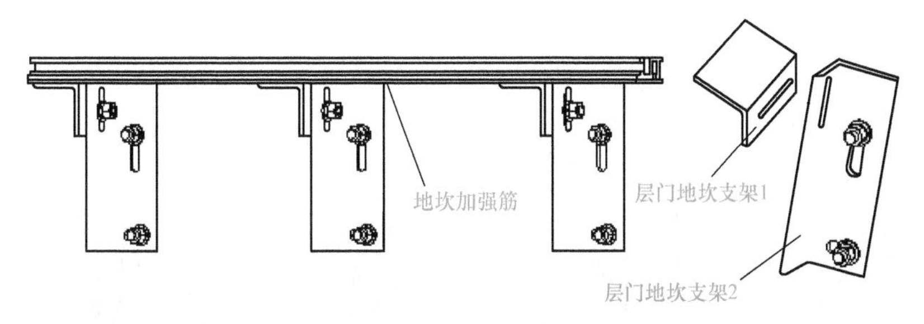

图 2-38　钢制牛腿安装示意图

3）用螺栓临时紧固层门地坎支架。

4）通过层门地坎支架上的长圆孔前后、左右、上下移动地坎组件，使地坎的安装精度达到要求。

5）将所有紧固螺栓紧固。

6）定位焊（两个位置）膨胀螺栓的平垫圈与层门地坎支架2，并焊接层门板支架1与层门地坎支架2的两端部。如图 2-39 所示。

7）如有间隙封板，把间隙封板焊接在地坎组件及层门地坎支架2上。

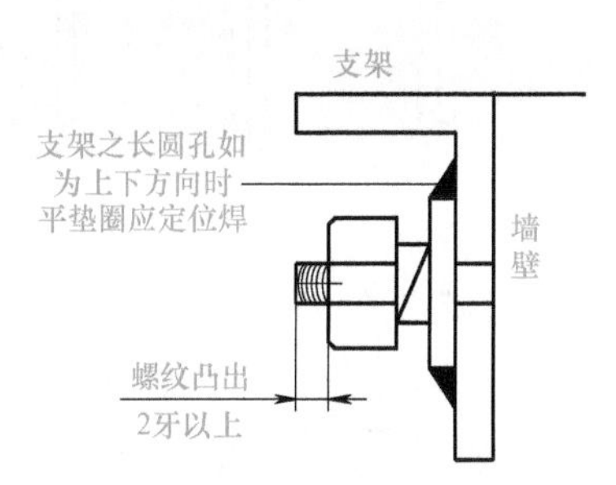

图 2-39　膨胀螺栓定位焊固定

三、门套、上坎的安装

1. 安装前检查

安装前应对层门各部件进行检查，对不符合要求的部件应进行修整，对转动部分应进行清洗加油，做好安装准备。检查地坎应具有足够的强度并且其水平度不大于 1/1000，地坎上水平面应高出装修地面 2~5mm。

2. 门套组装

在平坦的地方进行，并有防止表面划伤的措施。调整门套横梁与立柱互相平齐、垂直，确认门套立柱的间距为开门宽度±1mm。

3. 门套立柱的固定

如果梯井为砖墙结构，采用预埋地脚螺栓法；梯井如为混凝土结构，可以打膨胀螺栓（M12×100）或钢筋，加以固定。

1）在地坎上放置组装好的门套，确认左右门套立柱与地坎的出入口宽划线重合，然后拧紧门套立柱与地坎之间的紧固螺栓。

2）门套立柱应与门口样线及地坎的门口宽划线对齐，门套前后、左右方向垂直度误差、挠曲误差不大于 1/1000，如图 2-40a~c 所示。

3）门套与地坎连接后，在安装门套时，要测量门套与层门间隙是否为 2~6mm，门套中心与上坎中心是否在同一直线上，净开门距离是否准确。如图 2-41 所示。

4. 门机与门楣连接

将门机装置固定在门套上方门机固定件上，如图 2-42a 所示，测量门导轨的左右分中，测量层门上坎的垂直度。调整开门机装置上方的安装板螺栓，使安装板与墙接触，用膨胀螺

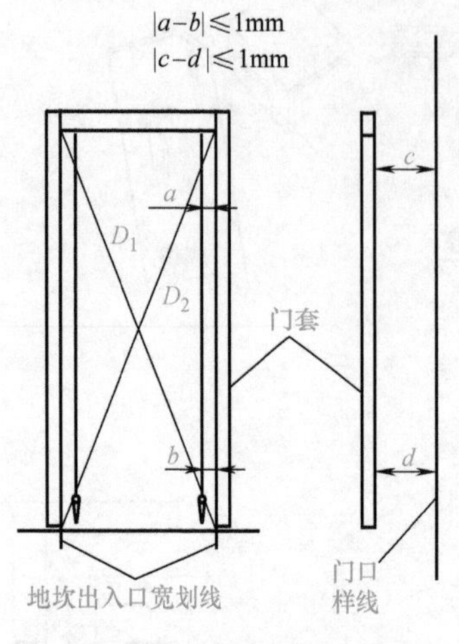

a) 门套与门口样线、地坎安装示意图

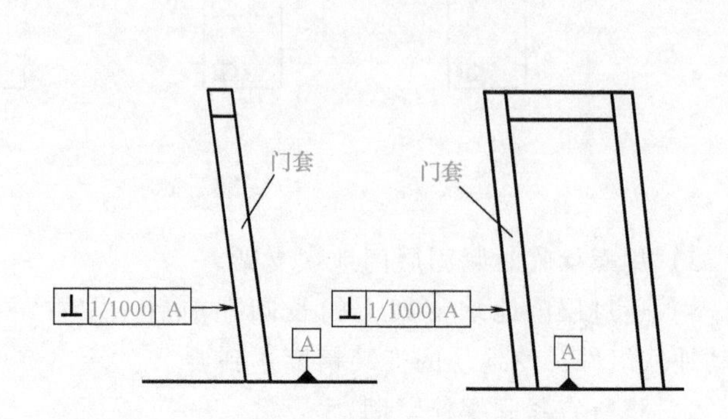

b) 门套前后、左右垂直度误差

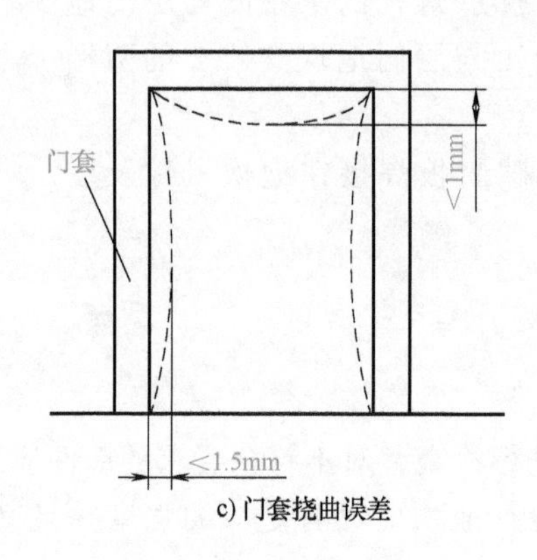

c) 门套挠曲误差

图 2-40　门套立柱的固定

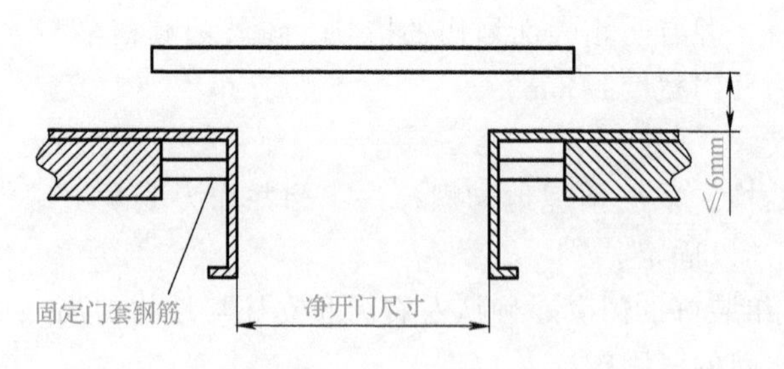

图 2-41　门套安装示意图

栓将安装板固定在井道壁上，如图 2-42b 所示。

层门门机与门楣的连接如图 2-43 所示。用 M12×100 膨胀螺栓（无预埋件）或焊接（有预埋件）将门上坎支架固定在井道壁上，待调整完毕后再拧紧螺栓、螺母。安装上坎时应用 400~600 mm 水平仪测量水平度，并用线锤检查门导轨与地坎滑槽的平面度，上坎两侧与轿厢导轨的距离是否一致，其允许误差不大于 2mm，上坎中心与地坎中心应在同一直线上。如图 2-44 所示。

a) 固定门机

b) 安装膨胀螺栓

图 2-42　安装门机

图 2-43　层门门机与门楣连接示意图

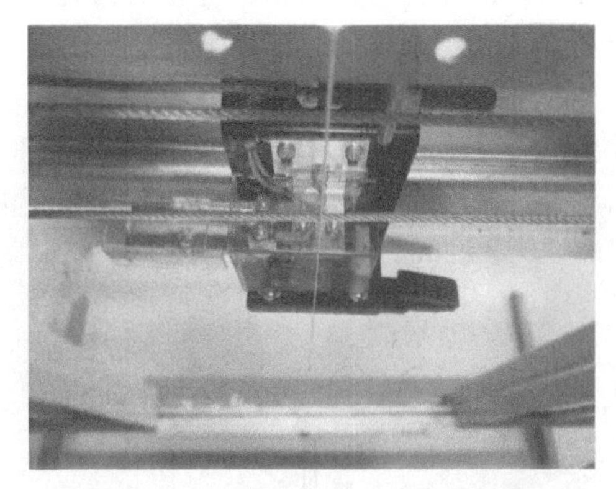

图 2-44　门上坎与地坎测量示意图

1）上坎与地坎之间的相对位置如图 2-45 所示。门地坎距离样线 30mm，门上坎导轨面与地坎槽内表面允许误差不大于 1mm。

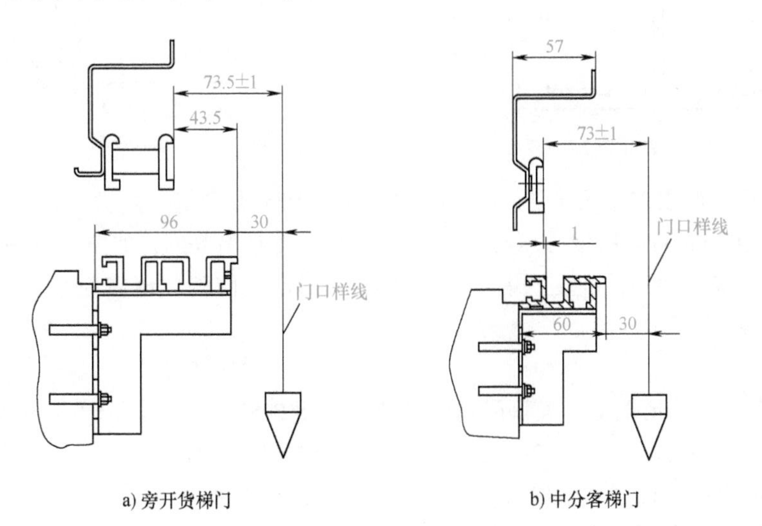

a) 旁开货梯门　　b) 中分客梯门

图 2-45　上坎与地坎的相对位置（单位：mm）

2）门上坎支架与门上坎的垂直度误差不大于 1mm，如图 2-46 所示。

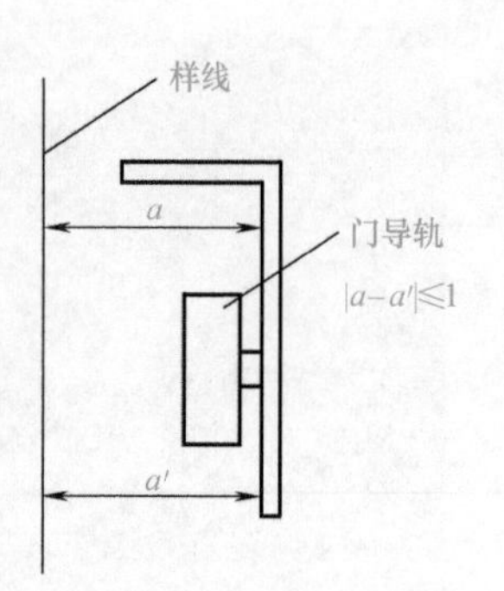

图 2-46 门上坎支架与门上坎垂直度示意图（单位：mm）

四、层门门扇的安装

1. 清理地坎

安装前清除地坎槽内的残留杂物。

2. 固定门扇

用螺栓将门扇与门挂轮，门扇与滑块固定，用铅垂线测量门扇垂直度是否为 1/1000（正面和侧面），如不对，可用专用塞片调节，也可用小塞片在滑块处调节，如图 2-47 所示。检查上坎处同一链条连接的链轮是否在同一平面上，如不在同一平面上，可造成开关门时的脱链；检查强迫关门装置是否有效，开关门声音是否正常，滑块是否顺畅，链条与门连接处是否加并帽固定，偏心轮与门导轨间隙是否为 0. 5mm。

3. 校对门扇安装尺寸

层门导轨的外侧垂直面与地坎槽内侧垂直面的距离，在门口两侧和中间三点处测得值的相对误差，均应不大于±1mm。层门门扇下端与门地坎间隙以及门扇与门套两垂直面之间的间隙均为 4±2mm，如图 2-48 所示。

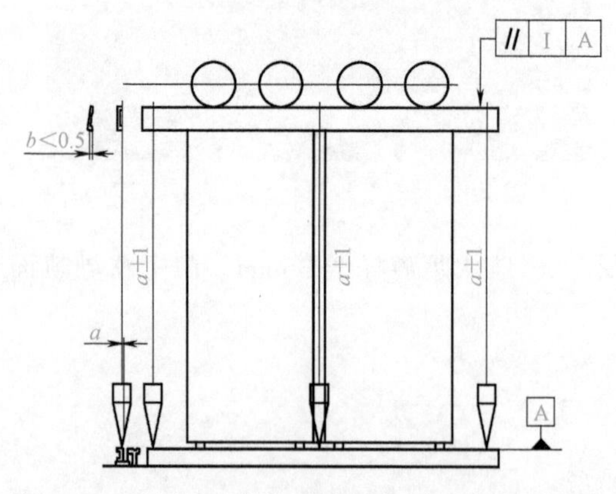

图 2-47 门扇安装与调整示意图（单位：mm）

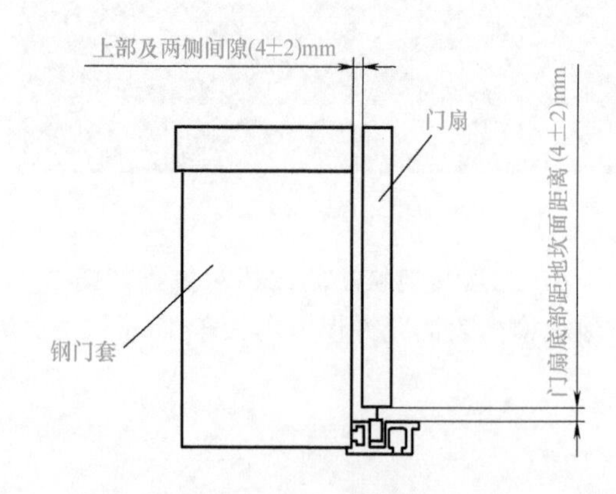

图 2-48 门扇与周边间隙示意图

层门门扇垂直度误差不大于 2mm，门缝下口以 150N 力扒门，其扒门量小于 30mm（对中分门，总和为 45mm），门偏心压轮对门导轨间隙不大于 0. 5mm，如图 2-49 所示。

中分式门合拢时两门共面度误差不大于 1mm，门扇之间的门缝在整个高度内误差不大于 2mm，如图 2-50 所示。

4. 确认门扇的位置

1）在门扇全开的情况下，确认门扇的位置，如图 2-51 所示。其中，中分式层门门扇边缘相对于门套端面的平齐度误差在±5mm 以内；偏分式层门门扇边缘相对于门套端面的平齐度误差在±5mm 以内，门扇与门扇边缘之间的平齐度误差在 2mm 以内。

2）在门扇全闭的状态下，确认门扇与门套框架之间的重叠尺寸在 15mm 以上，偏分门

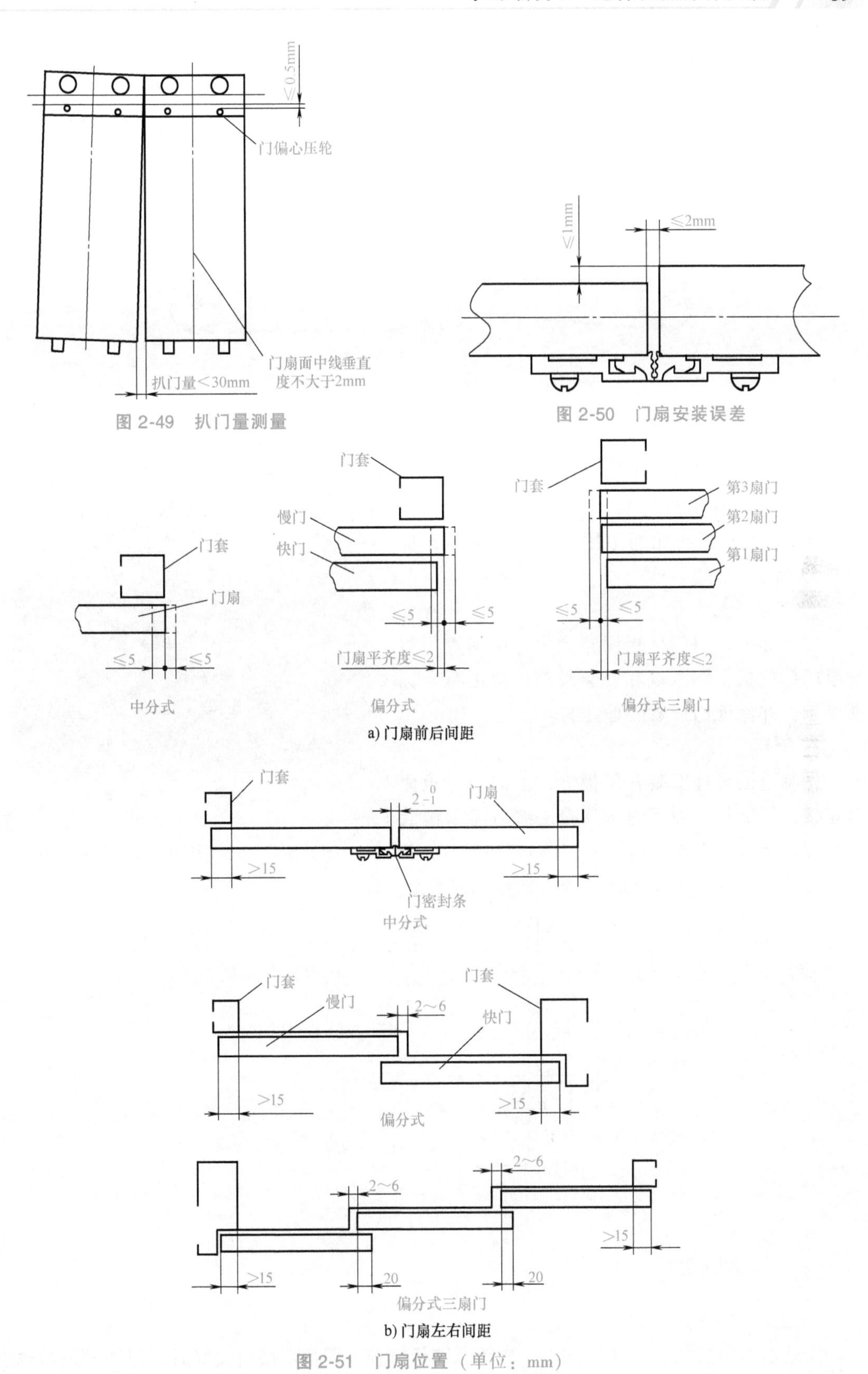

图 2-49　扒门量测量

图 2-50　门扇安装误差

a) 门扇前后间距

b) 门扇左右间距

图 2-51　门扇位置（单位：mm）

门扇之间的重叠尺寸在 20mm 以上，偏分门门扇与门套上框端面的间隙为 2~6mm。

3）在门扇全开的状态下，用 1kg 的力按下驱动钢丝绳的中央位置，确认钢丝绳偏移量约为 20mm，如图 2-52 所示。如果钢丝绳张力不合适，应将门关闭后，用钢丝绳两端的调整螺栓同时调紧或调松进行调整。

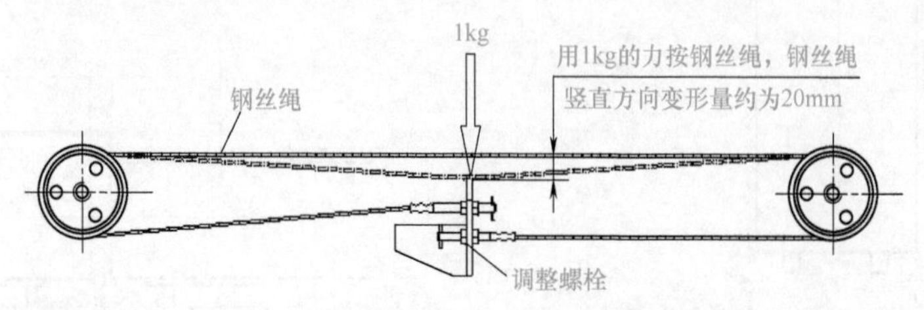

图 2-52 层门联动钢丝绳张力调整示意图

5. 限位轮调整

利用门滑轮组件中的调整用长圆孔将门导轨与限位轮的间隙调整为 0.3~0.7mm（通常调整至 0.5mm)，对门滑轮间隙用塞尺进行测量，如图 2-53 所示。

图 2-53 限位轮调整示意图

6. 门挂板调整

按图 2-54。将门挂板调整到位。用钢直尺测量层门门挂板上下两端和门套间隙，使之符合标准要求，并保证门挂板的垂直度。

7. 重锤安装

先将重锤导杆安装在门板上，上部与门板侧面连接，下部与门板下封头连接。然后将重锤装入导杆，将钢丝绳挂在绳轮上，另一端固定在门挂板上的挡绳板上，用螺栓固定挡绳板，使其与绳轮的间隙小于 2.5mm，但不能碰到绳轮。

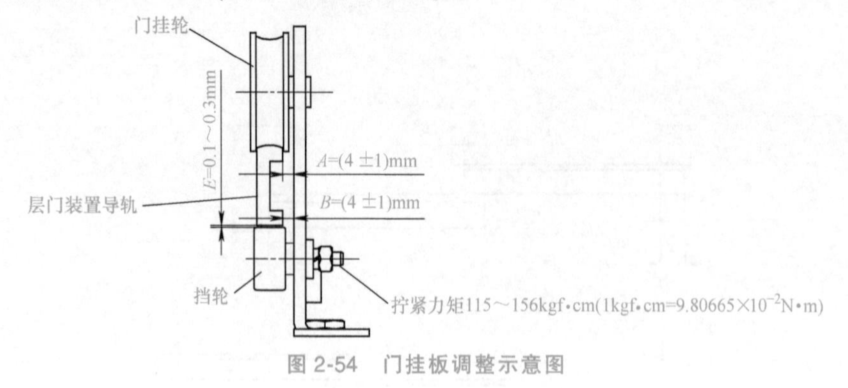

图 2-54 门挂板调整示意图

五、门锁安装

1. 安装前准备

安装前应对锁钩、锁臂、滚轮、弹簧等进行检查、调整。层门关好后，门锁开关与触点接触必须良好，由于可调部分为长孔，须用定位螺栓加以固定。

层门关闭后，无论何种门锁均应将门锁住，为使其动作灵活，锁钩上留有2mm活动间隙，锁钩啮合深度不小于7mm，锁住后在层门外扒门，门锁不应脱钩，如图2-55所示。

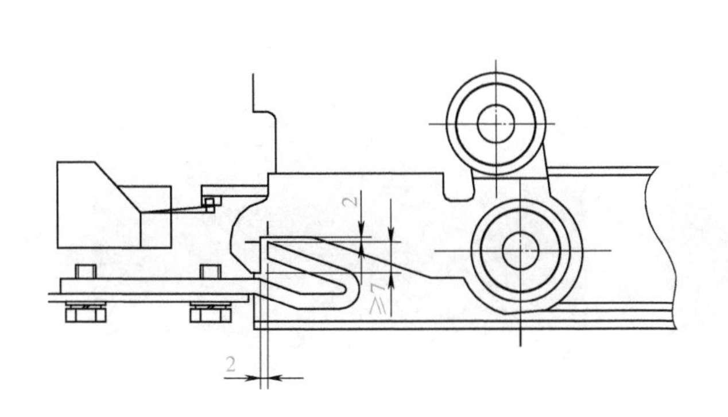

图2-55　门锁安装示意图（单位：mm）

2. 门锁的调整

1）调整门吊板上主锁钩与主板上副锁钩的相对位置，同时要保证主触点的压缩行程为（4±1）mm。如图2-56所示。调整时用钢直尺测量触点压缩行程，用塞尺测量锁钩间隙。

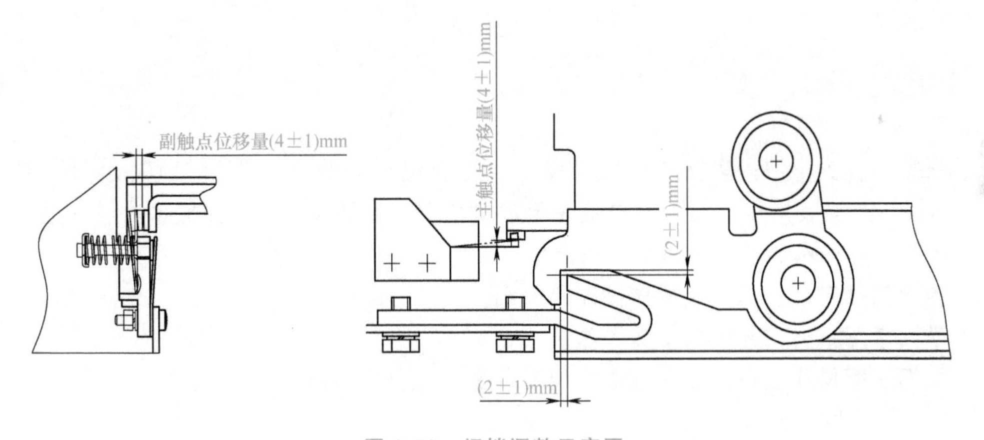

图2-56　门锁调整示意图

2）通过调整动触点板与左锁盒的相对位置来调整副触点的压缩行程，保证压缩行程为（4±1）mm。如图2-56所示。调整时用钢直尺进行测量。

六、层门护脚板安装

层门地坎下为钢制牛腿时应装设1.5mm厚的钢护脚板，钢板的宽度应比层门口宽度两边各延伸25mm，如图2-57a所示，垂直面的高度应不小于350mm，如图2-57b所示，下边应向下延伸一个斜面，使斜面与水平面的夹角不得小于60°，其投影深度不小于20mm。

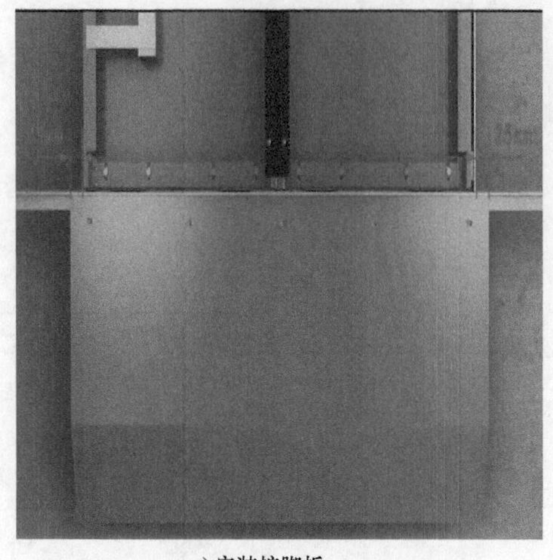

a) 安装护脚板

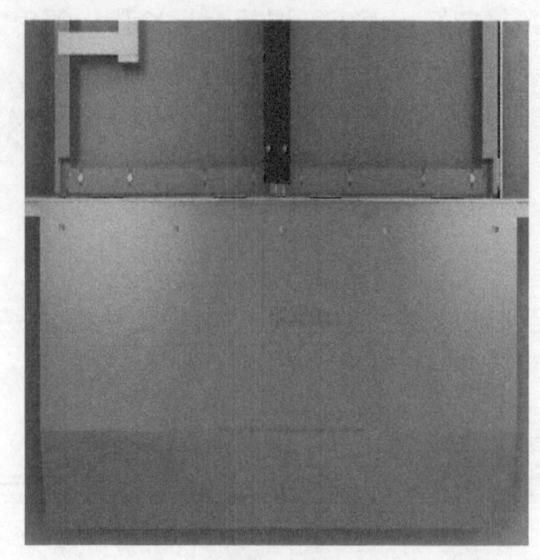

b) 调整护脚板尺寸

图 2-57 层门护脚板安装

视频教学资源

演示地坎的安装方法。

扫码观看

任务实施

步骤一：学习准备

1. 根据本任务学习内容在“有机房曳引式垂直电梯安装（有脚手架）”学习平台进行垂直电梯层门的安装操作，教师事先做好预案，利用学习平台先模拟完成本次学习任务，然后集中开展任务实施工作，教师做巡回指导。

2. 指导教师对层门的安装操作做简单介绍。

3. 借助学习平台实施层门安装操作。

4. 根据实际操作任务的要求选取电梯安装通用工具和器材。

步骤二：模拟实施层门安装作业

按要求完成层门安装与调整作业，具体安装任务包括：

1. 安装与调整地坎。
2. 安装门套。
3. 安装门机。
4. 安装门扇。
5. 门锁安装与调整。
6. 安装层门护脚板。

步骤三：教师巡回指导

结合本任务学习内容，开展任务模拟操作与实际操作练习，教师巡回指导，及时发现和解决学生存在的问题。

步骤四：任务点评

根据学生的任务实施情况，进行任务实施点评，提高学生应用所学知识解决实际工作问题的能力。

学习单元评价

自我评价（100 分）

由学生根据学习任务完成情况进行自我评价，评分值记录于表 2-10 中。

表 2-10　自我评价表

学习任务	项目内容	配分	评分标准	扣分	得分
学习任务 2.3	1. 课堂纪律	15	1. 不遵守课堂纪律要求(扣 2 分/次) 2. 有其他违反课堂纪律的行为(扣 2 分/次)		
	2. 熟悉电梯层门安装工序	70	1. 独立完成工作页的填写(7 分) 2. 利用网络资源、工艺手册等查找有效信息(7 分) 3. 正确使用工、量具及设备(7 分) 4. 叙述电梯门系统的类型、结构与工作原理(7 分) 5. 描述电梯层门的安装步骤与技术要求(7 分) 6. 叙述层门门锁安装的技术要求(7 分) 7. 根据现场,独立安装层门门锁并符合国标要求(7 分) 8. 在教师的指导下,以小组合作的方式完成层门地坎的定位、安装(7 分) 9. 在教师的指导下,以小组合作的方式完成层门门套、门扇的安装(7 分) 10. 模拟层门安装与调整操作(7 分)		
	3. 职业规范和环境保护	15	1. 在工作过程中工具和器材摆放凌乱(扣 3 分/次) 2. 不爱护设备、工具,不节省材料(扣 3 分/次) 3. 在工作完成后不清理现场,在工作中产生的废弃物不按规定处置(扣 2 分/次,将废弃物遗弃在工作现场的可扣 3 分/次)		
			总评分=(1~3 项总分)		

签名：________ ________年____月____日

阅读材料

电梯门安全及其保护装置

GB 7588—2003《电梯制造与安装安全规范》中对于电梯门的安全保护规定：当乘客在搭乘电梯的时候，如果轿门已经或者将要夹住乘客身体的时候，电梯上应该有相关的设备能够在这个时候使电梯的轿门自动打开，以防止对乘客产生伤害。这种装置的保护作用能够在主动关闭的轿门最后 50mm 的行程中被取消，但是即使在保护装置被取消时对于主动轿门来说其动能也应不大于 4J。

电梯门安全保护系统按照功能来分有较多的类型，而且在现实生活中其使用范围也不仅限于电梯门的安装和使用，还可以被应用于任何相关的自动开关门类的设备，以更好地方便使用和保护人们的安全。

根据电梯门保护的功能，可将其分为两大类。首先是机械门保护系统，这种保护系统又包含了机械安全触板保护系统和门机保护系统；其次是光电门保护系统，这种保护系统又可分为两维光幕保护系统、单光束门保护系统、光幕和安全触板的二合一光幕保护系统以及三维光幕保护系统。

1）门机保护装置。门机保护装置将乘客保护模块集成到门机保护系统中，多应用于已经碰撞的情况下，其原理是当碰撞发生时，电动机的转动就会受阻，这时用来检测电动机运行状态的相关检测装置就会检测到这一受阻状态，并将信号传送至控制系统，控制门机做出反方向运动，既保护了乘客，也预防了门机受损。

2）机械触板门保护装置。成本较低，设计简单，通常是在支架的固定下安装在门板上，所以从安装和维修的角度来讲，这种保护系统有很大优势，在住宅、商场等场所的使用较为普遍。机械触板门保护装置从材料角度看有铝合金和铁触板两类；从结构特点来看，主要包括双安全触板+光束/光幕、单安全触板+双光束、单安全触板+单光束、双安全触板等类型。其工作原理主要是在电梯门关闭时，触板往往会先接触到乘客，然后将信号传送给控制系统，通过控制系统控制电梯门及时打开。在电梯关门速度较快的情况下，有经验的人为了防止电梯门的碰撞可能会提前触碰触板或做出躲避电梯门的动作，但这对于老人或小孩等也可能会造成伤害。

3）光束门保护装置。鉴于光束的直径较小，而且在对物体的感知范围方面也很有限，所以光束门保护装置不能单独使用，大多是和触板结合在一起使用才能发挥其价值。通常情况下会在安全触板或者轿厢前围壁上设置光束，对于数量没有明确的规定。其工作原理主要是当物体被光束感知后，电梯门就会收到自动开启的信号，然后做出开门的动作，但这种光束并不能作为独立的保护装置而被应用，而且在很多城市也不会通过验收。

4）光幕门保护装置。光幕门保护装置在很大程度上改善了乘客对于电梯的使用体验。与机械安全触板不同，它采用了无精密机械传感器和无机械运动部件，所以其本身在工作过程中可以避免与乘客或物体的直接接触，从而有效地保护了乘客和物品的安全，降低了电梯故障发生率，提高了电梯使用的可靠性。

思考与练习

一、填空题

1. 层门净入口宽度比轿厢净入口宽度在任一侧的超出部分均____________。

2. 水平滑动层门的顶部和底部都应设有____________。

3. 层门应防止正常运行中脱轨、机械卡阻或行程终端时____________的现象。

4. 悬挂绳轮的直径不应小于绳直径的____________倍。

5. 地坎端面与门样线距离为____________，同时在门口宽度位置划线，该距离的误差应小于____________。

二、判断题

1. 层门装好后，门的滚轮及其相对运动部件在运动时应无卡阻现象。　(　　)

2. 层门门导轨一般安装在层门两侧的立柱上，立柱与地坎、井道壁固定。　(　　)

3. 层门由轿门带动开和关，因此层门不必设强迫关门装置。　(　　)

4. 安装完电梯层门后，可以手动开关门，整个开关过程应该轻松、平稳。　(　　)

5. 电梯门机构是电梯工作中运行最为频繁的系统，它不但直接体现电梯的外观品质，同时直接关系到电梯的安全可靠运行。　(　　)

6. 每个层门均应能从外面借助于一个符合规定的开锁三角孔相配的钥匙将门开启。　(　　)

7. 如果层门锁紧元件是通过永久磁铁的作用保持其锁紧位置，则一种简单的方法（如加热或冲击）不应使其失效。　(　　)

三、选择题

1. 电梯最容易发生事故的部位是（　　）。

A. 机房　B. 层门口　C. 轿顶　D. 底坑

2. 层门上应装置（　　）开关和门锁装置。

A. 门刀　B. 门电锁　C. 配重　D. 钥匙

3. 关于电梯的层门与电梯门的功能，说法不正确的是（　　）。

A. 电梯正常运行时不可能打开层门

B. 如果一个层门打开着，则电梯不能起动或继续运行

C. 应保证电梯门先开，层门后开

D. 有人穿过门口被撞击或即将被撞击时，自动使门开启

4. 轿门与闭合后层门的水平距离，或各门之间在整个正常操作期间的通行距离，最大不得大于（　　）m。

A. 0.8　B. 1.2　C. 2.0　D. 2.5

5. 轿厢地坎与层门地坎的水平距离最大不得大于（　　）mm。

A. 20　B. 35　C. 40　D. 80

6. 轿厢门和层门完全开启的净宽，称为（　　）。

A. 开锁区域　B. 平层区　C. 开门宽度　D. 平层

7.（　　）是轿厢停靠层站时在地坎上、下延伸的一段区域。当轿厢底在此区域内时门锁方能打开，使开门机动作，驱动轿门、层门开启。

A. 开锁区域　B. 平层区　C. 开门宽度　D. 平层

8. 轿厢运动前应将层门有效地锁紧在关门位置上，只有锁紧元件啮合至少为（　　）mm 时，轿厢才能起动。

A. 6　B. 7　C. 8　D. 9

四、简答题

1. 简述地坎安装的精度要求。

2. 简述牛腿的安装方法与步骤。

学习任务2.4 驱动系统的安装

任务分析

电梯驱动系统是驱动轿厢和对重装置做上、下运动的主要装置，主要包括承重梁、曳引机、制动器，是电梯曳引系统的重要组成部分。为确保电梯正常运行，掌握电梯驱动系统基本知识和安装调整方法尤其重要。通过本任务学习有助于学生掌握电梯驱动系统基本知识和安装调整方法，为从事电梯安装与维保工作奠定基础。

建议学时

建议完成本任务用4~6学时。

学习目标

应知

1. 了解电梯承重梁和曳引机的主要作用。
2. 熟悉电梯承重梁和曳引机的安装与调整方法。

应会

1. 能够完成电梯承重梁和曳引机的安装。
2. 能够根据机房布置图和相关要求，完成电梯承重梁和曳引机的调整。

基础知识

一、驱动系统基本知识

电梯驱动系统的安装是指承重梁、曳引机、制动器的安装。承重梁是机房主要设备之一，它在机房楼板上面或者下面，承受轿厢和对重的自重及其负载重量。承重梁一般由2~3条工字钢梁组成，如图2-58所示。

曳引机是每部电梯至少应配备一台的专用驱动主机。曳引式电梯的轿厢和对重驱动允许使用曳引式和强制式两种驱动方式，使用钢丝绳或使用链轮和链条驱动电梯运行，强制式电梯额定速度不应大于0.63m/s。

电梯驱动系统中，必须设有制动系统，在出现动力电源失电、控制电路电源失电时能自动动作。制动系统应具有一个机-电式制动器，又称摩擦型制动器。此外，还可装设其他制动装置，例如电气制动装置。

机-电式制动器是当轿厢载有125%额定载荷并以额定速度向下运行时，制动器应能使曳引机停止运转。制动后，轿厢的减速度不应超过安全钳动作或轿厢撞击缓冲器所产生的减速度。所有参与施加制动力的制动器机械部件应分两组装设。如果一组部件不起作用，另一组应有足够的制动力使载有额定载荷以额定速度下行的轿厢减速下行。电磁线圈的铁心被视为机械部件，而线圈则不是。

被制动部件应以机械方式与曳引轮或卷筒、链轮直接刚性连接。正常运行时，制动器应在持续通电下保持松开状态。装有手动紧急操作装置的电梯驱动主机，应能用手松开制动器

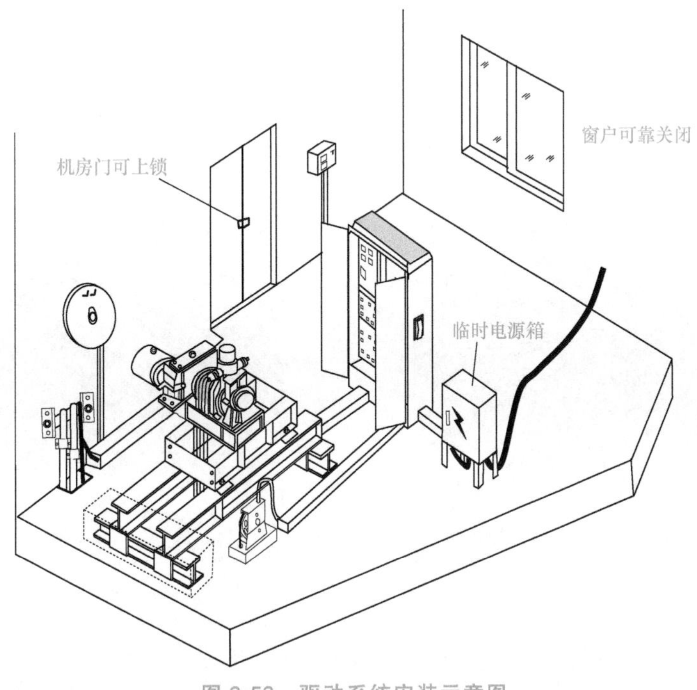

图 2-58　驱动系统安装示意图

并需要以持续力保持其松开状态。

二、承重梁的安装

1. 确认安装位置

井道样板放置完成后，进行机房放线，用线锤通过机房预留孔洞，将样板上的轿厢导轨中心线、对重导轨中心线、地坎安装基准线等，引到机房地面上来，如图 2-59a 所示。根据图样尺寸要求，以导轨轴线、轨距中心线、两垂直交叉十字线为基础，用墨斗弹划出各绳孔的准确位置，修正各预留孔洞，如图 2-59b 所示，并根据机房平面布置图确定承重梁的安装位置。承重梁的两端必须放于井道承重墙上，需要时可在机房承重墙面开槽。

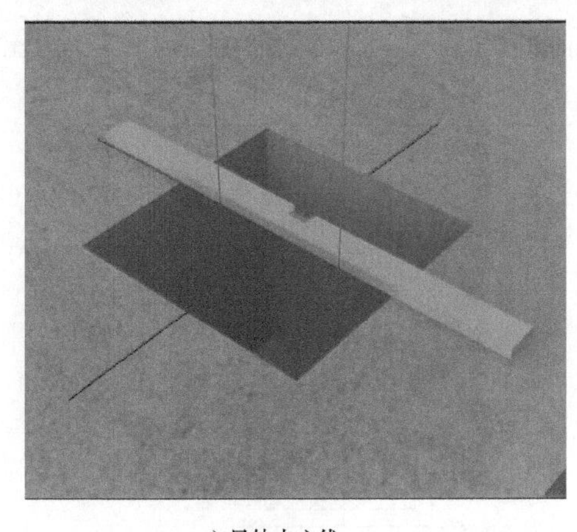

a) 导轨中心线

b) 确认绳孔位置

图 2-59　机房样板确认

2. 承重梁搭接

承重梁两端埋入墙内时，其埋入深度应超过墙厚中心 20mm，且不应小于 75mm。对于砖墙，梁下应垫以钢筋混凝土梁，如图 2-60 所示。在承重钢梁与承重墙之间垫一块面积大于钢梁接触面、厚度不小于 16mm 的钢板，并找平垫实。

a) 承重梁搭接位置

b) 搭接长度

图 2-60 承重梁安装

如果机房楼板是承重楼板，承重钢梁或配套曳引机可直接安装在混凝土台上。混凝土台内必须按设计要求加钢筋，且钢筋通过地脚螺钉和楼板相连。混凝土台上面设有厚度不小于 16mm 的钢板。如果现场打混凝土台确有困难，可以用型钢架起钢梁。

3. 承重梁的安装要求

(1) 承重梁水平度要求

承重梁上平面（A 面）的水平度不应超过 1/1000，相邻两承重梁平面之间的高度公差 2mm，如图 2-61 所示。

(2) 承重梁平行度要求

承重梁相互平行度误差不应超过 4mm。

(3) 楼板空洞要求

凡机房通往井道的孔，均应在四周筑一高 75mm 以上的适当高度的台阶防止油、水流下井道，如图 2-62 所示。

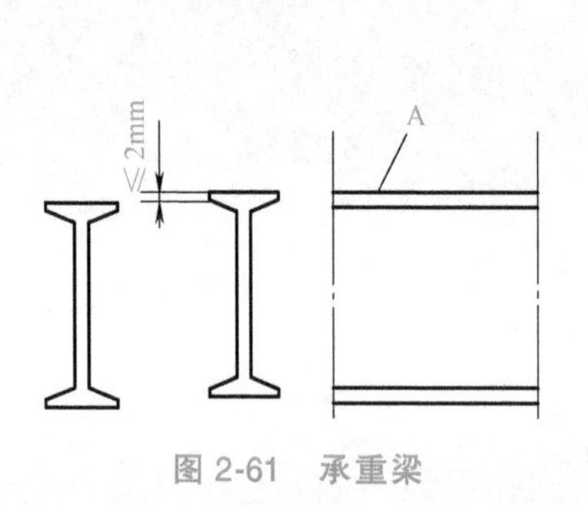

图 2-61 承重梁

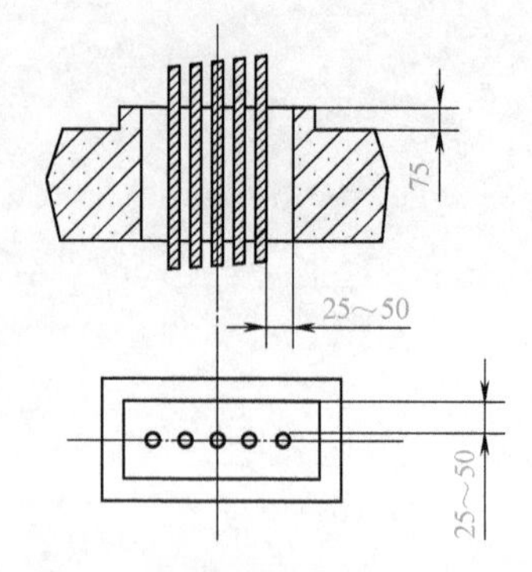

图 2-62 楼板孔洞和台阶（单位：mm）

4. 承重梁的安装形式

(1) 高、低速梯（有减速机）的承重梁安装方法

1) 当顶层高度足够时，可将承重梁根据机房布置图安置在机房楼板下面，这样能保证机房整齐，但对于导向轮的安装和润滑则较为不便。

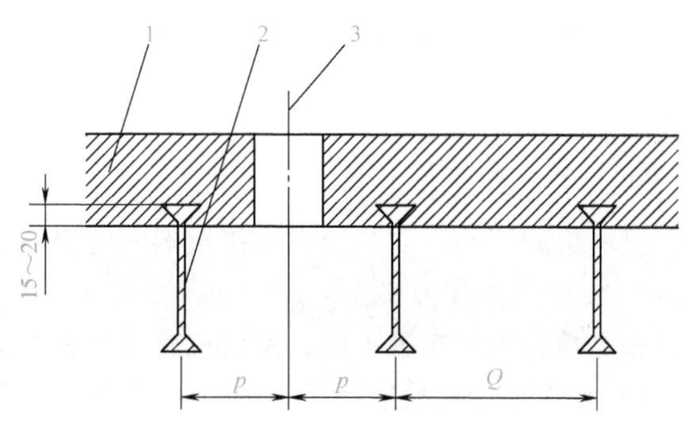

图 2-63 机房楼板下承重梁的埋设（单位：mm）

1—机房楼板 2—承重梁 3—轿厢（架）中心线
p—轿厢中心线与承重梁距离 Q—承重梁间距

承重梁必须按照机房布置图的要求安装，轿厢中心位置安放正确，即对正样板架中心，在井道两面所需插入梁的墙上留孔或凿孔，最好在机房楼板平面上有承重梁安置的地方留一狭长孔洞，或者机房楼板不封顶待装完承重梁后进行封顶。

承重梁必须和楼板连成一体，如图 2-63 所示。梁放置后进行水平校正正确，使用混凝土浇灌和封顶。然后根据样板架上所示的对重位置，在承重梁上钻出所需的安装导向轮的孔洞。

2) 当顶层的高度由于建筑结构的影响不宜太高时，则把承重梁放置在机房楼板上。这种放置方法较机房楼板下埋设便利，但机房内不太整齐，如图 2-64 所示。

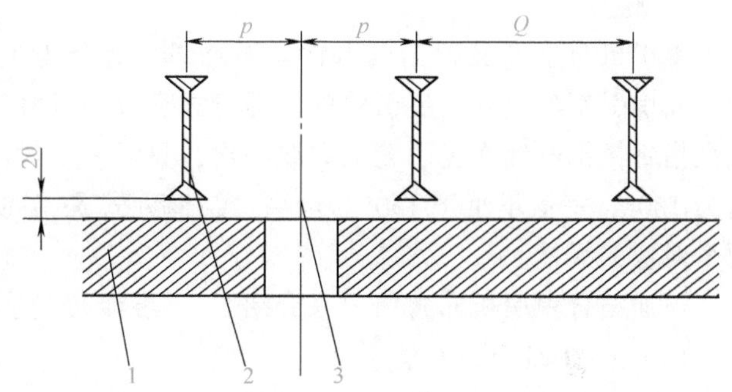

图 2-64 机房楼板上承重梁的埋设（单位：mm）

1—机房楼板 2—承重梁 3—轿厢（架）中心线
p—轿厢中心线与承重梁距离 Q—承重梁间距

3) 当顶层高度由于建筑结构的影响不宜太高，且机房机件布置与承重梁干涉时，则把承重梁用两个混凝土台阶在离机房楼板平面小于 600mm 的地方架起，如图 2-65 所示。这种承重梁的放置要求机房有足够的高度，否则对曳引机的维护检修不方便。

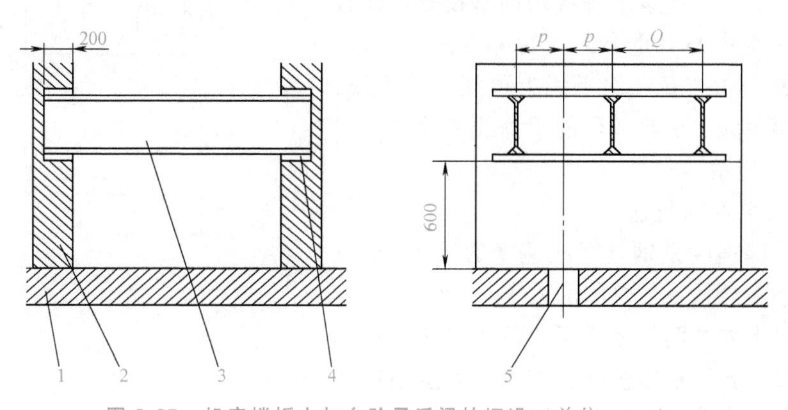

图 2-65 机房楼板上加台阶承重梁的埋设（单位：mm）

1—机房楼板 2—台阶 3—承重梁 4—连接板 5—轿厢（架）中心线 p—轿厢中心线与承重梁距离 Q—承重梁间距

这种承重梁可以事先全部按要求制造后（包括各个孔径）再安装。梁放置好后，可用混凝土将承重梁两端封起。

（2）高速梯（无齿轮）的承重梁安装方法

对于无减速机的高速梯，其承重梁采用 30 号槽钢。梁的具体位置及其布置需根据技术文件确定。

三、曳引机的安装

曳引机的安装正确与否，直接影响到电梯的工作质量，安装时必须严格把关。

1. 曳引机放置方式

根据承重梁的布置不同，曳引机放置分为以下几种：

1）承重梁放在接近楼板上时（一般用在无导向轮场合），将曳引机安放于承重梁上，并将其底盘直接与承重梁连接。

2）承重梁放在两个高为 450～600mm 的钢筋混凝土台阶上时，将曳引机底盘的钢底板与承重梁相固定，在钢底板上布置防振橡胶，然后将曳引机与钢底板安放在防振橡胶上。一般这种形式适用于客梯。

2. 曳引机布置方式

曳引机布置情况根据曳引钢丝绳绕绳方式分为 1：1 绕绳布置法和 2：1 绕绳布置法两种，而曳引钢丝绳对应曳引轮的绕绳方式又分为半绕式和全绕式两种。其中，半绕式绕绳方式是指每根钢丝绳在曳引轮上只绕一次，只需一个对应绳槽，曳引钢丝绳在曳引轮上最大包角为 180°，一般不小于 150°；全绕式绕绳方式是指每根钢丝绳在曳引轮上绕过两次，需要两个对应的绳槽。

下面结合曳引机布置情况来介绍 1：1 绕绳布置法和 2：1 绕绳布置法。

（1）1：1 绕绳布置法

轿厢的升降速度与钢丝绳线速度一样。钢丝绳所受力等于所悬挂重量的总和。

在曳引机上方拉一根水平线，从该线上挂下两根铅垂线分别对准井道顶部样板架上标出的轿厢中心点与对重中心点，使该水平线的垂直投影与样板架上轿厢和对重中心点重合，此时可将两端固定，然后再根据曳引轮节径在水平线上再挂一铅垂线，根据这两根相距为曳引轮节径的铅垂线来放置曳引机，如图 2-66 所示。

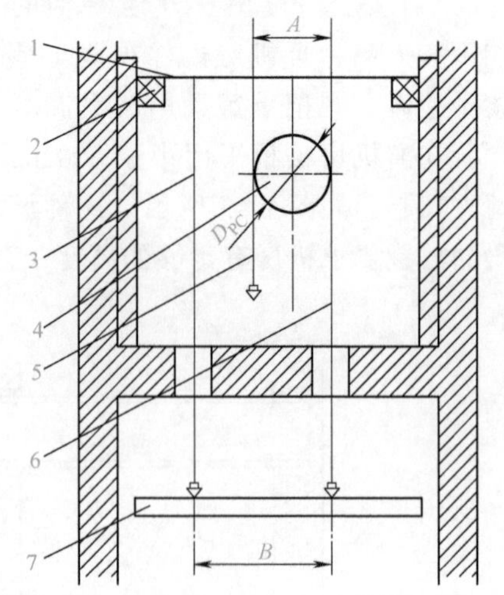

图 2-66 曳引机安装（1：1 绕绳布置法）

1—水平线 2—木方 3—至对重中心点铅垂线 4—曳引轮 5—铅垂线 6—至轿厢铅垂线 7—样板架

A—曳引轮节径 B—轿厢、对重中心距 D_{PC}—曳引轮节圆直径

（2）2：1 绕绳布置法

轿厢的升降速度是钢丝绳线速度的 1/2。钢丝绳所受力等于所悬挂重量总和的 1/2。

在曳引机上方拉两根相互垂直的水平线，从其中一根水平线上挂两根铅垂线分别对准井道顶部样板架上标出的轿厢两个反绳轮节径位置点和曳引轮节圆直径位置点，使该水平线的垂直投影与样板架

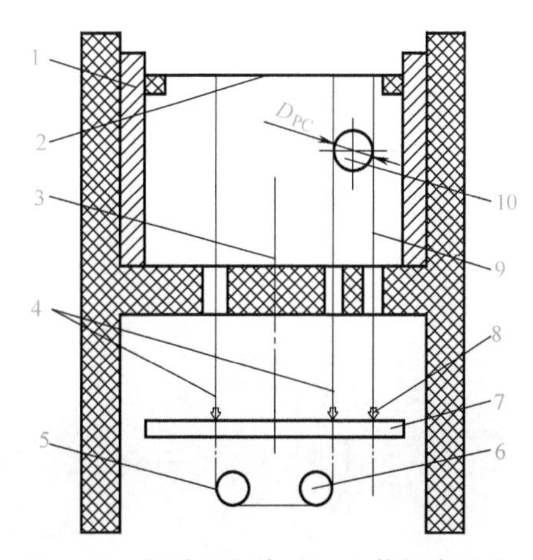

图 2-67　曳引机安装（2∶1 绕绳布置法）
1—木方　2—水平线　3—轿厢中心线　4—轿厢侧铅垂线　5—反绳轮节圆位置点　6—反绳轮　7—样板架　8—线锤　9—对重侧铅垂线　10—曳引轮　D_{PC}—曳引轮节圆直径

上两点连线重合，另一根与其垂直的水平线上挂两根铅垂线分别对准对重反绳轮节径位置点和曳引轮节圆直径位置点，此时，可将两端固定，挂好之后，复核轿厢反绳轮与对重反绳轮节径位置的两根铅垂线位置尺寸，若符合要求，可根据铅垂线位置来放置曳引机，如图 2-67 所示。

安装过程中，需调整曳引机座在承重梁上的位置，使之对准安装用的两条铅垂线。用铅垂线和水平仪校正曳引机的中心线和水平度，然后用螺栓将曳引机减振橡胶紧固。

3. 安装精度要求

1）位置误差。曳引机在前后方向的位置误差不超过 2mm，左右方向的位置误差不超过 1mm。

2）曳引轮垂直度。在曳引轮轴方向上，从曳引上边轮缘放一铅垂线与下边轮缘的最大间隙应小于 1mm。在蜗杆方向上的水平度为 1/1000。

3）当曳引机底盘与承重梁之间产生间隙时应插入垫片。

4）曳引机本身的技术要求均在出厂前保证，曳引机严禁拆卸。

5）当曳引机底盘与承重梁放置方式采用 1∶1 绳绕形式时，为防止轿厢运行时曳引机发生水平位移，在曳引机经全面核正后应安装压板。

6）制动器调节时，制动状态时制动器闸瓦应与制动盘紧密贴合，松闸时，两侧闸瓦应同时离开制动盘表面，用塞尺测量，其闸瓦间隙为每两侧两角平均值应小于 0.7mm。调整时，在安全可靠的前提下，需考虑制动时的舒适感和平层准确度。

7）整个曳引机安装完后应经空载试验，在平稳无噪声情况下，正反向运转各 0.5h 后方可认定合格，试验前曳引机应加以检查、加油，油位的高度以达到蜗杆中心为宜，不应过多或过少。减速箱的润滑油为 SYB1103-620 型；轴架、轴座内的轴承处选用钙基润滑油。

四、导向轮的安装

在导向轮安装过程中，用于半绕式时，称为过桥轮。用于全绕式时，称为抗绳轮。绳槽应为半圆槽，槽深大于 $d/3$，槽的圆弧半径 R 比钢丝绳半径放大 1/20。导向轮节圆直径应比钢丝绳直径大 40 倍以上，导向轮安装时离机房地面距离应大于 10cm。

1. 放置铅垂线

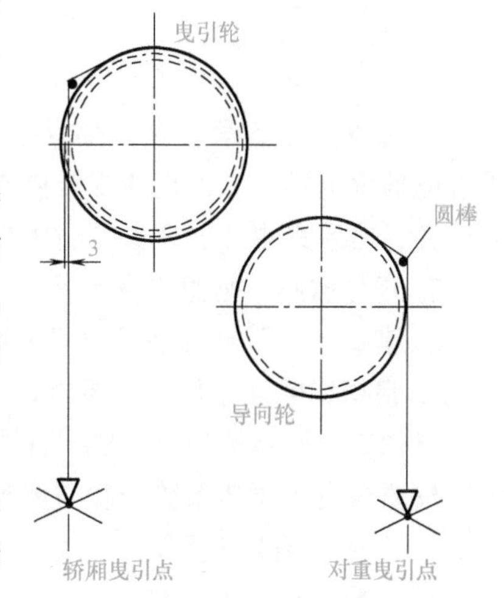

图 2-68　校正导向轮与曳引轮（单位：mm）

在机房楼板上或承重梁上，对准井道顶端样板架上的对重中心和轿厢中心各放一铅垂线，在导向轮处铅垂线两侧，根据导向轮宽度另放两根辅助铅垂线，在同一平面内使两端辅助铅垂线连线垂直两中心连线，用以校正导向轮水平方向偏摆，如图 2-68 所示。

2. 调整平行度误差

导向轮和曳引轮的平行度允许误差应不大于 1.5mm，如图 2-69 所示。

3. 调整垂直度误差

导向轮的垂直度允许误差应不大于 1.5mm，如图 2-70 所示。

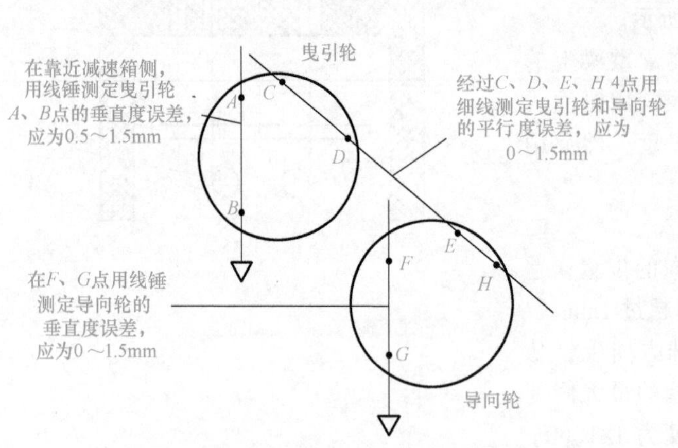

图 2-69 曳引轮与导向轮安装测量

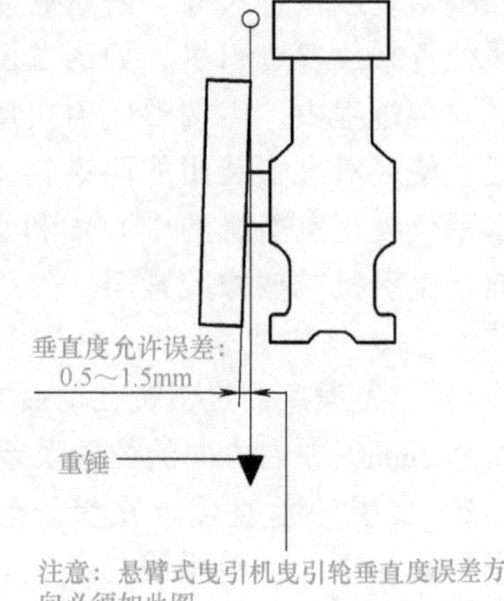

图 2-70 导向轮垂直度误差测量

4. 调整前后误差

导向轮安装位置误差在前后方向为 3mm，左右方向为 1mm。

视频教学资源

演示电梯承重梁的安装方法。

扫码观看

任务实施

步骤一：学习准备

1. 根据本任务学习内容在“有机房曳引式垂直电梯安装（有脚手架）”学习平台进行垂直电梯承重梁和曳引机的安装操作，教师事先做好预案，利用学习平台先模拟完成本次学习任务，然后集中开展任务实施工作，教师做巡回指导。

2. 指导教师对垂直电梯承重梁和曳引机的安装操作做简单介绍。

3. 借助学习平台开展承重梁和曳引机的模拟安装作业。

4. 根据实际操作任务的要求选取电梯安装通用工具和器材。

步骤二：模拟驱动系统安装操作

按要求完成驱动系统安装与调整作业，具体安装任务包括：

1. 安装与调整承重梁。

2. 安装与调整曳引机。

步骤三：教师巡回指导

结合本任务学习内容，开展任务模拟操作与实际操作练习，教师巡回指导，及时发现和解决学生存在的问题。

步骤四：任务点评

根据学生的任务实施情况，进行任务实施点评，提高学生应用所学知识解决实际工作问题的能力。

学习单元评价

自我评价（100 分）

由学生根据学习任务完成情况进行自我评价，评分值记录于表 2-11 中。

表 2-11　自我评价表

学习任务	项目内容	配分	评分标准	扣分	得分
学习任务 2.4	1. 课堂纪律	15	1. 不遵守课堂纪律要求(扣 2 分/次) 2. 有其他违反课堂纪律的行为(扣 2 分/次)		
	2. 熟悉电梯驱动系统的安装作业	70	1. 独立完成工作页的填写(8 分) 2. 利用网络资源、工艺手册等查找有效信息(8 分) 3. 正确使用工、量具及设备(8 分) 4. 叙述机房主要设备的结构、作用(8 分) 5. 叙述承重梁及曳引机安装的技术要求(10 分) 6. 叙述承重梁及曳引机的安装步骤(10 分) 7. 在教师指导下，以小组合作的方式对承重梁、曳引机进行定位、安装(10 分) 8. 模拟驱动系统安装与调整操作(8 分)		
	3. 职业规范和环境保护	15	1. 在工作过程中工具和器材摆放凌乱(扣 3 分/次) 2. 不爱护设备、工具，不节省材料(扣 3 分/次) 3. 在工作完成后不清理现场，在工作中产生的废弃物不按规定处置(扣 2 分/次，将废弃物遗弃在工作现场的可扣 3 分/次)		
总评分 =(1~3 项总分)					

签名：________　________年____月____日

阅读材料

电梯驱动系统控制技术的现状

电梯驱动系统的性能在很大程度上取决于电动机的性能，所以选择理想的曳引电动机对于电梯的正常运行起到举足轻重的作用。电梯中常用的曳引电动机类型包括交流异步电动机、有刷直流电动机和永磁同步电动机。

一、交流异步电动机

交流异步电动机也称为感应电动机，与其他电动机相比，具有结构简单、运行可靠、制造容易、成本较低、坚固耐用等优点。采用现代矢量控制方法，可以使感应电动机获得良好的调速性能。感应电动机的缺点是损耗大、效率较低、温度较高；必须从电网吸取滞后电流，使电网功率因数降低。因此感应电动机在电梯曳引系统中将逐渐退出。

二、有刷直流电动机

由于直流电动机具有良好的起动性能，能在宽广的范围内平滑而迅速地调速，所以曾被广泛用于电梯系统中。但近几年有刷直流电动机的机械换向器限制了功率的提高，给维护和检修带来了极大的困难，同时换向火花所带来的无线电干扰，也会影响曳引驱动系统的正常运行。由于这些缺陷，直流电动机在电梯曳引系统中已退出主流。

三、永磁同步电动机

电梯驱动系统对电动机的加速、稳速、制动、定位功能都有一定的要求。20 世纪 70 年代，随着变频技术的成熟，在电梯行业中异步电动机的变频调速驱动迅速取代了直流调速系统。近几年，电梯行业中的最新驱动技术是永磁同步电动机调速系统，其体积小，控制性能好，能做到低速直接驱动，消除了齿轮减速装置；其低噪声、平层精度和舒适性都优于以前的驱动系统，适合在无机房电梯中使用。永磁同步电动机曳引技术采用高性能的永磁同步电动机、磁场定向的矢量变换控制技术、快速电流跟踪变频装置以及低摩擦的无齿轮结构，发展前景广泛。

思考与练习

一、填空题

1. 电梯驱动系统中，必须设有____________。
2. 制动系统应具有一个机-电式制动器，又称____________。
3. 承重梁负重边适当垫高，使每根承重梁的上平面水平度为____________。
4. 导向轮和曳引轮的平行度允许误差应____________。
5. 导向轮的垂直度允许误差应____________。

二、判断题

1. 安装曳引机的承重结构主要是由大规格的工字钢或槽钢构成的承重梁。 (　　)
2. 曳引机组为了减小振动，通常采用橡胶垫块作为减振件。 (　　)
3. 曳引机是电梯的主要升降机构，可分为有齿轮和无齿轮曳引机两种。 (　　)
4. 电梯曳引轮节圆直径与曳引钢丝绳直径的比值不应大于 40。 (　　)
5. 曳引电梯是由钢丝绳悬挂和绕过曳引轮、导向轮等来转换和传递动力。 (　　)

三、选择题

1. 制动器的松闸间隙应不大于（　　）mm，且四周均匀。

A. 0.5　　B. 0.7　　C. 0.8　　D. 0.9

2. 导轨工作面接头处不应有连续缝隙，且局部缝隙应不大于（　　）。

A. 0.4mm　　B. 0.5mm　　C. 0.6mm　　D. 0.7mm

3. 电梯曳引轮的硬度应达到 HB190~270，在同一轮缘上硬度差不大于 HB（　　）。

A. 10　　B. 15　　C. 20　　D. 25

4. 导向轮用于（ ）时称为抗绳轮或复绕轮。

A. 1∶1 绕绳布置法　　B. 2∶1 绕绳布置法

C. 半绕式　　D. 全绕式

5. 导向轮可用于调整钢丝绳在曳引轮上的（ ）和轿厢与对重的相对位置。

A. 曳引能力　　B. 摩擦系数　　C. 包角　　D. 耐磨性

6. 导向轮的节圆直径应为钢丝绳直径的（ ）倍以上。

A. 10　　B. 20　　C. 30　　D. 40

四、简答题

1. 简述1∶1绕绳布置法的安装方法。

2. 简述2∶1绕绳布置法的安装方法。

学习任务2.5 轿厢和对重的安装

任务分析

电梯轿厢架是轿厢的承载结构，轿厢的载荷由轿厢架传递到曳引钢丝绳。轿厢架要拥有足够的强度，确保电梯安全平稳运行。部分厂商在出厂时已将部分轿厢对重部件拼装完毕。通过本任务的学习使学生掌握电梯轿厢和对重的安装与调整方法，便于学生在施工现场开展轿厢和对重安装调整作业，为从事电梯行业安装与维保工作奠定基础。

建议学时

建议完成本任务用6~10学时。

学习目标

应知

1. 了解轿厢架、轿厢的的作用与结构。

2. 掌握电梯轿厢架和轿厢的安装与调整方法。

应会

掌握轿厢和对重的安装和调整方法。

基础知识

一、轿厢和对重的基本知识

轿厢承载重量并在钢丝绳的曳引下沿着导轨工作面上下运行，完成运送乘客或货物的任务。

轿厢是电梯用以承载和运送人员和物资的箱形空间。轿厢一般由轿底、轿壁、轿顶、轿门等主要部件构成，是电梯用来运载乘客或货物及其他载荷的轿体部件。轿顶通常为镜面不锈钢材料，轿底为2mm厚PVC大理石纹或20mm厚大理石拼花。

1. 轿厢内主要装置

轿厢内的主要装置有操纵电梯用的按钮操纵箱、显示电梯运行方向及位置的显示面板、通信联络用的电话或对讲系统、抽风机或轿厢空调等调节轿厢温度的设备等。

2. 轿厢内须满足的要求

轿厢内部净高度应不小于2m，使用人员正常出入轿厢入口的净高度应不小于2m。对于轿厢的凹进和凸出部分，不管其是否有单独门保护，在计算轿厢最大有效面积时均必须计入，当门关闭时，轿厢入口的任何有效面积也应计入。

3. 对重的作用

对重是电梯曳引系统的一个组成部分，其作用在于减少曳引电动机的功率和曳引轮、蜗轮上的力矩。

对重由对重架、对重块和压码组成。对重块固定在一个框架内，防止它们移位，当电梯额定速度不大于1m/s时，则至少要用两根拉杆将对重块固定住，该拉杆又称压码。

对重的结构没有固定的形式，但不论何种形式，都应在对重的四个角上分别设置一个导靴，以保证在电梯运行时沿着对重导轨垂直运行。

对重块放入对重架内，对重块应便于搬运。对重块的配置数量应使对重块和对重架的总重等于轿厢总重加0.4~0.5倍额定载重量。电缆的质量可忽略不计。

对重架下部对应缓冲器的位置上的缓冲器撞头，最好做成可拆式。当新的曳引钢丝绳使用一段时间后伸长到一定程度时，即可取下一节，再伸长到一定程度时再取下一节，从而可以避免使电梯停运来截断伸长出来的钢丝绳，避免给电梯使用单位和维修人员带来不必要的麻烦。

对重的运行区域应采用刚性隔离防护，该隔离从电梯底坑地面上不大于0.30m处向上延伸到至少2.50m的高度，其宽度应至少等于对重宽度且两边各加0.10m。

在装有多台电梯的井道中，不同电梯的运动部件之间应设置隔离装置，该隔离装置应至少从轿厢、对重行程的最低点延伸到最低层站楼面以上2.50m的高度，其宽度应能防止人员从一个底坑通往另一个底坑。如果轿厢顶部边缘和相邻电梯的运动部件，如轿厢、对重之间的水平距离小于0.50m，隔离应贯穿整个井道，其宽度应至少等于该运动部件或运动部件需要保护部分的宽度每边各加0.10m。

对重缓冲器支座下的底坑的地面应能承受对重静载4倍的作用力。当对重完全压在它的缓冲器上时，轿厢导轨长度应提供不小于（$0.1+0.035v^2$）m的进一步制导行程，$0.035v^2$表示对应于115%额定速度v（单位：m/s）的重力制动距离的1/2。

二、轿厢的安装

轿厢通常的安装顺序为：安装轿厢架固定支撑点→安装底梁→安装直梁→安装上梁→安装轿底→安装拉杆→安装轿壁→安装轿顶→吊装轿厢底盘→安装调整安全钳拉杆→安装撞弓→安装轿门→安装轿顶装置→安装和调整超载满载开关→安装护脚板。

1. 轿厢架安装

（1）固定支撑点

在顶层层门口对面的混凝土井道壁相应位置上，安装两个角钢托架，每个托架用3个直径16mm的膨胀螺栓固定。在层门口牛腿处横放一木方，在角钢托架和横木上架设两根200mm×200mm的木方，如图2-71a所示，两横梁的水平度不大于2/1000，固定木方在机房承重钢梁相应位置横向固定一根直径不小于50mm的圆钢，如图2-71b所示，由轿厢中心绳孔处放下钢丝绳，挂一个 3t 的手拉葫芦。

a) 架设木方

b) 确定轿厢中心点

图 2-71　固定支撑点

（2）安装底梁

吊装底梁，拆除吊装钢丝绳，调整下梁左右方向位置，使两侧安全钳到导轨地面的间隙相等，调整安全钳钳口与导轨面间隙，如图 2-72 所示，使 $a=a'$，$b=b'$。测量底梁的水平度，要求横纵向水平度均不大于 1/1000，如图 2-73 所示。在近楔块处，放入与导轨间隙相吻合的垫铁，拉动安全钳钳块动作，锁紧导轨，此时，限位螺栓应略有间隙。

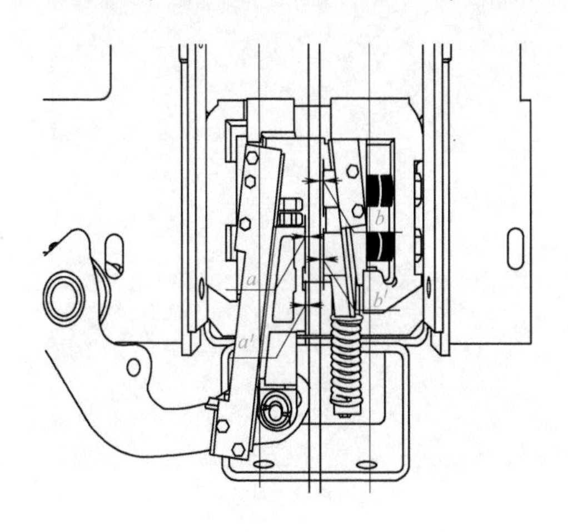

图 2-72　调整安全钳与导轨间隙

图 2-73　测量底梁水平度

（3）安装直梁

竖起轿厢架两侧直梁，并与下梁、底盘用螺栓连接，直梁在整个高度上的垂直度允许误差应不大于 1.5mm；将上梁与直梁上端用螺栓紧固，并使其不产生扭弯力矩，用手拉葫芦将立柱吊入井道与下梁连接，要求立柱的垂直度允许误差不大于 1.5mm，并不得有歪曲现象，套上安全钳并调整导轨应居中于钳块内，同时满足楔块与导轨的间隙要求；瞬时式安全钳±0. 5mm；渐进式安全钳±0. 5mm。如图 2-74 所示。

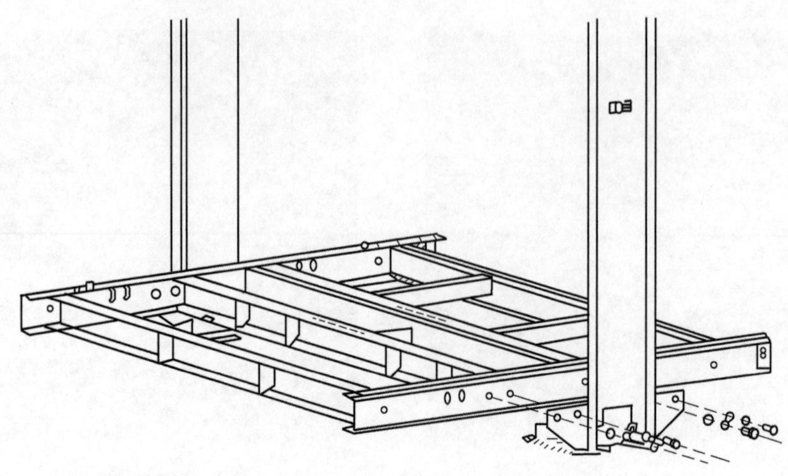

图 2-74 直梁安装示意图

(4) 安装上梁

吊装上梁，将上梁吊起与立柱连接。要求上梁水平度不大于 2/1000，并再次复查立柱的垂直度；若上梁带有轿顶轮，应使其轿顶轮与上梁的间隙误差不大于 1mm，单个绳轮的垂直度误差不大于 1mm。用螺栓连接上梁和立柱，测量立柱的垂直度，要求在整个高度上，误差不大于 1. 5mm，如图 2-75a 所示。测量上梁的横纵向水平度，要求水平度不大于 2/1000，如图 2-75b 所示。

a) 测量立柱垂直度

b) 测量上梁水平度

图 2-75 吊装上梁

(5) 安装轿底、拉杆

对固定式轿底，先在下梁上放平轿底，调整前后、左右位置，均匀布置后装上斜拉杆，并调整拉杆螺母使底板的水平度不大于 2/1000，用相应塞片垫实，拧紧各螺母。对于活式轿底结构，应先装轿底托架，位置均匀布置，再装吸振橡胶，使轿底保证平放在轿底托架的吸振橡胶上，调整轿厢拉杆，使轿底水平度不超过 2/1000，此时还应酌情在 4 块吸振橡胶与轿底之间以及其他空隙处垫入适当垫片，最后用螺母紧固。轿厢架安装完成效果如图 2-76 所示。

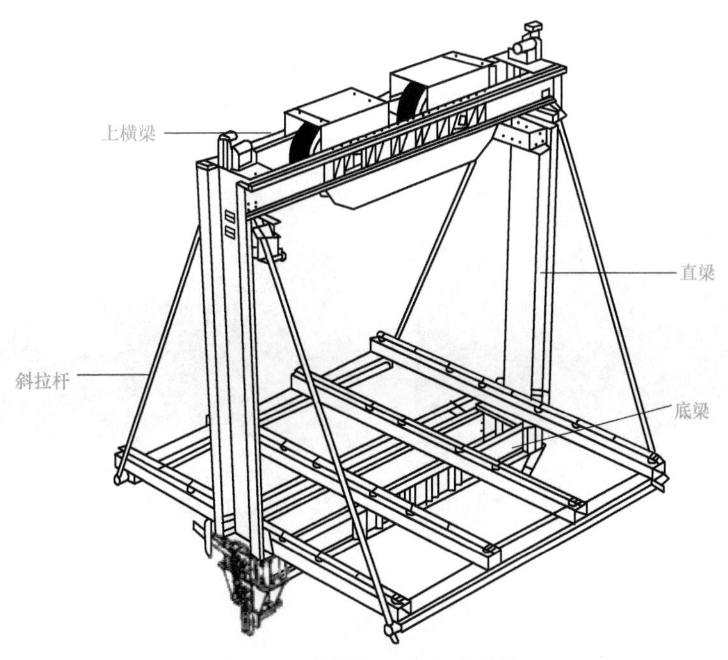

图 2-76　轿厢架安装完成效果

2. 安装轿壁

可逐扇安装，亦可根据情况将几扇先拼在一起再安装。轿壁安装后再安装轿顶。轿顶和轿壁穿好连接螺栓后不要紧固，要在调整围扇垂直度不大于 1/1000 的情况下再逐个将螺栓紧固。拼装轿壁时，垂直度误差不大于 1mm，除前后、左右尺寸分中外，要求间隙一致，夹角整齐，板面平行、垂直，同时要注意轿壁与轿壁之间拼装时不能少固定螺栓，防止在轮梯运行过程中引起轿壁与轿壁之间的声响。轿壁连接方式示意图如图 2-77 所示。

3. 安装轿顶

吊装轿顶，调整轿顶的位置，复核轿壁的各尺寸要求，紧固各螺栓，把轿厢与立柱固定。如上梁带有轿顶轮，应使其与上梁的间隙各相互误差不大于 1mm。轿顶安装示意图如图 2-78 所示。

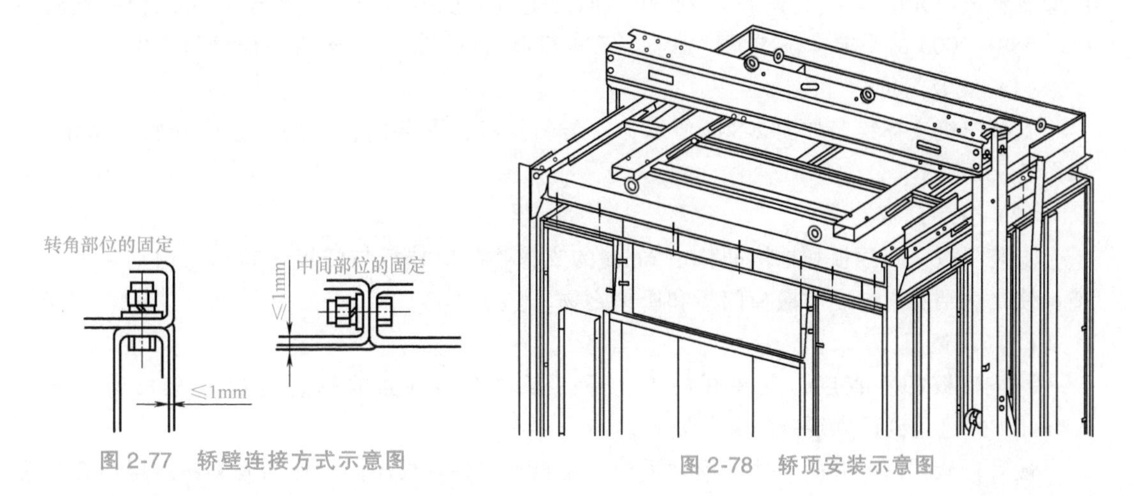

图 2-77　轿壁连接方式示意图

图 2-78　轿顶安装示意图

4. 吊装轿厢底盘

吊装轿厢底盘，用螺栓连接轿厢底盘和底梁，先不紧固安装斜拉杆，调整斜拉杆，使轿厢底盘水平度不大于2/1000，如图2-79a所示；调整水平后，紧固斜拉杆，调整轿底定位螺钉，使其在电梯满载时，与轿底保持1~2mm的间隙，如图2-79b所示。

a) 测量轿底水平度

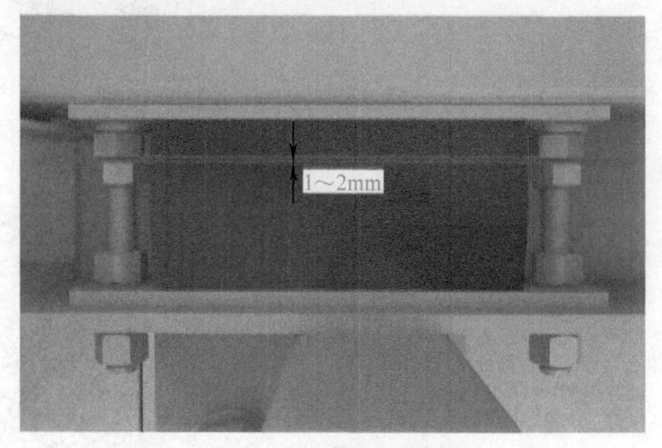

b) 紧固调整斜拉杆

图2-79 吊装轿厢底盘

5. 安装调整安全钳拉杆

拉杆下部与安全钳连接，套上垫圈，穿进开口销，拉杆头部拧上螺母穿入开口销。

6. 安装撞弓

安装前，对撞弓进行检查，若有扭曲、弯曲现象需要调整。用螺栓连接撞弓与撞弓安装壁，整体安装到立柱上，撞弓安装壁用螺栓固定在立柱上，要求撞弓垂直度误差应不大于2mm。

7. 安装轿门

轿门安装与层门安装相近，具体参考层门安装部分内容。

按开门方式，装好轿门上部吊门导轨及下部轿门地坎滑道。注意吊门导轨垂直度不大于1/1000，与轿门地坎滑道间的平行度不大于1/1000。自动开门的电梯要先装好开门机架和开门机构，待轿门立好后相互连接，在轿门扇和开关门机构安装调整完毕后，安装开门刀、门安全触板或光电开关。开门刀端面和侧面的垂直度误差全长均不大于0.5mm，并且满足GB 7588—2003的要求，轿厢配件安装好后进行调整试验工作，然后进行轿厢配线。

（1）安装门机

安装门机支撑梁，如图2-80a所示；安装斜拉杆，安装门机，调整使门导轨保持水平，如图2-80b所示。

（2）安装门板

安装门板，在门板和地坎间垫上6mm的支撑物，门挂板与门板之间用专用垫片进行调整，使之达到要求，之后撤掉门板和所垫之物。

（3）调整门板

调整门板的垂直度，安装开门刀，开门刀端面和侧面的垂直度误差全长均不大于0.5mm，并且达到厂家规定的其他要求。

最后，从轿门的开门刀顶面沿井道放一条铅垂线到各层层门，作为安装各层层门开门滚

a) 安装门机支撑梁

b) 安装门机

图 2-80　安装轿门门机

轮、电气联锁的依据。

8. 安装轿顶装置

轿顶接线盒、线槽、电线管、安全保护开关等要按要求安装。安装、调整开门机构和传动机构使其达到要求，若无明确规定则按传动灵活、功能可靠的原则进行调整。轿顶护栏各连接螺母要加弹簧垫圈紧固，以防松动。防护栏的高度不得超过上梁高度。平层感应器和开门感应器要根据感应器的位置定位调整，要求横平竖直，各侧面应在同一垂直平面上，其垂直度误差不大于1mm。轿顶装置安装示意图如图2-81所示。

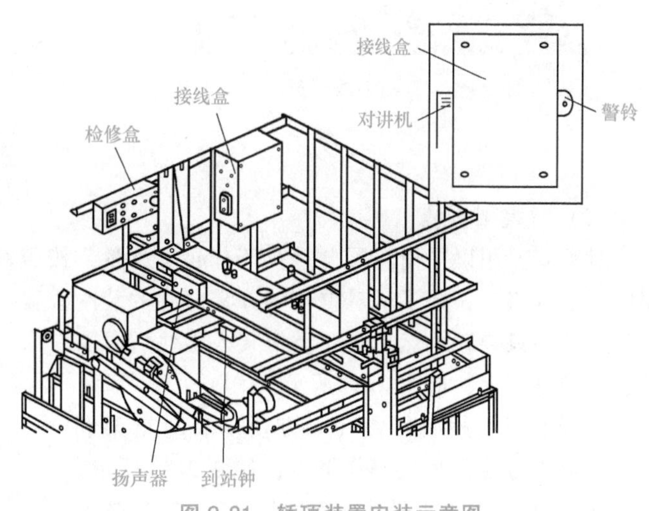

图 2-81　轿顶装置安装示意图

9. 安装和调整超载满载开关

对超、满载开关进行检查，要求其动作灵活、功能可靠、安装牢固，应在轿厢额定载重量时可靠动作。调整超载开关，应在轿厢的110%额定载重量时可靠动作。

10. 安装护脚板

(1) 尺寸要求

护脚板为1.5mm的钢板，其宽度等于相应层站入口净宽。护脚板垂直部分的高度应不小于750mm，并向下延伸一个斜面，与水平面夹角应大于60°，该斜面在水平面上的投影，深度不得小于20mm。

(2) 安装要求

护脚板的安装应垂直、平整、光滑、牢固，必要时增加固定支撑，以保证电梯运行时不颤抖，防止与其他部件摩擦碰撞。

三、对重的安装

1. 安装前准备工作

搭设脚手架平台，在适当高度、两相对的对重导轨支架上拴吊装钢丝绳，在钢丝绳中央，悬挂一手拉葫芦吊装对重钳，如图 2-82 所示，并拆下一侧导靴，如图 2-83 所示，若导靴为滚轮式，要将 4 个导靴都拆下。

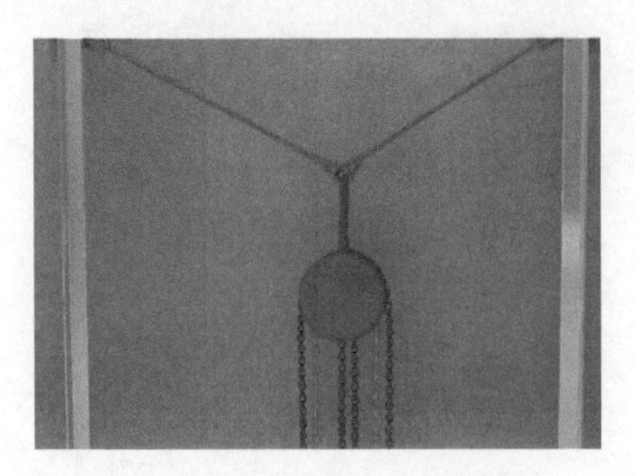

图 2-82 悬挂手拉葫芦

图 2-83 拆下一侧导靴

2. 安装对重

（1）对重架拼装

对重装置用以平衡轿厢自重及部分起重重量。按照对重架装配图，检查对重导轨与对重架尺寸是否相配，并了解对重各部分零部件的装配位置。在安装时，先拆去对重架上一侧的上、下各一只导靴，然后将对重架装入导轨后再将拆下的导靴装上，如图 2-84 所示。

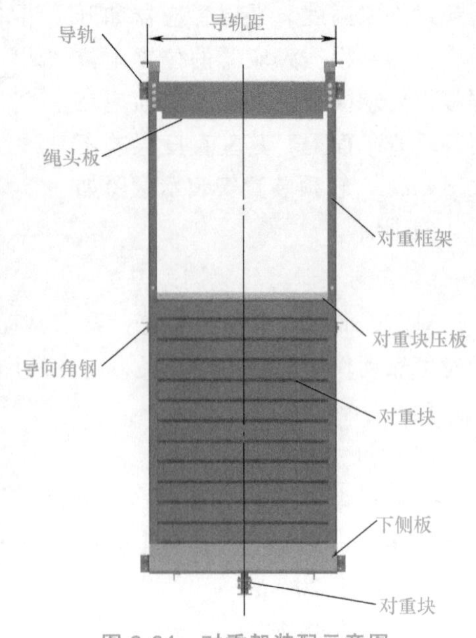

图 2-84 对重架装配示意图

在脚手架上相应位置（以方便吊装对重架和装入对重块为准）搭设操作平台，如图 2-85 所示。

在对重导轨中心处由底坑起约 5m 左右高度处，牢固地悬吊一只手拉葫芦，用作起吊对重装置。

（2）对重架安装就位

用手拉葫芦将对重架调至适当高度，使其导靴与该侧导轨吻合并保持接触，在对重缓冲器安装位置两侧各置一根 100mm×100mm 的木方，如图 2-86 所示，木方高度 L=缓冲器座高度+缓冲器高度+越程高度，缓冲距离见表 2-12（新装电梯一般取最大值）。放松倒链使对重架平稳牢固地安放在木方上，两侧均未装导靴的对重架固定在木方上时，应使框架两侧面与导轨端面距离相等。

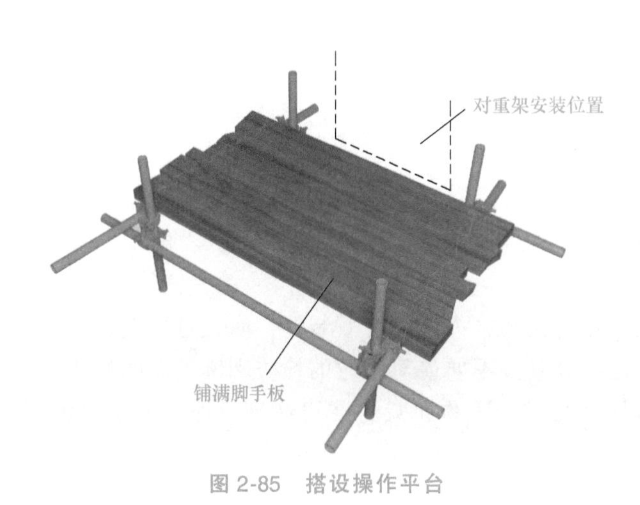

图 2-85　搭设操作平台

图 2-86　对重架垫高

表 2-12　缓冲距离

电梯额定速度/(m/s)	缓冲器形式	缓冲距离/mm
不大于 1.0	蓄能型	200~350
不大于 2.5	耗能型	150~400

吊起对重架至选定的越程高度位置，用木方垫好，接着安装上、下导靴。

(3) 对重导靴的安装、调整

滑动导靴安装时，要保证内衬与导轨端面间隙上下一致，如图 2-87a 所示；滚动导靴安装要平整，两侧滚轮对导轨压紧后，两滚轮的压簧量应相等，压缩尺寸应符合制造厂商规定，如无规定，则根据使用情况调整压力适中，正面滚轮应与导轨端面压紧，轮中心对准导轨中心，如图 2-87b 所示。

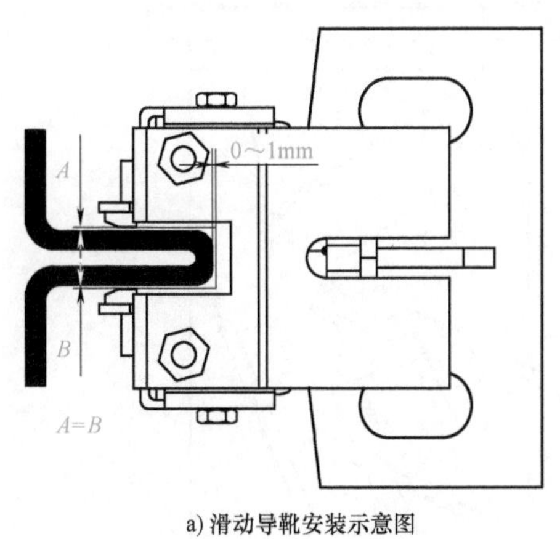

a) 滑动导靴安装示意图

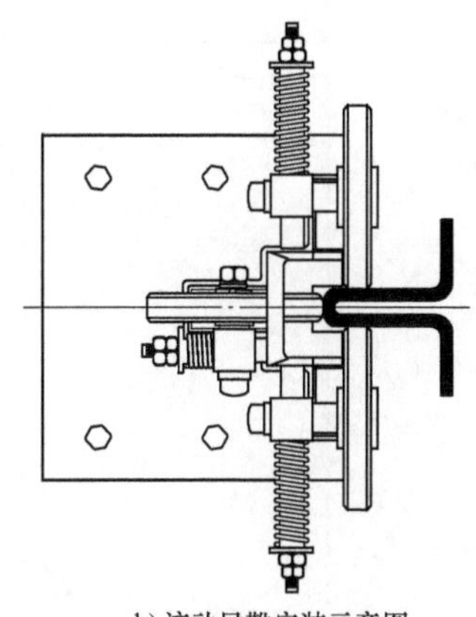

b) 滚动导靴安装示意图

图 2-87　导靴安装

(4) 对重块的安装及固定

加载对重块前，应首先完成轿厢架安装，并完成对重和轿厢曳引绳安装工作。装入对重块的数量可先由下式粗略计算：

装入的对重块数×对重块重量=轿厢自重+额定载重×(0.4~0.5)-对重架重

如果轿厢尚未拼装完成，则首次加载对重块的数量大约是上式计算结果的1/2，待轿厢全部拼装完成后再按上述数量全部加载。最终加载对重块的数量须在调试时由平衡系数测定实验确定。

按要求装上对重块压紧装置，防止对重块在电梯运行时发出撞击声。对重块压紧装置有顶丝式、挡板式、顶管式三种。对重下撞板处一般加装缓冲补偿墩2~3个，当电梯的曳引钢丝绳伸长时，可调整缓冲距离符合标准要求。

如果有滑轮固定在对重装置上时，应设置避免伤害人体的有效装置，防止悬挂钢丝绳松弛脱离绳槽、绳与绳槽之间落入杂物等。这些装置应不妨碍对滑轮的检查和维护。同时所采用的防护装置应能见到旋转部件且不妨碍检查与维护工作，只有在更换钢丝绳、更换绳轮、重新加工绳槽等情况下防护装置才能拆除。

(5) 安装补偿墩

对重下撞板处应加装补偿墩。

3. 无脚手架对重架安装

电梯无脚手架安装工艺中对重架的安装方法为：将对重架运至最高层厅门预留洞口前，使用钢丝绳做好二次保护后，使用手拉葫芦将其拉入电梯井道内。如图2-88所示。

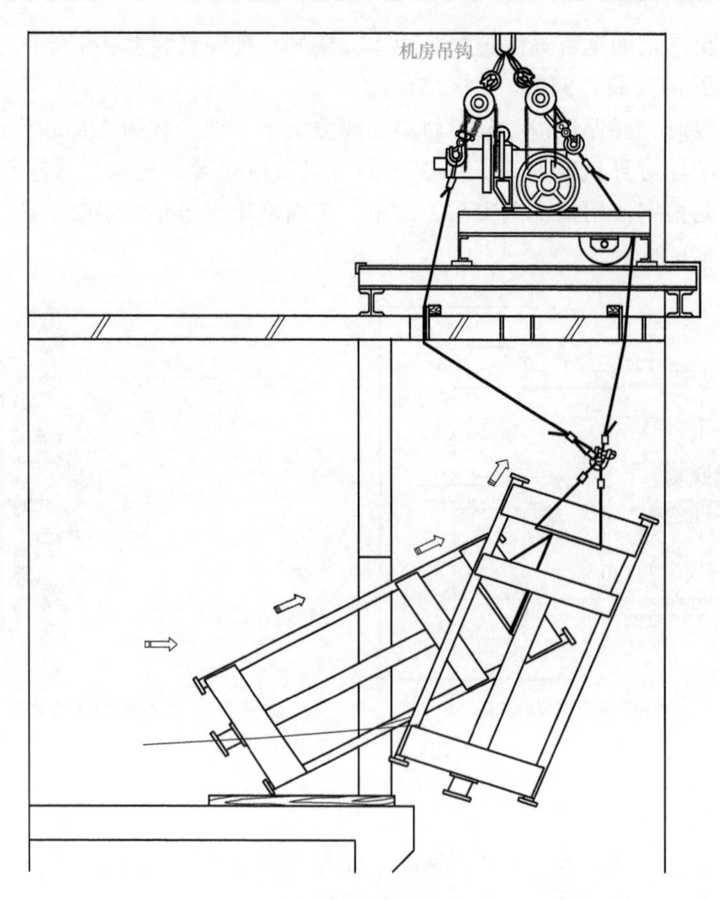

图2-88 无脚手架对重架安装示意图

视频教学资源

演示轿厢的安装方法。

扫码观看

任务实施

步骤一：学习准备

1. 根据本任务学习内容在“有机房曳引式垂直电梯安装（有脚手架）”学习平台进行垂直电梯轿厢架和轿厢的安装操作，教师事先做好预案，利用学习平台先模拟完成本次学习任务，然后集中开展任务实施工作，教师做巡回指导。

2. 指导教师对垂直电梯轿厢和对重的安装操作做简单介绍。

3. 借助学习平台实施电梯轿厢和对重的安装作业。

4. 根据实际操作任务的要求选取电梯安装通用工具和器材。

步骤二：模拟电梯轿厢和对重的安装作业

按要求完成轿厢和对重的安装作业，具体安装任务包括：

1. 轿架的拼装。
2. 轿厢的安装。
3. 轿门的安装。
4. 护脚板的安装。
5. 对重的安装。

步骤三：教师巡回指导

结合本任务学习内容，开展任务模拟操作与实际操作练习，教师巡回指导，及时发现和解决学生存在的问题。

步骤四：任务点评

根据学生的任务实施情况，进行任务实施点评，提高学生应用所学知识解决实际工作问题的能力。

学习单元评价

自我评价（100分）

由学生根据学习任务完成情况进行自我评价，评分值记录于表2-13中。

表2-13　自我评价表

学习任务	项目内容	配分	评分标准	扣分	得分
学习任务2.5	1. 课堂纪律	15	1. 不遵守课堂纪律要求(扣2分/次) 2. 有其他违反课堂纪律的行为(扣2分/次)		

（续）

学习任务	项目内容	配分	评分标准	扣分	得分
学习任务 2.5	2. 熟悉电梯轿厢和对重的安装工序	70	1. 独立完成工作页的填写(7分) 2. 利用网络资源、工艺手册等查找有效信息(7分) 3. 正确使用工、量具及设备(7分) 4. 叙述电梯轿厢、对重的作用与结构(7分) 5. 叙述轿厢和对重安装流程(7分) 6. 描述轿厢、对重的安装步骤与技术要求(7分) 7. 描述安全钳的安装位置及工作原理(7分) 8. 在教师的指导下,以小组方式完成轿厢架的拼装(7分) 9. 在教师的指导下,以小组方式完成对重架的拼装(7分) 10. 模拟轿厢和对重拼装操作(7分)		
	3. 职业规范和环境保护	15	1. 在工作过程中工具和器材摆放凌乱(扣3分/次) 2. 不爱护设备、工具,不节省材料(扣3分/次) 3. 在工作完成后不清理现场,在工作中产生的废弃物不按规定处置(扣2分/次,将废弃物遗弃在工作现场的可扣3分/次)		
			总评分=(1~3项总分)		

签名：________ ________年____月____日

改变电梯轿厢重量对安全的影响

由于电梯使用量大，使用场合多样化，出现越来越多使用者只凭个人喜好，而不经过制造厂家和相关专业机构就对电梯进行大量的装修的现象，如加装空调、大理石地板、吊顶等，导致轿厢的重量严重增加，超出了允许的重量范围。

电梯轿厢重量直接影响电梯的运行使用，轿厢重量的变化对电梯的安全性有着至关重要的影响。改变轿厢重量，将导致超出电梯设计制造的相关技术参数的安全范围，对电梯运行使用的安全性产生了直接影响。

一、轿厢重量改变对平衡系数的影响

从电梯运行的结构模式来看，电梯分为轿厢侧和对重侧。对重装置是曳引驱动的重要部分，可以平衡轿厢的自重和部分载重，减小曳引电动机的功率损耗。对重装置的重量需要通过轿厢侧重量来确定。轿厢重量增加将有可能导致电梯轿厢侧反向拉拽的反转危险情况出现，同时有可能出现电梯往下溜车的情况，对电梯的安全性产生极大的隐患。因此轿厢重量增加后必须重做平衡系数测试，相应地增加对重侧所需要的重量。

二、轿厢重量改变对电梯安全部件的影响

1. 对安全钳的影响

安全钳所能承受的重量范围受轿厢自重和额定载重影响。若改变轿厢自重，当轿厢自重增大超出安全钳承受的最大重量时，安全钳在安全保护动作失效时，无法承受过大制动重量，将产生破坏性的安全保护动作。因此当轿厢重量改变过大时，应重新对安全钳选型，更换适合的安全钳才能确保电梯运行的安全性。

2. 对缓冲器的影响

缓冲器在当电梯运行出现故障或事故时，对电梯起到缓冲保护的作用，所以其选型必须满足能承受一定的重量范围，该重量由轿厢自重和额定载重决定。若轿厢重量改变超出缓冲器完全动作所能承受的重量范围时，缓冲器便不能起到缓冲保护作用。

3. 对上行超速保护装置的影响

轿厢重量的改变将对电梯主要动力部件和传动部件产生影响。轿厢侧重量增加过多，对重侧未进行平衡增加相应重量，将会使电梯曳引机负荷增加，曳引电动机损耗过大，当曳引机曳引力不足时，电梯运行时可能出现轿厢侧反拽、溜车等危险情况，同时拉动轿厢的主要传动部件。钢丝绳在受到过大的拉扯力时，一方面会与曳引轮轮槽产生过大摩擦力，磨损钢丝绳和曳引轮；另一方面过大的拉扯力对钢丝绳的长期拉扯，容易导致钢丝绳受力疲乏，出现断股等情况。

因此，电梯轿厢重量对电梯运行和使用的安全性有着至关重要的影响，是电梯运行安全系数的重要设计参数之一。轿厢重量的改变要经过相关检测部门的现场检验和测试达标后，才能将电梯投入运行和使用。

思考与练习

一、填空题

1. 轿厢内部净高度应____________。

2. 对重的运行区域应采用刚性隔离防护，该隔离从电梯底坑地面上____________处向上延伸到至少2.50m的高度。

3. 开门刀端面和侧面的垂直度误差全长均____________。

4. 对重下撞板处一般加装缓冲补偿墩____________个。

5. 在更换钢丝绳、更换绳轮、重新加工绳槽等情况下____________才能拆除。

二、判断题

1. 常用电梯的轿厢内部净高应大于2m。 (   )

2. 放置对重块，应使用手拉葫芦吊装，当用人力搬装时，应带有手套的两人共同配合，防止对重块坠落伤人，或因两人动作配合不当而压伤手足。 (   )

3. 在进行起重工作时，对重块应放置在底坑里。 (   )

4. 轿厢是电梯中装载乘客或货物的金属构件。它借助轿厢架立柱上下四个导靴沿着四根导轨做垂直升降运动。 (   )

5. 轿厢架是轿厢的主要承载构件，它由立柱、底梁、上梁和拉条组成。 (   )

三、选择题

1. 轿厢对重侧应设护栏，其高度应不小于（   ）。

A. 600mm B. 800mm C. 110mm D. 1200mm

2. 电梯对重的重量应等于（   ）。

A. 轿厢自重+(0.2~0.3) 额定载重 B. 轿厢自重+(0.4~0.6) 额定载重

C. 轿厢自重+(0.4~0.5) 额定载重 D. 轿厢自重+(0.5~0.6) 额定载重

3. 对重装置有对重架、对重块、(   )、对重定位铁等组成。

A. 导轨　　B. 托架　　C. 对重导靴　　D. 对重围栏

4. 轿厢由轿厢架、轿底、轿壁、轿顶和（   ）等组成。

A. 轿门　　B. 钢丝绳　　C. 缓冲器　　D. 曳引轮

5. 轿厢安全门的尺寸至少为 1.8m 高、(   ) 宽。

A. 0.25m　　B. 0.35m　　C. 0.45m　　D. 0.55m

四、简答题

1. 简述轿门安装内容。

2. 简述轿顶装置安装内容。

学习任务 2.6　钢丝绳的安装

任务分析

电梯钢丝绳的安装是保障电梯安全运行的必备条件，是电梯承载系统的重要组成部分，确保电梯安全平稳运行。掌握电梯钢丝绳的安装与调整基本知识是从事电梯行业安装与维保工作的基本要求，有助于学生规范地从事电梯安装与维保工作。

建议学时

建议完成本任务用 6~8 学时。

学习目标

应知

1. 了解电梯钢丝绳的主要作用。
2. 掌握电梯曳引钢丝绳和限速器钢丝绳的安装与调整方法。

应会

1. 能够完成电梯钢丝绳的安装。
2. 能够根据要求，完成电梯曳引钢丝绳和限速器钢丝绳的调整操作。

基础知识

一、钢丝绳的基本知识

1. 钢丝绳的作用

电梯用钢丝绳分为曳引钢丝绳和限速器钢丝绳，其中曳引钢丝绳是连接轿厢和对重的装置，它通过曳引机的曳引驱动实现轿厢对重的升降运行。在电梯运行过程中，曳引钢丝绳承载着轿厢、对重等重量，因此，曳引钢丝绳必须具备一定的强度。

在曳引比为 2 : 1 的电梯中，曳引钢丝绳在机房穿绕过曳引轮和导向轮，其中一端连接轿厢反绳轮，另一端连接对重反绳轮。

2. 钢丝绳的结构

钢丝绳主要由钢丝、绳股和绳芯组成。GB/T 8903—2018 中规定电梯用曳引钢丝绳，其中 6×19S-FC 如图 2-89a 所示，8×19S-FC 如图 2-89b 所示。图 2-89a 中钢丝绳的绳股数量为 6 股，每根绳股由 9 条钢丝捻成。

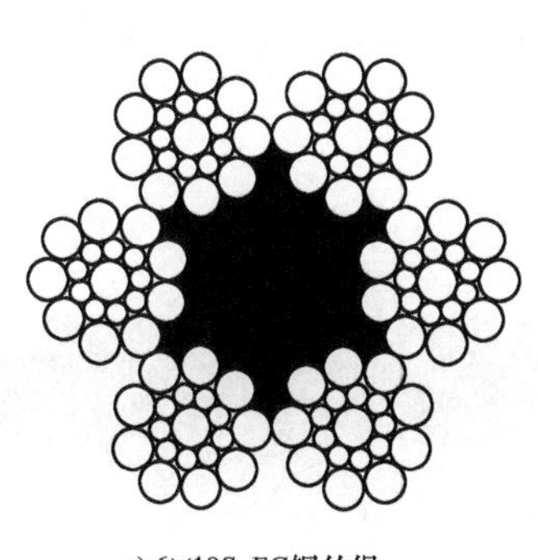

a) 6×19S-FC钢丝绳

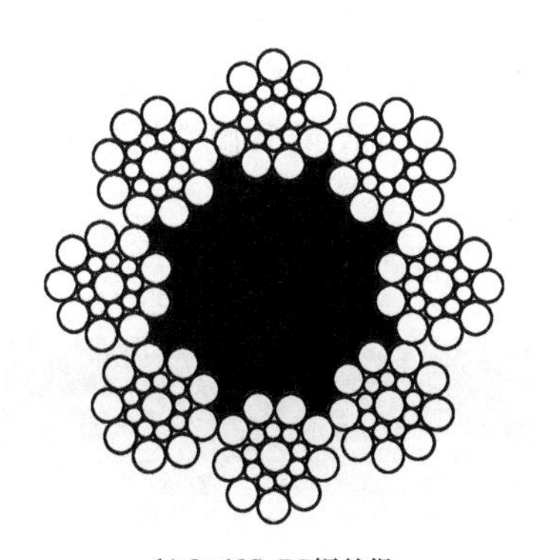

b) 8×19S-FC钢丝绳

图 2-89　电梯用曳引钢丝绳截面图

钢丝绳最少应有两根，每根钢丝绳应是独立的。若采用复绕法，应考虑钢丝绳的根数而不是其下垂根数。不论钢丝绳的绳股数是多少，曳引轮的节圆直径与悬挂绳的公称直径之比不应小于 40。

安全系数是指装有额定载荷的轿厢停靠在最低层站时，一根钢丝绳的最小破断负荷与这根钢丝绳所受的最大力之间的比值。对于用三根或三根以上钢丝绳的曳引驱动电梯，悬挂绳的安全系数为 12；对于用两根钢丝绳的曳引驱动电梯，悬挂绳的安全系数为 16。

钢丝绳与其端接装置的接合处至少应能承受钢丝绳最小破断负荷的 80%。钢丝绳末端应固定在轿厢、对重或系接钢丝绳固定部件的悬挂部位上。固定时，必须采用金属或树脂填充的绳套、自锁紧楔形绳套、至少带有三个合适绳夹的鸡心环套、手工捻接绳环、环圈（或套筒）压紧式绳环或具有同等安全的任何其他装置。

曳引钢丝绳曳引应满足轿厢装载至 125%额定载荷情况下保持平层状态不打滑，在任何紧急制动的状态下，不管轿厢内是空载还是满载，其减速度的值不能超过缓冲器（包括减行程的缓冲器）作用时减速度的值。对重压在缓冲器上而曳引机按电梯上行方向旋转时，应不能提升轿厢。

钢丝绳相对于绳槽的偏角不应大于 40°。在悬挂钢丝绳的一端应设有一个调节装置用来平衡各绳的张力。如果用弹簧来平衡张力，弹簧应在压缩状态下工作。调节钢丝绳长度的装置在调节后，不应自行松动。

二、曳引钢丝绳的安装

1. 确定钢丝绳长度

曳引钢丝绳截取的长度，必须根据电梯安装实际确定。轿厢位于顶层平层位置时，对重位于底层距缓冲器越程处，采用 2mm 的铅丝或无弹性收缩的铅丝或铜制电线由轿架上梁起通过机房内绕至对重上部的钢丝锥套组合处做实际测量，测量时应考虑钢丝绳在锥套内的长度及加工制作绳头所需要的长度，并加上安装轿厢时垫起的超过顶层平层位置的距离，即为曳引绳所需长度。

也可利用数值进行估算，估算方法为：单根曳引钢丝绳长度=2.4×井道全高。

2. 截断钢丝绳

在宽敞清洁的地方放开钢丝绳，检查钢丝绳应无死弯、锈蚀、断丝情况。确定钢丝绳长度后，从距垛口两端 5mm 处，如图 2-90a 所示。将钢丝绳用 0.7～1mm 的铅丝，绑扎成 15mm 的宽度，如图 2-90b 所示。铅丝捆扎保证严密、紧实。然后留出钢丝绳在锥体内长度，再按要求进行绑扎，最后截断钢丝绳。

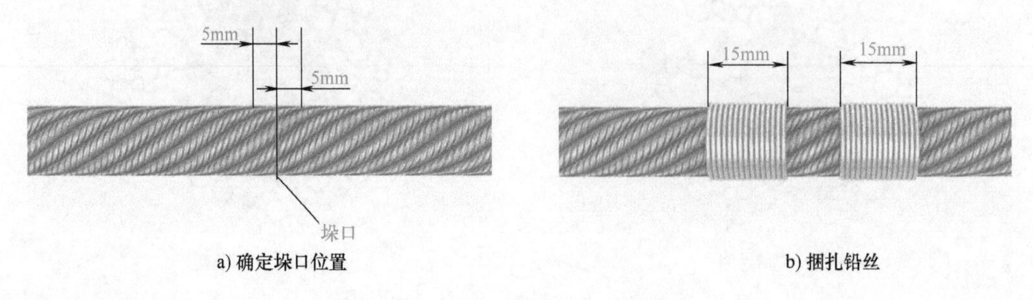

图 2-90 捆扎钢丝绳

3. 钢丝绳处理方法

1）钢丝绳在电梯中起重要作用，因此，钢丝绳的安装至关重要，必须在现场小心处理，防止被水、水泥或砂子等损坏。放钢丝绳时，切记勿使钢丝绳扭曲致使其扭结，扭结后的钢丝绳严禁使用。

2）钢丝绳解卷方式如图 2-91 所示。在宽敞清洁的场地放开钢丝绳束盘，检查钢丝绳有无锈蚀、打结、断丝、松股现象。按照已测量好的钢丝绳长度，在距断绳两端 5mm 处用铅丝进行绑扎，绑扎长度最少 20mm。然后用钢锯、切割机、压力钳等工具截断钢丝绳，不得使用电、气焊截断，以免破坏钢丝绳的机械强度。现场有条件时，按上述正确方法进行；无条件时，应找一平坦无其他杂物的宽阔地方放钢丝绳。

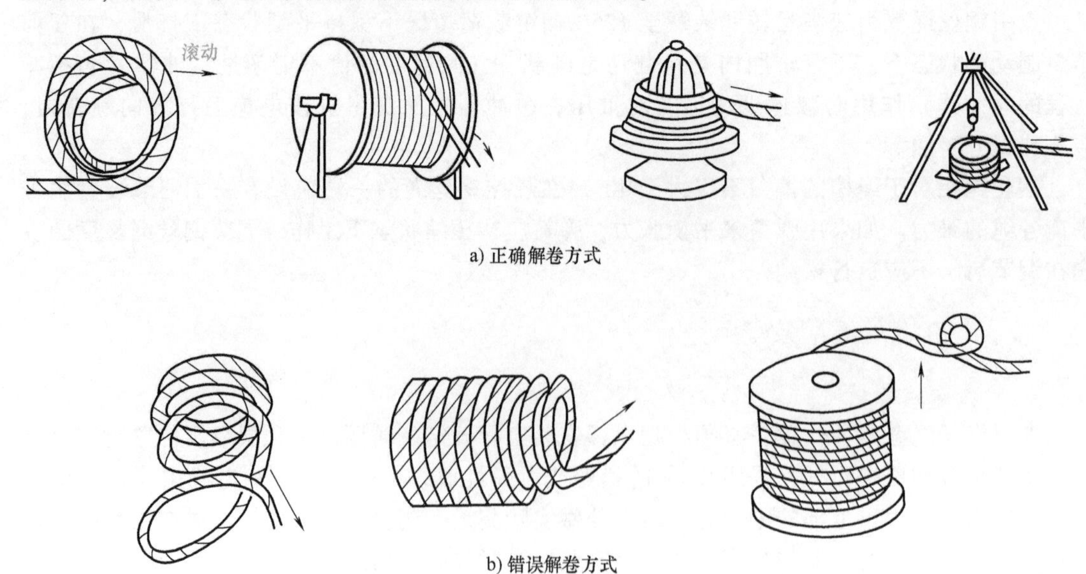

图 2-91 钢丝绳解卷方式

4. 曳引钢丝绳与绳头锥套的连接

(1) 绳头种类

绳头有多种形式，常用的有灌注巴氏合金的锥套、自锁紧楔形绳套、绳夹环套等，如图 2-92 所示。

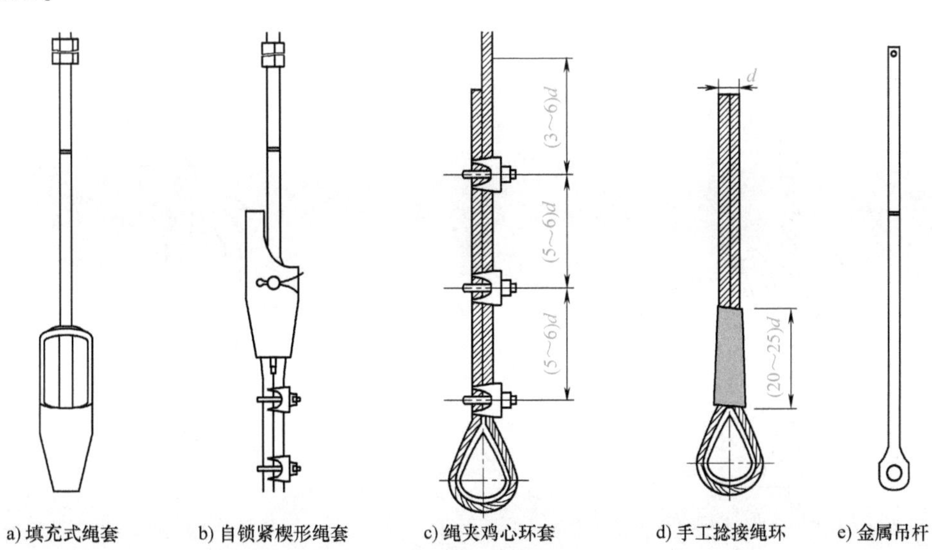

图 2-92　钢丝绳套形式

(2) 绳头制作

制作绳头前，应将钢丝绳擦拭干净，并悬挂于井道内消除内应力，对高速电梯钢丝绳可不消除内应力，以保持钢丝绳标线的完整。

1) 巴氏合金式绳头锥套。

① 量取钢丝绳长度 L，在钢丝绳切断处包扎乙烯胶带，如图 2-93 所示。

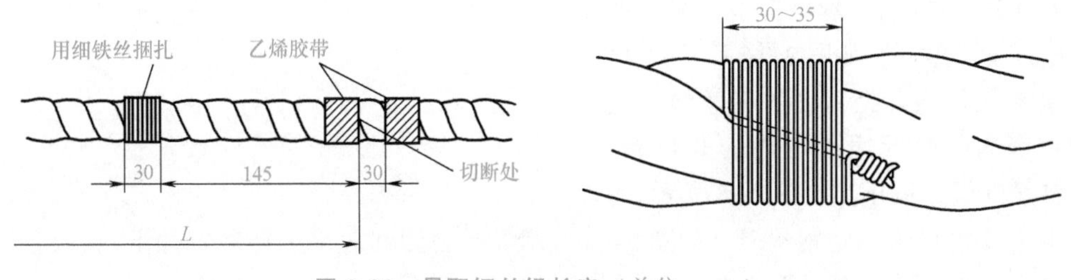

图 2-93　量取钢丝绳长度（单位：mm）

② 用砂轮机切断钢丝绳，把钢丝绳从锥套口穿入，从浇注口穿出，如图 2-94 所示。

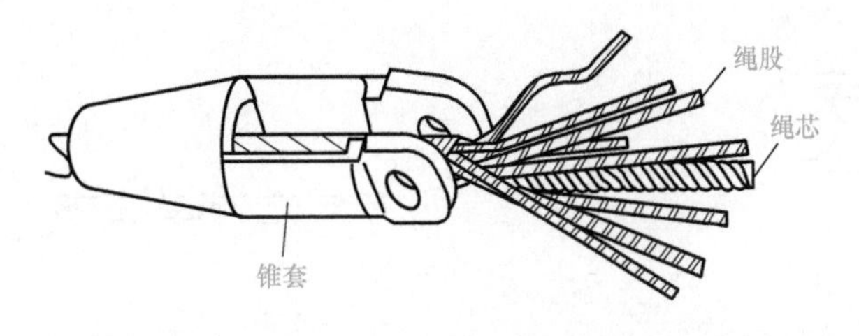

图 2-94　钢丝绳穿过锥套

③ 将钢丝绳各绳股分别拆开按图弯折好，如图 2-95 所示。

④ 将弯折好的钢丝绳拉入锥套内，然后浇注巴氏合金。确认钢丝绳折弯处凸出锥套浇注口 2~3mm，将溶解后的巴氏合金一次性浇注于锥套内，要求一次浇实，不允许分次浇注。待巴氏合金完全凝固后，再次检查浇注质量，浇注表面应圆滑，有少许凹陷。如图 2-96 所示。

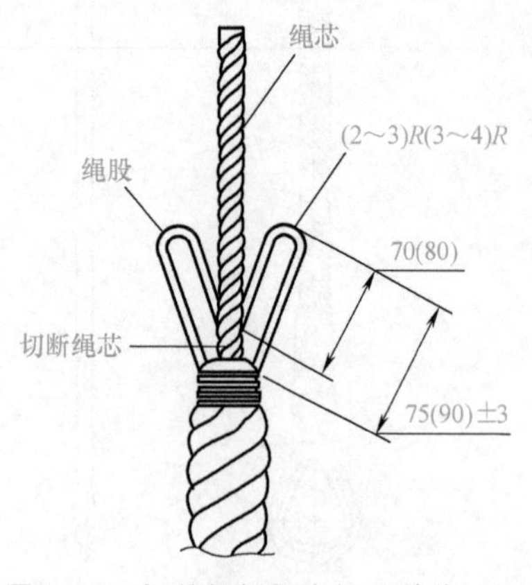

图 2-95 钢丝绳绳股弯折（单位：mm）
R—钢丝绳半径尺寸

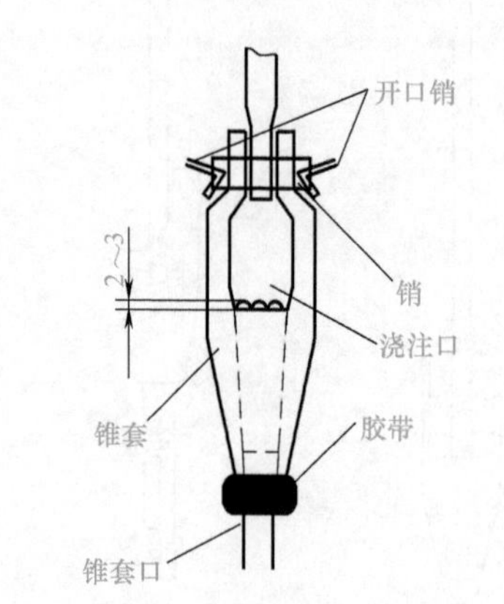

图 2-96 巴氏合金浇注图（单位：mm）

2）楔块式绳头锥套。

① 为了防止钢丝绳绳头松散开来，应在距离绳头端部 10mm 的地方用 $\phi 0.5$mm 铁丝捆扎。

② 在距离钢丝绳端部 360mm 位置处设置 A 点，在 A 点处弯曲钢丝绳，弯曲长度为（20~25）R，然后将钢丝绳弯曲部分放入楔块槽内，如图 2-97 所示。

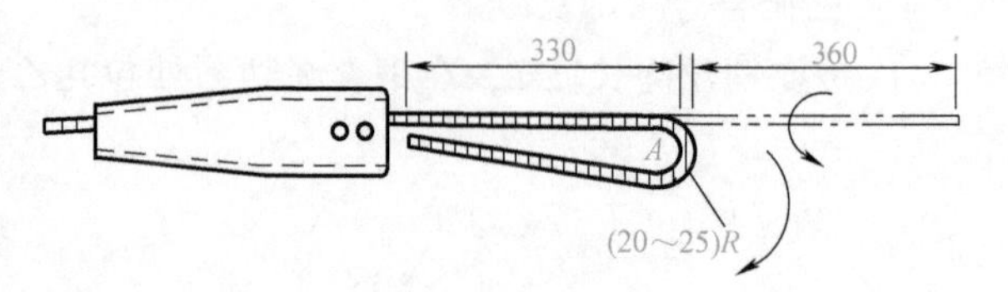

图 2-97 折弯钢丝绳（单位：mm）

③ 将楔块与已经弯曲的钢丝绳一起放入锥套内，然后插入楔块的开口销，最后将开口部分张开，如图 2-98 所示。

④ 用钢丝绳夹固定钢丝绳，如图 2-99 所示。当轿厢和对重全部载重加上后，再拧紧钢丝绳固定绳夹，数量不少于 3 个，间隔为钢丝绳直径的 6~8 倍，压紧端应在钢丝绳的受力侧。

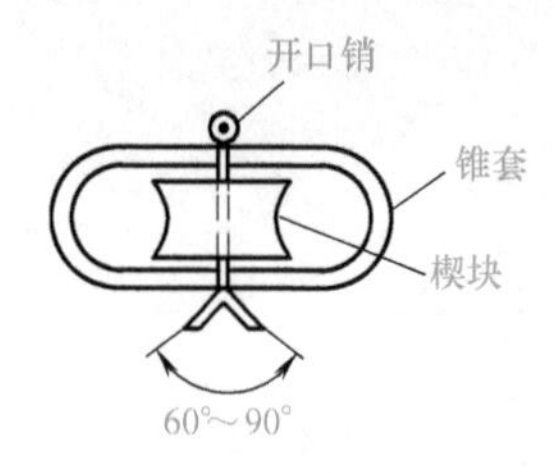

图 2-98 安装开口销

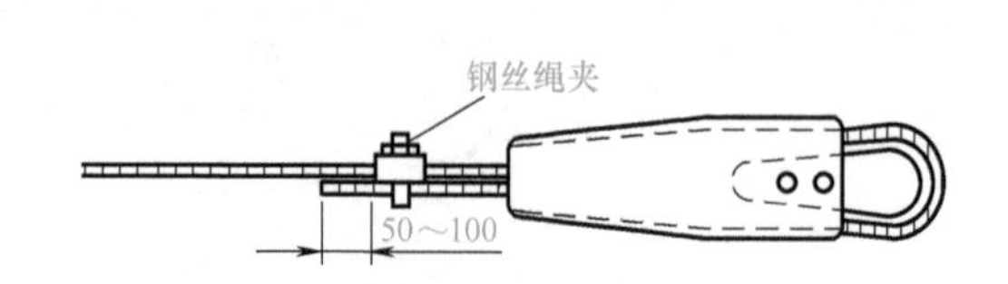

图 2-99 安装钢丝绳夹（单位：mm）

⑤ 拉紧钢丝绳，在楔块拉力作用下，与锥套进一步涨紧，直至楔块上的开口销孔露出锥套为止，钢丝绳与绳套 B、C 点重合。在距离锥套尖端 25mm 处用绳夹将两根钢丝绳归并夹紧。将短头钢丝绳与使用的钢丝绳用铅丝捆扎，为防散胶，短头钢丝绳端头也需要用铁丝绕扎。将两根钢丝绳用 ϕ0.5mm 铁丝捆扎在一起，捆扎宽度 15mm，如图 2-100 所示。

⑥ 在钢丝绳末端处用乙烯胶带卷上几圈，使其不能绽开，如图 2-101 所示。

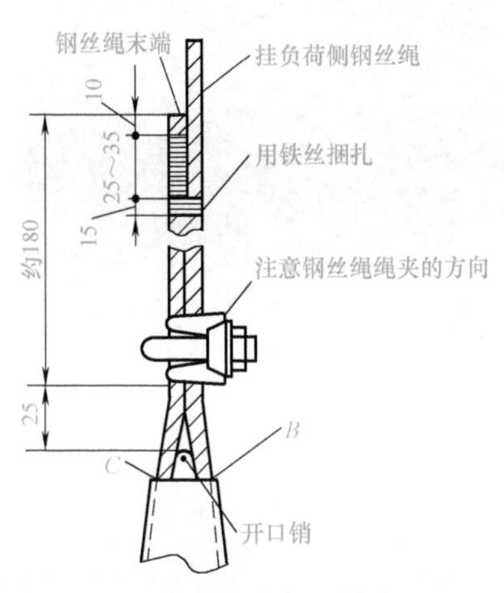

图 2-100　捆扎钢丝绳（单位：mm）

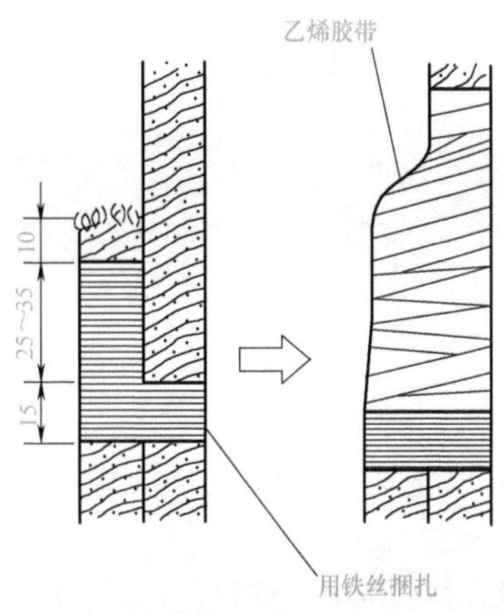

图 2-101　乙烯胶带包裹（单位：mm）

（3）钢丝绳拖拽

使用特制工具施放曳引钢丝绳的内应扭力，如图 2-102 所示。在钢丝绳安装拉动过程中，通过工具中间固定曳引绳的空心轴管旋转释放钢丝绳的内应扭力。

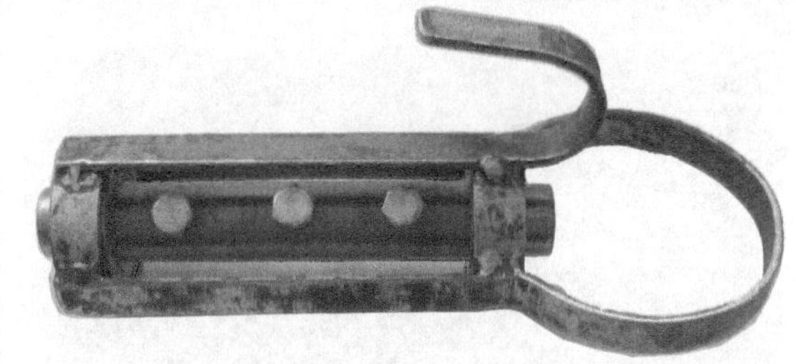

图 2-102　钢丝绳拖拽工具

5. 调整钢丝绳

将钢丝绳从轿厢顶部通过机房楼板绕过曳引轮、导向轮至对重上端，两端连接牢靠。挂绳时注意多根钢丝绳间不要缠绕错位，绳头组合处需穿二次保护绳。调整绳头弹簧高度，使其高度保持一致。轿厢在井道 2/3 处，人站在轿厢顶用拉力计将对重侧钢丝绳逐根拉出同等距离，其相互的张力差不大于 5%，张力不均衡会导致钢丝绳振动、钢丝绳寿命短、曳引轮磨损等问题。钢丝绳张力调整后，绳头用双螺母拧紧，穿好开口销，并保证绳头杆丝扣留有必要的调整量，如图 2-103 所示。为了防止钢丝绳的扭转，需用直径不小于 6mm 的钢丝绳将各钢丝绳锥套相互之间扎结起来，如图 2-104 所示。

三、限速器钢丝绳的安装

1. 前提条件

安装限速器钢丝绳的前提条件为：

1）对重架、轿架的总装已完成。

2）安装限速器钢丝绳应在电梯走慢车前进行。

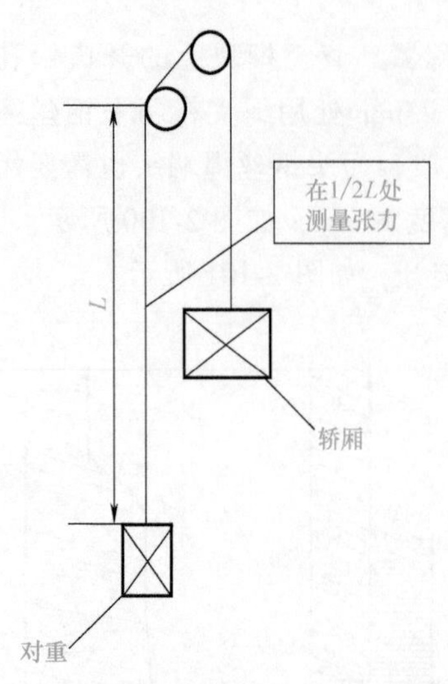

图 2-103 钢丝绳张力测量示意图

图 2-104 钢丝绳二次保护

3）限速器、张紧轮已经安装完毕。

2. 安装钢丝绳

（1）钢丝绳穿入过程

将限速器钢丝绳两端分别由机房限速器钢丝绳预留孔处放入井道至底坑后，如图 2-105a 所示，一端绕过张紧轮，用钢丝绳卡扣把钢丝绳两头夹在一起，然后拉钢丝绳，如图 2-105b 所示。钢丝绳接头转至安全钳拉杆处，松开钢丝绳卡扣。将从上往下一端钢丝绳用钢丝绳卡扣固定在安全钳拉杆头部。

a) 安装限速器钢丝绳

b) 夹紧钢丝绳

图 2-105 穿接钢丝绳

（2）钢丝绳紧固

第一组卡扣安装在安全钳拉杆部约 25mm 处，每两组夹头之间间距为 6~7 倍钢丝绳直径，如图 2-106a 所示。绳夹压板应装在钢丝绳受力一边，由下往上的一端钢丝绳用钢丝绳卡扣与拉杆及钢丝绳紧固，如图 2-106b 所示。同时应保证张紧轮悬臂水平，保证张紧轮离地的尺寸符合图样要求。

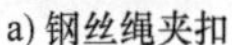
a) 钢丝绳夹扣

b) 连接拉杆

图 2-106　钢丝绳紧固

3. 调整距离

限速器和张紧轮绳枢中心必须在同一垂直面，限速轮与连接绳头的垂直距离差、张紧轮与连接绳头的中心垂直距离均小于5mm，调整张紧轮离地高度满足要求（见学习任务2.8）。

4. 连接绳头

限速器钢丝绳不得有任何死弯现象存在，与连接绳头的连接应装入绳套，绳头可靠固定。

5. 限速器动作可靠

限速器开关和张紧轮开关应保证在钢丝绳发生折断、绳夹脱钩或限速器动作时，迅速可靠地切断控制回路。

视频教学资源

演示曳引钢丝绳的安装方法。

扫码观看

任务实施

步骤一：学习准备

1. 根据本任务学习内容在“有机房曳引式垂直电梯安装（有脚手架）”学习平台进行垂直电梯对重和曳引钢丝绳的安装操作，教师事先做好预案，利用学习平台先模拟完成本次学习任务，然后集中开展任务实施工作，教师做巡回指导。

2. 指导教师对垂直电梯曳引钢丝绳的安装操作做简单介绍。

3. 借助学习平台实施电梯曳引钢丝绳的安装作业。

4. 根据实际操作任务的要求选取电梯安装通用工具和器材。

步骤二：模拟钢丝绳安装作业

按要求完成钢丝绳安装作业，具体安装任务包括：

1. 曳引钢丝绳安装。

2. 限速器钢丝绳安装。

步骤三：教师巡回指导

结合本任务学习内容，开展任务模拟操作与实际操作练习，教师巡回指导，及时发现和解决学生存在的问题。

步骤四：任务点评

根据学生的任务实施情况，进行任务实施点评，提高学生应用所学知识解决实际工作问题的能力。

学习单元评价

自我评价（100分）

由学生根据学习任务完成情况进行自我评价，评分值记录于表2-14中。

表2-14 自我评价表

学习任务	项目内容	配分	评分标准	扣分	得分
学习任务2.6	1. 课堂纪律	15	1. 不遵守课堂纪律要求(扣2分/次) 2. 有其他违反课堂纪律的行为(扣2分/次)		
	2. 熟悉电梯曳引钢丝绳的安装作业	70	1. 独立完成工作页的填写(7分) 2. 利用网络资源、工艺手册等查找有效信息(7分) 3. 正确使用工、量具及设备(7分) 4. 叙述曳引钢丝绳在电梯中的作用、结构(7分) 5. 叙述曳引钢丝绳的技术要求与悬挂方式(7分) 6. 描述锥形套筒绳头组合的制作方法和步骤(7分) 7. 在教师指导下制作巴氏合金绳头(7分) 8. 在教师指导下完成自锁紧楔形绳头组合安装(7分) 9. 以小组合作方式挂接曳引钢丝绳(7分) 10. 模拟钢丝绳安装与调整操作(7分)		
	3. 职业规范和环境保护	15	1. 在工作过程中工具和器材摆放凌乱(扣3分/次) 2. 不爱护设备、工具,不节省材料(扣3分/次) 3. 在工作完成后不清理现场,在工作中产生的废弃物不按规定处置(扣2分/次,将废弃物遗弃在工作现场的可扣3分/次)		
			总评分=(1~3项总分)		

签名：________ ________年____月____日

阅读材料

电梯钢丝绳的绳头组合形式

电梯的检验分为监督检验和定期检验两种。监督检验是指对经安装、大修或改造后拟投入使用的电梯进行验收检验；定期检验是指按照电梯定期检验规程，对在用电梯每年进行一次法定检验。在电梯的检验中，曳引钢丝绳是非常重要的一个部件，需要在检验时重点关注。曳引钢丝绳是曳引系统中的主要承载部件，连接着轿厢和对重，承受着电梯的全部悬挂重量，并绕着曳引轮、导向轮和反绳轮做反复弯曲，因此要求钢丝绳具有非常高的可靠性和安全性。

一、绳头组合的形式

电梯绳头组合亦称曳引绳端接装置，是曳引绳端头连接轿厢、对重或机房承重梁的一种构件，有锥套形、自锁紧楔形、绳夹形和其他形式。其中锥套形是最常用的形式；自锁紧楔形用得较少；绳夹形用得较多，一般为杂物梯选用；其他形式有捻接绳头及套管固定螺头等。绳头组合主索端部做绳头处理，将与绳套相连的卸扣杆与轿厢架孔、对重架和其他止动件绳头板贯通，然后用双螺母紧固。一般在各卸扣杆处衬入弹簧以保证钢丝绳张力均匀。钢丝绳与绳头组合处的机械强度至少应能承受钢丝绳最小破断负荷的 80%。

二、不同绳头组合形式对钢丝绳受力的影响

曳引钢丝绳一般为圆形股状结构，主要由钢丝、绳股和绳芯组成。钢丝是钢丝绳的基本组成件，要求钢丝有很高的强度和韧性（含挠性）。

由于曳引钢丝绳在工作中反复弯曲，且在绳槽中承受很高的比压，并频繁承受电梯起、制动时的冲击，因此在强度、挠性及耐磨性方面，均有很高要求。钢丝绳寿命与以下几个方面有关：①拉伸荷力，运行中的动态拉力对钢丝绳的寿命影响很大，同时各钢丝绳的载荷不均匀也是影响寿命的重要方面，当钢丝绳中的拉伸载荷变化为 20% 时，钢丝绳的寿命变化达 30%~200%；②弯曲；③曳引轮槽型和材质；④腐蚀。

思考与练习

一、填空题

1. 曳引钢丝绳的公称直径________________。

2. 曳引轮的节圆直径与悬挂绳的公称直径之比________________。

3. ________________是指装有额定载荷的轿厢停靠在最低层站时，一根钢丝绳的最小破断负荷与这根钢丝绳所受的最大力之间的比值。

4. 钢丝绳与其端接装置的接合处至少应能承受钢丝绳最小破断负荷的______________。

5. 钢丝绳相对于绳槽的偏角________________。

二、判断题

1. 保护曳引钢丝绳免遭锈蚀，可以对曳引钢丝绳表面采取足够的润滑措施。（ ）

2. 曳引钢丝绳在曳引轮上绕两次的全绕式有利于延长钢丝绳寿命和提高总效率。（ ）

3. 电梯轿厢是靠曳引钢丝绳与曳引轮槽之间的摩擦传动来实现升降的。（ ）

4. 曳引钢丝绳在全长上均不应有扭曲、松股、断丝、表面锈斑等情况。（ ）

5. 曳引钢丝绳的公称直径不大于 8mm。（ ）

三、选择题

1. 电梯曳引钢丝绳应符合国家有关规定，采用（ ）外粗、线接触式西鲁型钢丝绳。

A. 8×(17)　B. 8×(18)　C. 8×(19)　D. 8×(21)

2. 电梯曳引钢丝绳最小根数为（ ）。

A. 2 根　B. 3 根　C. 4 根　D. 4 根以上

3. 曳引钢丝绳的外层钢丝直径一般不小于（　　）mm。

A. 0.3　　B. 0.4　　C. 0.5　　D. 0.6

4. 曳引钢丝绳的性能有以下要求，但不包括（　　）。

A. 较高的强度　　B. 耐磨性好　　C. 良好的挠性　　D. 抗高温

5.（　　）《电梯用钢丝绳》。

A. GB 8903—1993　　B. GB/T 8903—1988

C. GB 8903—2015　　D. GB/T 8903—2018

四、简答题

1. 简述制作绳头前的准备工作内容。

2. 简述曳引钢丝绳的安装调整方法。

学习任务 2.7　导靴的安装

任务分析

电梯导靴是防止电梯轿厢和对重在上下运动时发生偏斜，保证电梯沿着导轨工作面平稳运行的装置。通过电梯导靴安装的基本知识和方法的学习，便于学生使用在施工现场开展轿厢和对重安装调整作业，使学生具备从事电梯导靴的安装能力，为学生从事电梯安装与维修工作奠定基础。

建议学时

建议完成本任务用 4~6 学时。

学习目标

应知

1. 了解电梯导靴的结构、类型。

2. 熟悉电梯导靴的安装与调整要求。

应会

能够完成电梯导靴的安装与调整作业。

基础知识

导靴是引导轿厢和对重沿导轨运行的装置，轿厢和对重的载重偏心所产生的力通过导靴传递到导轨上。轿厢导靴由两对四个组成，分别安装在轿厢上梁和轿厢底部安全钳座下；对重导靴同样由两对四个组成，分别安装在对重架上部和底部。导靴按其在导轨工作面上的运动方式，可分为滑动导靴和滚动导靴。

一、滑动导靴

滑动导靴按其靴衬的位置是固定的还是浮动的，可分为固定式（刚性）滑动导靴和弹性滑动导靴。

其中，固定式（刚性）滑动导靴主要由靴衬、靴座组成，弹性滑动导靴由靴座、靴轴、压缩弹簧或橡胶弹簧、调节套或调节螺母组成。

1. 固定式（刚性）滑动导靴

固定导靴的靴头是不动的，直接由靴头中的凹形槽与导轨工作面配合，三个配合的面需保留一定量的间隙（约 0.5～1.0mm），固定式（刚性）滑动导靴又分简单型无靴衬滑动导靴、简单型有靴衬滑动导靴、刚性（固定）滑动导靴三种。

（1）简单型无靴衬滑动导靴

这种导靴结构比较简单，靴头和靴座制成一体，用一块铸铁经刨削加工而成，如图 2-107 所示。这种导靴靴头的凹形槽与导轨的接触面，要求有较高的加工精度和表面粗糙度，并需定期涂抹适量润滑油脂，以提高其润滑能力。

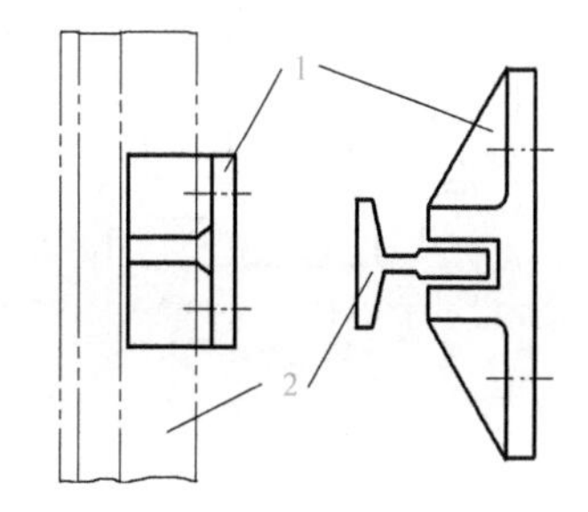

图 2-107　简单型无靴衬滑动导靴
1—无靴衬导靴　2—导轨

（2）简单型有靴衬滑动导靴

这种导靴总体构造与简单型无靴衬滑动导靴相同，但在靴头的凹形槽内镶嵌有减磨材料制成靴衬，如尼龙等，必要时可仅更换靴衬，如图 2-108 所示。

（3）刚性（固定）滑动导靴

刚性（固定）滑动导靴的靴头没有调节机构，是不动的，导靴与导轨之间必须存有一定间隙，如图 2-109 所示。随着运行时间的增长，其间隙会越来越大，这样轿厢在运行中就会产生一定的晃动甚至冲击，因此刚性（固定）滑动导靴只适用于额定速度低于 0.63m/s 的轿厢或对重。

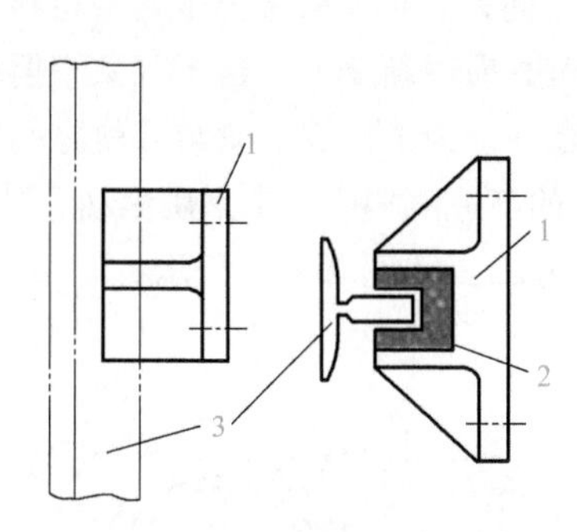

图 2-108　简单型有靴衬滑动导靴
1—导靴　2—靴衬　3—导轨

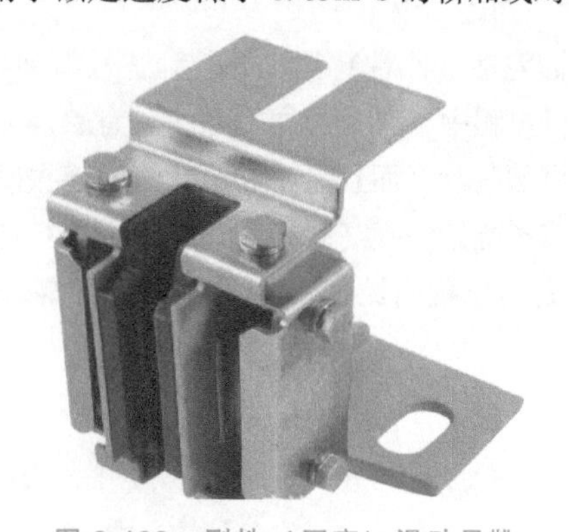
图 2-109　刚性（固定）滑动导靴

2. 弹性滑动导靴

弹性滑动导靴由靴座、靴头、靴衬、靴轴、压缩弹簧或橡胶弹簧、调节套或调节螺母等组成，弹性滑动导靴分弹簧式滑动导靴和橡胶弹簧式滑动导靴两种，如图 2-110、图 2-111 所示。

3. 滑动导靴安装要求

1）四个导靴应安装在上、下同一垂直平面上，不应有歪斜现象，如安装位置不合适应进行调整，不能用外力对导靴强行安装，以免影响后续运行和安装作业。

2）固定式（刚性）滑动导靴安装时要保证内衬与导轨端面间隙上、下一致，若达不到要求要用垫片进行调整，同时应按标准要求调整导轨和导靴间的工作间隙，每对固定滑动导靴与导轨顶面两侧间隙之和为 2mm。

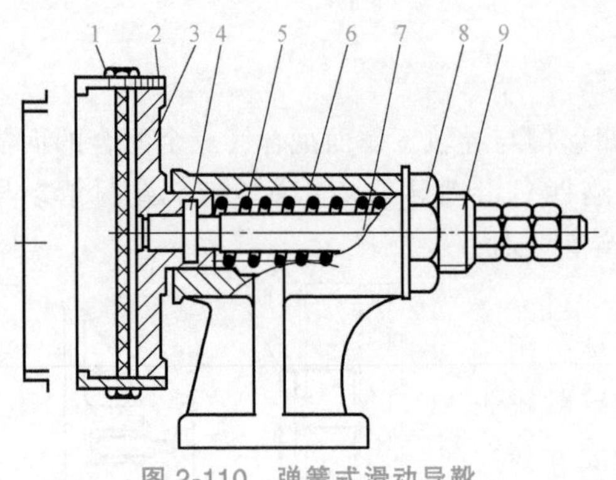

图 2-110　弹簧式滑动导靴

1—靴衬　2—座盖　3—靴头　4—销　5—弹簧
6—靴座　7—靴轴　8—六角扁螺母　9—调节套筒

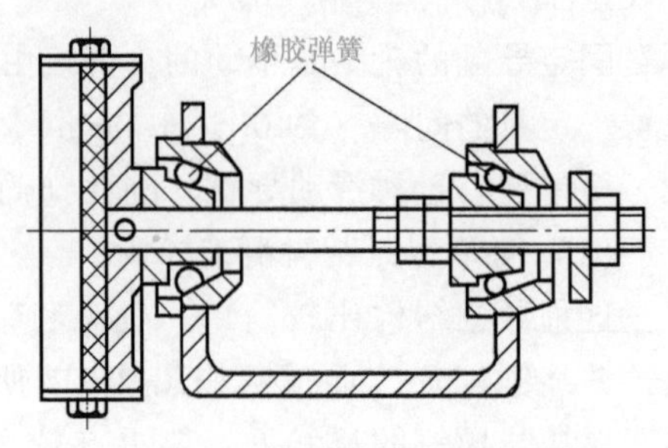

图 2-111　橡胶弹簧式滑动导靴

3）在安装弹簧式滑动导靴前，应将导靴调整螺母紧到最大限度，使导靴和导靴架之间没有间隙，这样便于安装。弹性滑动导靴的滑块面与导轨顶面应无间隙，每个导靴弹簧的伸缩范围不大于4mm。若靴衬上、下与导轨端面间隙不一致，则在导靴座和对重架间用垫片进行调整，调整方法同固定式（刚性）滑动导靴。

二、滚动导靴

1. 滚动导靴的结构

固定性（刚性）滑动导靴和弹性滑动导靴的靴衬无论是铸铁或尼龙等高分子耐磨材料，在电梯运行过程中，靴衬与导轨之间总有摩擦力存在，间隙会因磨损逐渐变大。这个现象不但增加了曳引机的负荷，而且是轿厢运行时引起振动和噪声的原因之一。为了减少导靴与导轨之间的摩擦力，节省能量，提高乘坐舒适感，在运行速度大于2.0m/s的高速电梯中，常采用滚动导靴。

滚动导靴由滚轮、轮轴、轮臂、轴承、弹簧、靴座组成，如图2-112所示。

图 2-112　滚动导靴结构示意图

1—滚轮　2—轮轴　3—轮臂　4—轴承　5—弹簧　6—靴座

2. 滚动导靴的特点

滚动导靴以三个滚轮代替了滑动导靴的三个工作面，三个滚轮在弹簧力的作用下，压贴在导轨三个工作面上，电梯运行时，滚轮在导轨面上滚动。

滚动导靴以滚动摩擦代替了滑动摩擦，大大减少了摩擦损耗，减少了能量损耗，同时还在导轨的三个工作面方向实现了弹性支承，从而对运动过程中产生的作用力起到缓冲作用，并能在三个方向上自动补偿导轨的各种几何形状误差及安装误差。滚动导靴的这些优点，使它能适应电梯的高运行速度，所以在高速电梯上得到广泛应用。

滚动导靴的滚轮常用硬质橡胶或聚氨酯材料制成，为了提高与导轨的摩擦力和减少噪声，在轮圈上制造了花纹。滚轮对导轨的压力，其意义与滑动导靴相同，初压力的大小可以通过调节弹簧的被压缩量加以调整。

3. 滚动导靴的安装要求

1）滚动导靴安装要平整，两侧滚轮对导轨的初压力应相等，在整个轮沿宽度上与导轨工作面均匀接触。

2）调整滚轮的限位螺栓，使顶面滚轮水平移动范围为2mm，左右移动范围为1mm。

3）配合轿厢架或对重的平衡调整，调整滚轮的弹簧压力应一致，避免导靴单边受压过大。

4）导轨端面滚轮与端面间允许有不大于1mm的间隙。

5）采用滚动导靴的导轨必须完全清除油脂。

三、导靴的安装

1. 安装下部导靴

内衬与导靴两工作侧面间隙要按厂家说明书规定的尺寸调整，导靴与导轨顶面的间隙为0~1mm，且间隙大小均一致；导靴与导轨侧面间隙应相同。

2. 安装上部导靴

（1）滑动导靴安装

要求上、下导靴中心与安全钳中心三点在同一条垂线上，固定式（刚性）滑动导靴要调整其间隙一致，内衬与导靴两工作侧面间隙要按厂家说明书规定的尺寸调整，导靴与导轨顶面的间隙为0~1mm，如图2-113a所示，且间隙大小均一致；导靴与导轨侧面间隙应相同，如图2-113b所示。

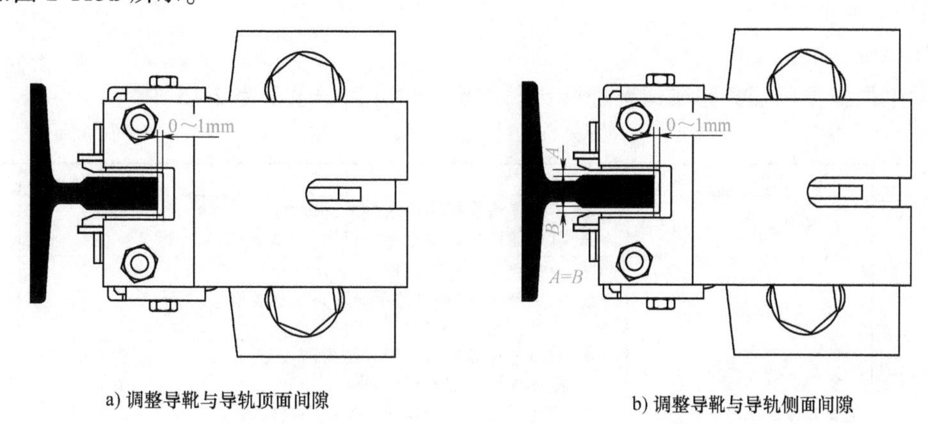

a) 调整导靴与导轨顶面间隙　　b) 调整导靴与导轨侧面间隙

图2-113　滑动导靴安装

（2）滚轮导靴安装

如果是滚轮导靴，要求两侧滚轮对导轨压紧后，两轮压簧力量应相同，压缩尺寸按制造厂规定调整。正面滚轮应与导轨端面压紧，轮中心对准导轨中心。

视频教学资源

演示上部导靴的安装方法。

扫码观看

任务实施

步骤一：学习准备

1. 根据本任务学习内容在“有机房曳引式垂直电梯安装（有脚手架）”学习平台进行垂直电梯导靴的安装操作，教师事先做好预案，利用学习平台先模拟完成本次学习任务，然后集中开展任务实施工作，教师做巡回指导。

2. 指导教师对垂直电梯导靴的安装操作做简单介绍。

3. 借助学习平台实施电梯导靴的安装操作。

4. 根据实际操作任务的要求选取电梯安装通用工具和器材。

步骤二：模拟实施电梯导靴的安装作业

按要求完成电梯导靴的安装作业，具体安装任务包括：

1. 安装下部导靴。

2. 安装上部导靴。

步骤三：教师巡回指导

结合本任务学习内容，开展任务模拟操作与实际操作练习，教师巡回指导，及时发现和解决学生存在的问题。

步骤四：任务点评

根据学生学习本任务的实施情况，进行任务实施点评，提高学生应用所学知识解决实际工作问题的能力。

学习单元评价

自我评价（100分）

由学生根据学习任务完成情况进行自我评价，评分值记录于表2-15中。

表2-15 自我评价表

学习任务	项目内容	配分	评分标准	扣分	得分
学习任务2.7	1. 课堂纪律	15	1. 不遵守课堂纪律要求(扣2分/次) 2. 有其他违反课堂纪律的行为(扣2分/次)		
	2. 熟悉电梯导靴安装操作工序	70	1. 独立完成工作页的填写(7分) 2. 利用网络资源、工艺手册等查找有效信息(7分) 3. 正确使用工、量具及设备(7分) 4. 叙述电梯导靴的作用与结构(7分) 5. 叙述导靴安装流程(7分) 6. 描述导靴的安装步骤与技术要求(7分) 7. 描述导靴安装的注意事项(7分) 8. 在教师的指导下，以小组方式完成导靴的安装(7分) 9. 在教师的指导下，以小组方式完成导靴的调整(7分) 10. 模拟导靴安装操作(7分)		

（续）

学习任务	项目内容	配分	评分标准	扣分	得分
学习任务2.7	3. 职业规范和环境保护	15	1. 在工作过程中工具和器材摆放凌乱(扣3分/次) 2. 不爱护设备、工具,不节省材料(扣3分/次) 3. 在工作完成后不清理现场,在工作中产生的废弃物不按规定处置(扣2分/次,将废弃物遗弃在工作现场的可扣3分/次)		
			总评分=(1~3项总分)		

签名：________　________年____月____日

阅读材料

导靴的维修和检查

一、导靴的故障及排除

电梯在运行中出现抖动或有摩擦声的原因很多。从导靴方面来看，可能的原因及排除方法如下：

1）靴衬油槽中卡入异物，应清除异物并清洗靴衬。

2）靴衬磨损严重，使两端金属盖板与导轨发生摩擦，应更换靴衬。

3）井道两边导轨工作面之间的间隙过大，应调整导靴，保持正常顶隙。

4）靴衬磨损不均匀或磨损相当严重，应更换靴衬或调整嵌片式靴衬的侧衬，调整导靴弹簧，使四个导靴压力均匀。

5）滚动导靴的滚轮不均匀磨损，应更换滚动导靴的滚轮或车修滚轮。

二、导靴的维修与检查

1）轿厢导靴的靴衬侧面与导轨间隙为0.5~1mm。弹性滑动导靴靴衬与导轨顶面无间隙，导靴弹簧的调节范围不超过5mm。固定式（刚性）滑动导靴靴衬与导轨顶面间隙为1~2mm。对重导靴靴衬与导轨顶面间隙不大于2.5mm。滚动导靴的滚轮与导轨面间隙为1~2mm。

2）把轿厢和对重运行在同一水平，检查轿厢和对重上部的导靴。向两侧来回摆动轿厢或对重架，可以检查侧隙大小和靴衬磨损情况，还可对弹簧的硬软进行检查。如果顶隙过大，可以把靴衬取下在其顶面加垫片调整；如果侧隙过大，而且是嵌片式靴衬，可旋进侧靴衬螺栓调整好侧隙。整体式靴衬则可在靴衬侧背面加垫片调整，使间隙一边稍大，但由于结构上的原因，效果不如嵌片式好，所以最好的方法是更换新靴衬。检查导靴与轿厢架、对重架的紧固情况，最好用弹簧垫圈防止螺母松动。

3）靴衬磨损严重，间隙过大或安装歪斜，会造成轿厢行驶“啃道”现象。“啃道”现象表现为：导轨侧面有一条狭小而又明亮的痕迹，严重时痕迹上带有毛刺；靴衬侧面呈喇叭口并有毛刺；轿厢行驶中，尤其在起动和平层时走偏、扭摆。出现“啃道”的原因为：导轨扭曲、歪斜或松动；上下导靴安装未对中，且与导轨间隙不一致；轿厢架变形或靴座螺栓松动；靴衬外形尺寸太小在靴头内晃动。

4）经常注意导轨润滑，及时清除靴衬内的脏物。对滑动导靴的导轨工作面，按规定清洗，每周加油一次，每年清洗一次。若有自动加油装置的用HJ-40润滑油，无自动加油装置的用钙基润滑脂。对滚动导靴导轨工作面不加润滑油，但其工作面要清洁，滚轮在运行中不应有明显打滑现象。滚动导靴轴承每月注一次钙基润滑脂，每半年清洗一次。

思考与练习

一、填空题

1. 导靴是引导轿厢和对重沿导轨运行的装置，轿厢和对重产生的________通过导靴传递到导轨上。

2. 固定式滑动导靴只用于额定速度低于________的轿厢或对重。

3. 每对固定式滑动导靴与导轨顶面两侧间隙之和为________。

4. 每个导靴弹簧的伸缩范围不大于________。

5. ________调整滚轮的限位螺栓，使顶面滚轮水平移动范围为2mm，左右移动范围为1mm。

二、判断题

1. 轿厢是电梯中装载乘客或货物的金属构件。它借助轿厢架立柱上下四个导靴沿着四根导轨做垂直升降运动。（　　）

2. 导靴可分为滑动导靴和滚动导靴两类。（　　）

3. 弹簧式滑动导靴常用于高速电梯轿厢或对重。（　　）

4. 当滑动导靴的靴衬磨损超过2mm以上时应及时更换。（　　）

5. 当电梯冲顶时，导靴不应越出导轨。（　　）

三、选择题

1. 对重装置由对重架、对重铁、（　　）、对重定位铁等组成。

A. 导轨　　B. 托架　　C. 对重导靴　　D. 对重围栏

2. 通常采用弹簧式滑动导靴时，其构造尺寸只有一种，可适用于额定载重量为（　　）内的各种快速或低速电梯。

A. 500~2500kg　　B. 500~3000kg

C. 500~4000kg　　D. 500~5000kg

3. 滚动导靴顶面滚轮水平移动量为（　　）。

A. 1mm　　B. 1.5mm　　C. 2mm　　D. 2.5mm

4. 装好轿厢上下四个导靴，使之严格垂直，并调整导靴（　　）使其松紧符合规定。

A. 底座螺栓　　B. 弹簧　　C. 导轨支架　　D. 导轨

5. 轿厢、对重的（　　）严重磨损或调整不当，会引起噪声。

A. 导靴　　B. 安全钳　　C. 钢丝绳　　D. 张紧轮

四、简答题

1. 简述滑动导靴的安装要求。
2. 简述滚动导靴的安装要求。

学习任务2.8　限速器和安全钳的安装

任务分析

电梯限速器是电梯安全保护系统中的安全控制部件之一。在电梯运行中无论何种原因使轿厢发生超速，甚至有坠落的危险，而其他安全保护装置不起作用的情况下，限速器和安全钳将采取联动动作，使电梯轿厢停住。通过电梯限速器和安全钳安装与调整的基本知识和方法的学习，使学生掌握电梯限速器和安全钳的安装与调整方法，为从事电梯安装维修工作奠定基础。

建议学时

建议完成本任务用6~8学时。

学习目标

应知

1. 了解电梯限速器和安全钳的结构与工作原理。
2. 熟悉电梯限速器和安全钳的安装与调整要求。

应会

能够应用限速器和安全钳的安装与调整方法，完成安装与调整作业。

基础知识

轿厢应装有能在下行时动作的安全钳，在达到限速器动作速度时，甚至在悬挂装置断裂的情况下，安全钳应能夹紧导轨使装有额定载重量的轿厢制动并保持静止状态。安全钳最好安装在轿厢的下部。

对重也应设置仅能在其下行时动作的安全钳，在达到限速器动作速度时（或者悬挂装置断裂时），安全钳应能通过夹紧导轨而使对重制动并保持静止状态。

安全钳是安全部件，在使用过程中应进行验证。若轿厢装有数套安全钳，则它们应全部是渐进式的。若电梯额定速度大于0.63m/s，轿厢应采用渐进式安全钳；若电梯额定速度小于或等于0.63m/s，轿厢可采用瞬时式安全钳。若电梯额定速度大于1m/s，对重安全钳应是渐进式的，其他情况下，对重安全钳可以是瞬时式的。

轿厢和对重安全钳的动作应由各自的限速器来控制。若电梯额定速度小于或等于1m/s，对重安全钳可借助悬挂机构的断裂或借助一根安全绳来动作。不得用电气、液压或气动操纵装置来操纵安全钳。

安全钳动作后的释放需经专职人员进行。只有将轿厢或对重提起，才能使轿厢或对重上的安全钳释放并自动复位。在使用过程中，禁止将安全钳的夹爪或钳体充当导靴使用。如果安全钳是可调节的，则其调整后应加封记。

一、限速器的安装

1. 限速器动作速度

限速器是操纵轿厢安全钳动作的部件，限速器动作应发生在速度超出电梯额定速度的115%时。根据不同的安全钳结构，限速器动作速度也不同，具体如下：

1）对于不可脱落滚柱式瞬时式安全钳，限速器动作速度小于0.8m/s。

2）渐进式安全钳的额定速度小于或等于1m/s时，限速器动作速度小于1.5m/s。

3）渐进式安全钳的额定速度大于1m/s时，限速器动作速度小于（$1.25v+0.25v$）m/s。

4）对于额定载重量大、额定速度低的电梯，应专门选择限速器，且尽可能选用动作速度接近1.5m/s的限速器。

对重安全钳的限速器动作速度应大于轿厢安全钳的限速器动作速度，且不得超过10%。限速器动作时，限速器钢丝绳的张力不得小于安全钳起作用所需力的两倍或300N。对于只靠摩擦力来产生张力的限速器，其槽口应经过附加的硬化处理，或有一个切口槽。

2. 限速器特点

1）限速器上应标明与安全钳动作相应的旋转方向，限速器应由限速器钢丝绳驱动。

2）限速器钢丝绳的最小破断负荷与限速器动作时产生的限速器钢丝绳张力有关，其安全系数不应小于8。限速器钢丝绳的公称直径不应小于6mm。

3）限速器绳轮的节圆直径与钢丝绳的公称直径之比不应小于30。

4）限速器钢丝绳应用张紧轮张紧，张紧轮应有导向装置。

5）在安全钳作用期间，即使制动距离大于正常值，限速器钢丝绳及其附件也应保持完整无损。限速器钢丝绳应易于从安全钳上取下，限速器动作前的响应时间应足够短，不允许在安全钳动作前达到危险的速度。限速器动作后，提升轿厢、对重能使限速器自动复位。如果从井道外用远程控制的方式使限速器的电气部分复位，应不会影响限速器的正常功能。

6）限速器安装好后应便于检查和维修。

电梯是载人的垂直交通工具，必须将安全运行放在首位。为保证电梯安全运行，从设计、制造、安装等各个环节都要充分考虑到防止危险的发生，并针对各种可能发生的危险，设置专门的安全装置。限速器安全钳系统就是在电梯发生超速和断绳时起保护作用的安全装置。该系统是否能正常工作，不仅取决于设计、制造，更重要的是取决于安装质量和日常维护保养。

GB 7588—2003《电梯制造与安装安全规范》中规定，操纵轿厢安全钳装置的限速器的动作速度至少等于电梯额定速度的115%。限速器动作时，限速器钢丝绳的张紧力不得小于300N或安全钳装置起作用所需拉力的两倍，即用300N提拉力拉动安全钳连杆拉臂，整个机构动作灵活，联动开关也能同时动作。松开拉臂后，机构应能迅速恢复，但联动开关不应复位。随着连杆机构运动，楔块应能在钳座内灵活滑动。正常情况下楔块与导轨侧工作面间隙应均匀，且应在2~3mm内。

3. 安装限速器

限速器在出厂时均经过严格的检查和试验，安装前应检查出铅封印是否完好，安装时不随意调整限速器弹簧压力，以免影响限速器作用。根据土建布置要求，将限速器安放在机房楼板上，限速器的安装基础可用水泥砂浆制成，埋入地脚螺栓，但亦可将限速器直接安装在承重梁或托架上，如无预埋件，可用 M16 螺丝穿楼板对夹；限速器绳轮垂直度允许误差不大于 0.5mm，如图 2-114 所示。

安装限速器在前后、左右方向的位置误差应不大于 3mm。从限速器轮槽里放下一根铅垂线，通过楼板到轿厢架上拉杆绳头中心点，再与底坑张紧装置的轮槽对正。

4. 安装限速绳张紧装置

(1) 安装张紧装置

将限速绳张紧装置安装在限速器一侧的轿厢导轨上，如图 2-115 所示。

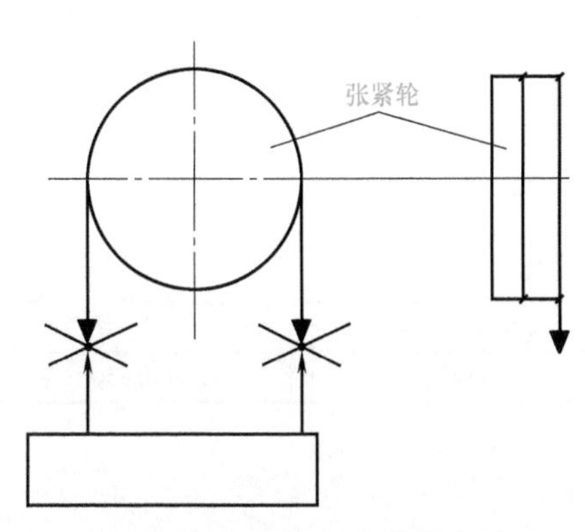

图 2-114 限速器安装示意图

图 2-115 限速器张紧轮安装位置

(2) 调整张紧装置

调整张紧装置底部距底坑地面距离满足厂家要求，如图 2-116 所示。从安全钳拉杆中心向对应的张紧轮绳槽中心点吊一垂线 A，再由限速器绳槽中心向张紧轮另一端绳槽中心吊一垂线 B，调整张紧轮位置，使垂线 A 与对应张紧轮绳槽中心误差小于 5mm，使垂线 B 与对应张紧轮绳槽中心误差小于 10mm。

(3) 注意事项

靠近导轨侧的限速器绳槽中心、张紧装置绳槽中心应与轿厢安全钳连接器在同一条出线上。

5. 安装限速器提拉臂

在机房从限速器孔（主轨侧）放下钢丝绳，在轿顶与连接器连接后放到底坑，将另一端钢丝绳放下后悬挂到限速器轮上，在底坑穿过张紧轮后与连接器连接，调整开关行程尺寸，连接器移动到轿顶与安全钳提拉臂连接，如图 2-117 所示。

限速器钢丝绳安装需注意以下几点：

1) 限速器钢丝绳距导轨的距离误差两个方向均不超过 5mm。

2) 钢丝绳头用三只元宝夹头固定。

3) 限速器张紧装置安装在底坑的轿厢导轨上，其距离底坑地平面的高度应符合表 2-16 中规定，安装示意如图 2-118 所示。

4) 张紧设备的轮架，应保证在导轨上灵活运动。

图 2-116 张紧轮离地高度

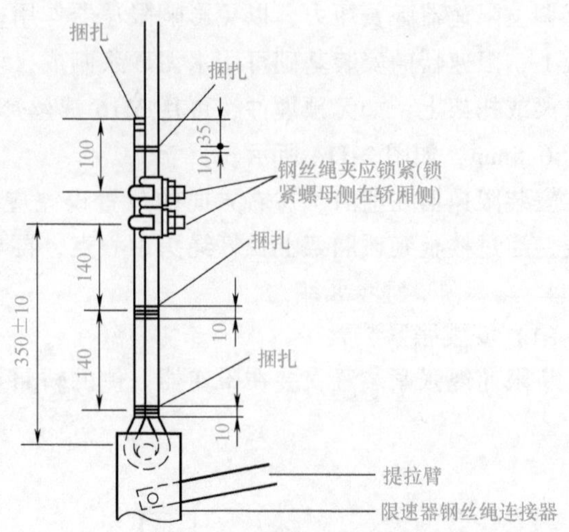

图 2-117 限速器钢丝绳提拉臂安装示意图（单位：mm）

表 2-16 张紧轮离地高度

速度 v/(m/s)	≤1	1<v≤1.75	>1.75
距底坑高度 D/mm	400±50	550±50	750±50

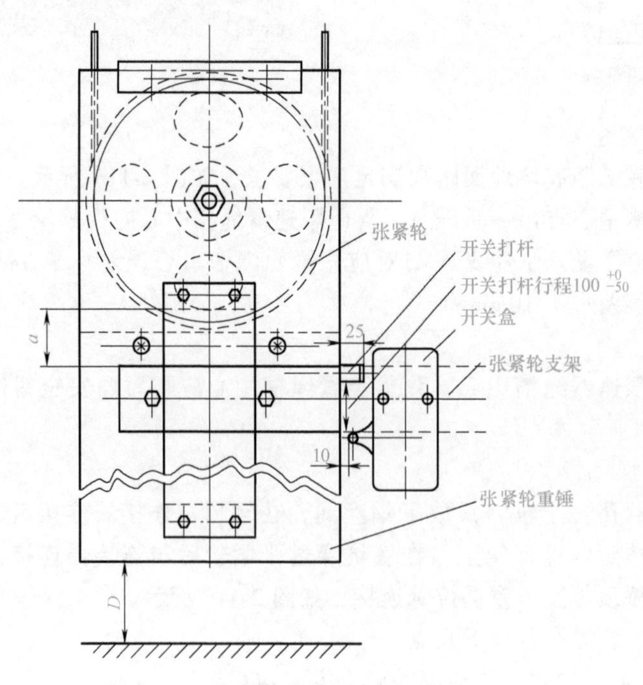

图 2-118 张紧轮安装示意图（单位：mm）

5）调整张紧装置的断绳安全开关适当位置，当绳索伸长或折断时切断控制回路的电源，迫使电梯停止运行。

6）电梯正常运行时限速器的绳索不应触及其机构的压绳装置。

二、安全钳的安装

1. 安全钳

安全钳是电梯的安全保护装置。电梯安全钳装置是在限速器的操纵下，当电梯速度超过电梯限速器设定的限制速度，或在悬挂绳发生断裂和松弛的情况下，将轿厢紧急制动并夹持在导轨上的一种安全装置。它对电梯的安全运行提供有效的保护作用，一般将其安装在轿厢架或对重架上。安全钳分为单向安全钳和双向安全钳，但由于制造工艺复杂，双向安全钳尚未在国内普及。

2. 安装安全钳

将安全钳楔块分别放入安全钳内，使楔块拉杆与提拉杆拉条相接，再把导靴全部装上并调整各楔块拉杆螺母，用塞规检查，使楔块面与导轨的侧面间隙为 2～3mm，并将提拉杆装上，接着旋紧全部螺栓，调整弹簧螺母，使安全钳提拉力为 15～30kg，如图 2-119 所示。

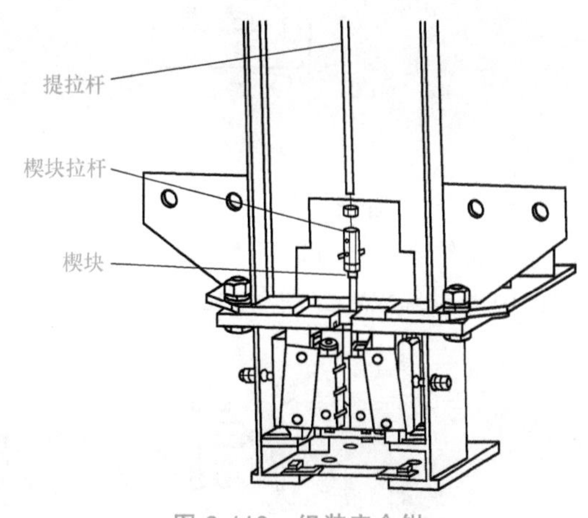

图 2-119　组装安全钳

安全钳通常在出厂时已经安装在轿厢立柱上，为安装轿厢提供便利。在实际安装过程中，将导靴紧贴导轨端面后，提起安全钳提拉杆并绑紧在上方撑架，使安全钳楔块夹紧导轨，用电线在上下两个位置将轿架立柱固定在导轨上，如图 2-120a 所示，然后用葫芦将轿底放置于两侧安全钳座上方，调整立柱垂直后与轿底连接，必要时增加垫片，如图 2-120b 所示。

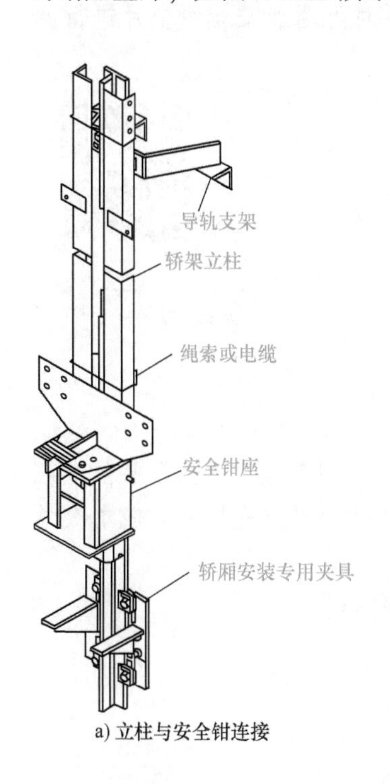

a) 立柱与安全钳连接

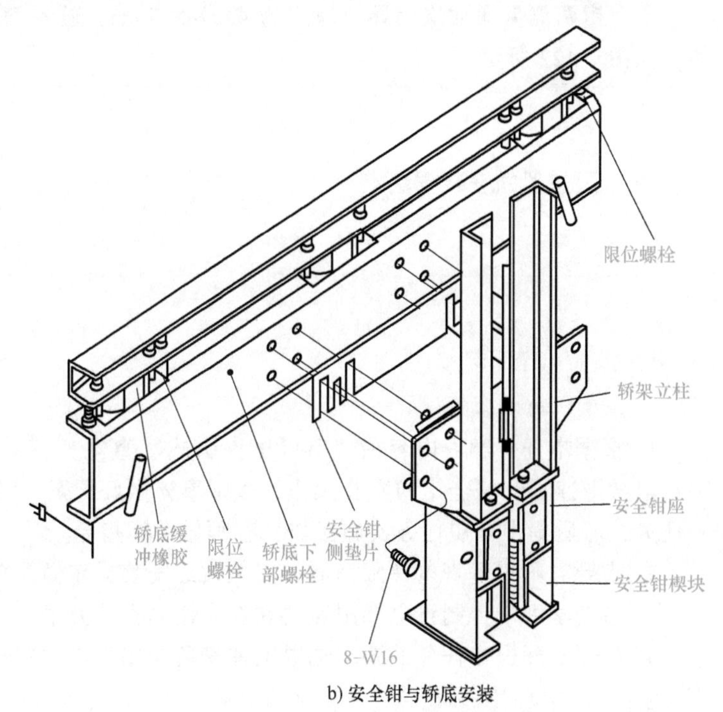

b) 安全钳与轿底安装

图 2-120　安全钳安装

3. 调整安全钳

(1) 安全钳座尺寸调整

调整 L_1、L_2、L_3、$L_4=(3.5\pm0.5)$mm；L_1-L_2、$L_3-L_4\leqslant0.5$mm，如图 2-121 所示。当间隙超标时，移动轿底导靴座进行调整。

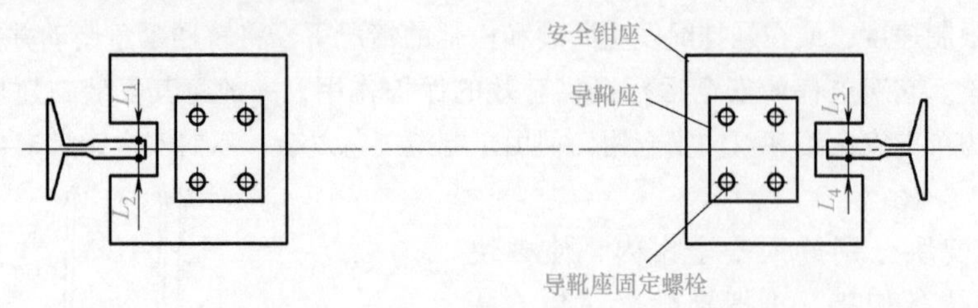

图 2-121 安全钳座尺寸调整示意图

(2) 安全钳楔块尺寸调整

安全钳楔块与导轨间隙超标时，检查安全钳是否分中；确认楔块在全行程上运动顺畅，无任何卡阻现象，如图 2-122 所示。

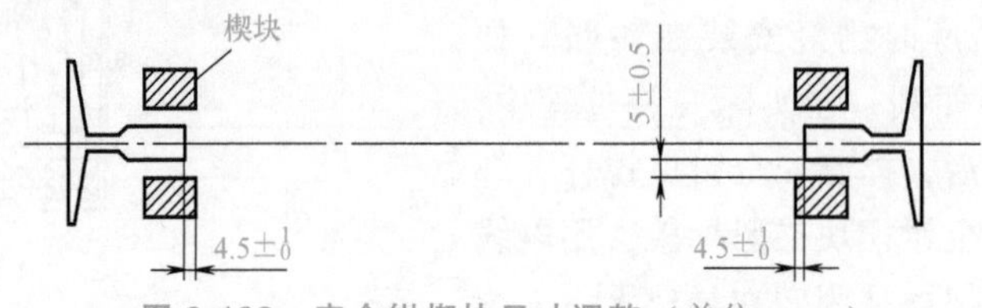

图 2-122 安全钳楔块尺寸调整（单位：mm）

(3) 安全钳吃入深度调整

安全钳两侧需保证吃入导轨深度为 4.5~5.5mm，若不满足时可增加安全钳垫片进行调整，如图 2-122 所示。

视频教学资源

演示限速器的安装方法。

扫码观看

任务实施

步骤一：学习准备

1. 根据本任务学习内容在“有机房曳引式垂直电梯安装（有脚手架）”学习平台进行垂直电梯限速器和安全钳的安装操作，教师事先做好预案，利用学习平台先模拟完成本次学习任务，然后集中开展任务实施工作，教师做巡回指导。

2. 指导教师对垂直电梯限速器和安全钳的安装操作做简单介绍。

3. 借助学习平台制订电梯限速器和安全钳的安装方案。

4. 根据实际操作任务的要求选取电梯安装通用工具和器材。

步骤二：模拟限速器和安全钳的安装作业

按要求完成限速器和安全钳的安装作业，具体安装任务包括：

1. 限速器的安装与调整。

2. 安全钳的安装与调整。

步骤三：教师巡回指导

结合本任务学习内容，开展任务模拟操作与实际操作练习，教师巡回指导，及时发现和解决学生存在的问题。

步骤四：任务点评

根据学生的任务实施情况，进行任务实施点评，提高学生应用所学知识解决实际工作问题的能力。

学习单元评价

自我评价（100分）

由学生根据学习任务完成情况进行自我评价，评分值记录于表2-17中。

表2-17　自我评价表

学习任务	项目内容	配分	评分标准	扣分	得分
学习任务2.8	1. 课堂纪律	15	1. 不遵守课堂纪律要求(扣2分/次) 2. 有其他违反课堂纪律的行为(扣2分/次)		
	2. 熟悉电梯限速器和安全钳的安装工序	70	1. 独立完成工作页的填写(7分) 2. 利用网络资源、工艺手册等查找有效信息(7分) 3. 正确使用工、量具及设备(7分) 4. 叙述电梯限速器安全钳的作用与结构(7分) 5. 叙述限速器安装流程(7分) 6. 描述限速器的安装步骤与技术要求(7分) 7. 描述张紧轮安装的注意事项(7分) 8. 在教师的指导下,以小组方式完成限速器的安装(7分) 9. 在教师的指导下,以小组方式完成张紧轮的安装(7分) 10. 模拟限速器张紧轮安装操作(7分)		
	3. 职业规范和环境保护	15	1. 在工作过程中工具和器材摆放凌乱(扣3分/次) 2. 不爱护设备、工具,不节省材料(扣3分/次) 3. 在工作完成后不清理现场,在工作中产生的废弃物不按规定处置(扣2分/次,将废弃物遗弃在工作现场的可扣3分/次)		
			总评分=(1~3项总分)		

签名：________　________年____月____日

阅读材料

电梯限速器-安全钳联动试验与故障检测

电梯限速器-安全钳系统由安全钳、限速器与其绳轮张紧装置以及其他连接部件组成。限速器-安全钳系统的工作原理是当电梯运行速度超过限速器的动作速度时，则限速器卡紧机构动作使限速器绳轮停止转动，限速绳也在限速器轮槽摩擦力的作用下停止运动，从而带动安全钳楔块（钳块）停止运动，但此时轿厢（或对重）仍在继续运行，故楔块相对轿厢（或对重）做逆向运动，即楔块被提拉到与导轨紧密相贴，从而制动轿厢（或对重）。

在实际电梯定期检验过程中要求轿厢空载，以检修速度下行，进行限速器-安全钳联动试验，限速器-安全钳动作应当可靠。

一、限速器-安全钳试验方法

1）在轿厢空载情况下，人为动作限速器，下行空轿厢至限速器的棘爪卡住棘轮，同时安全钳动作制动轿厢。

2）短接限速器和安全钳的电气开关。

3）继续下行空轿厢，曳引绳在曳引轮上打滑。

说明限速器-安全钳联动试验成功。

若限速器-安全钳联动试验失败，意味着限速器或者安全钳无法有效动作，轿厢继续下行无法被可靠制动，从而给电梯运行带来严重的安全隐患。

二、联动试验失败原因

1）因限速器弹簧长期处于反复伸缩状态，使其整定动作速度改变。

2）转动部件长期缺油，阻力增大致使离心甩动部分动作不灵活。

3）由于钢丝绳自身的变化延伸，造成张紧装置触地，使钢丝绳张力不够，发生打滑。

4）安全钳的连杆拉臂传动部分缺油、锈蚀，致使提升力大大超过300N。

5）主动杠杆末端与安全钳联动开关距离过大，拉臂提起时，开关不能同时动作。

6）楔块与导轨侧工作面间隙过大，在连杆提起时，楔块卡不住导轨。

7）楔块内油污过多，松开拉臂后楔块不能复位，造成导轨受损。

三、限速器、安全钳装置的保养

必须加强对限速器、安全钳装置的维护保养，以防止重大事故的发生。

（1）限速器保养

限速器的旋转类轴销、张紧装置轮轴和轴套应定期加钙基润滑脂。限速器的绳索伸长超出范围时，应及时调整绳索。张紧装置的张力应保持一致，每两年要经有关部门检验一次限速器动作速度，确保其动作速度在国家标准规定的范围内。

（2）安全钳保养

连杆机构每月应加机油润滑一次，同时紧固、调整松动的弹簧、螺栓、销轴等零件。定期清洗调整安全钳楔块、钳座，清除里面沉积的油污，保证楔块动作灵活，楔块、钳座定期涂少量凡士林。

限速器、安全钳装置是电梯重要的安全装置，该系统的动作失效将给乘客及电梯带来不良影响甚至造成严重后果。由于联动试验失效原因复杂多样，造成其误动作的因素繁多，不仅要加强对电梯限速器、安全钳装置的检查、维护和保养，更要按照国家质检部门规定严格进行安装监督检验和定期检验，确保电梯安全、高效运行。

思考与练习

一、填空题

1. ____________应能夹紧导轨使装有额定载重量的轿厢制动并保持静止状态。

2. 若电梯额定速度____________，轿厢应采用渐进式安全钳。

3. 若电梯额定速度____________，轿厢可采用瞬时式安全钳。

4. 只有将轿厢或对重提起，才能使轿厢或对重上的安全钳释放并____________。

5. 限速器动作时，限速器绳的张力不得小于安全钳起作用所需力____________。

6. 限速器绳的公称直径____________。

二、判断题

1. 安全钳是一种不使轿厢下坠的紧急而有效的安全装置。（　　）

2. 安全钳动作时，限速器和安全钳开关都会断开控制电路，制动器制动。（　　）

3. 安全钳出厂时一般已安装在轿厢架下梁内。（　　）

4. 安全钳可分为瞬时式安全钳和渐进式安全钳两种。（　　）

5. 限速器安装没有方向性，只要安全牢靠即可。（　　）

6. 限速器钢丝绳的公称直径应不小于6mm，其安全系数应不小于8。（　　）

三、选择题

1. 渐进式安全钳一般要求轿厢在制动过程中的平均减速度为（　　）。

A. 1.2~1.0g　　B. 0.2~1.0g　　C. 0.3~1.0g　　D. 0.4~1.0g

2. 凸轮式限速器适用于轿厢额定速度为（　　）的低速电梯上。

A. 0.5~0.65m/s　　B. 0.5~1.0m/s

C. 0.65~1.0m/s　　D. 0.75~1.0m/s

3. 操纵轿厢安全钳的限速器的动作应发生在速度至少等于额定速度的（　　）的情况下。

A. 115%　　B. 120%　　C. 125%　　D. 140%

4. 瞬时式安全钳安装时应通过调节上拉杆螺母，使安全钳楔块表面与导轨工作侧面保持（　　）的间隙，以保证电梯正常运行时，安全钳楔块与导轨不致相互摩擦或误动作。

A. 23mm　　B. 24mm　　C. 25mm　　D. 26mm

5. 渐进式安全钳在轿厢安装，通过调节各楔块旁边的定位螺栓，使安全钳楔块表面与导轨工作侧面保持（　　）的间隙。

A. 23mm　　B. 24mm　　C. 25mm　　D. 26mm

6. 限速器安装要牢固，其绳轮应垂直于地面，垂直度误应不大于（　　）。

A. 0.5mm　　B. 1.0mm　　C. 1.5mm　　D. 2.0mm

四、简答题

1. 简述限速器的安装要求。

2. 简述1m/s限速器钢丝绳的安装要求。

学习任务2.9 缓冲器的安装

任务分析

缓冲器是电梯蹲底安全保护装置。电梯下行失控撞到底坑时，缓冲器吸收或消耗电梯下降的冲击能量，使轿厢减速缓冲停在缓冲器上，是电梯安全保护系统中的安全部件之一。通过电梯缓冲器安装与调整的基本知识和方法的学习，使学生掌握缓冲器的安装与调整方法，为从事电梯安装与维修工作奠定基础。

建议学时

建议完成本任务用4~6学时。

学习目标

应知

1. 了解缓冲器的类型与工作原理。
2. 熟悉电梯缓冲器的安装与调整要求。

应会

能够应用缓冲的安装调整方法，完成缓冲器的安装调整作业。

基础知识

一、缓冲器基本知识

缓冲器是电梯蹲底安全保护装置。电梯下行失控撞到底坑时，缓冲器吸收或消耗电梯下降的冲击能量，使轿厢减速缓冲停在缓冲器上。缓冲器是电梯安全系统的最后一个环节，在电梯出现故障或事故蹲底时起到缓冲的作用，从而使电梯或电梯里的人免受直接的撞击。

电梯缓冲器主要分为油压缓冲器、弹簧缓冲器和聚氨酯缓冲器。其中油压缓冲器适应各种速度、吨位要求的场合，应用比较普遍；弹簧和聚氨酯缓冲器用于低速电梯。在电梯安装过程中，弹簧缓冲器和聚氨酯缓冲器安装方法相同，且聚氨酯缓冲器使用较多，如图2-123所示。

a) 油压缓冲器

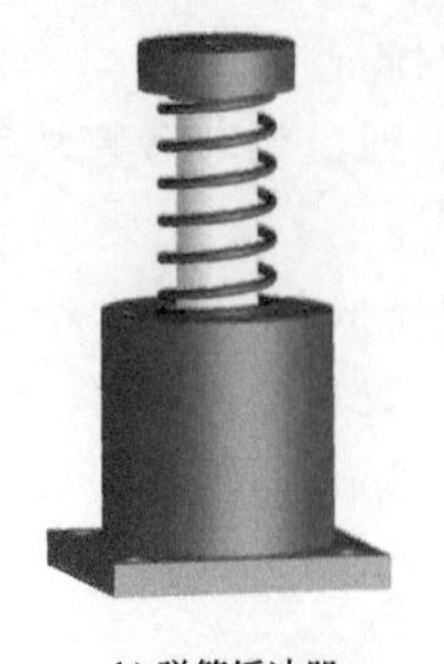

b) 弹簧缓冲器

c) 聚氨酯缓冲器

图2-123 电梯缓冲器

二、缓冲器的安装

1. 确认缓冲器安装位置

按井道布置图中底坑平面结构图所示位置，安装缓冲器，如图 2-124 所示。

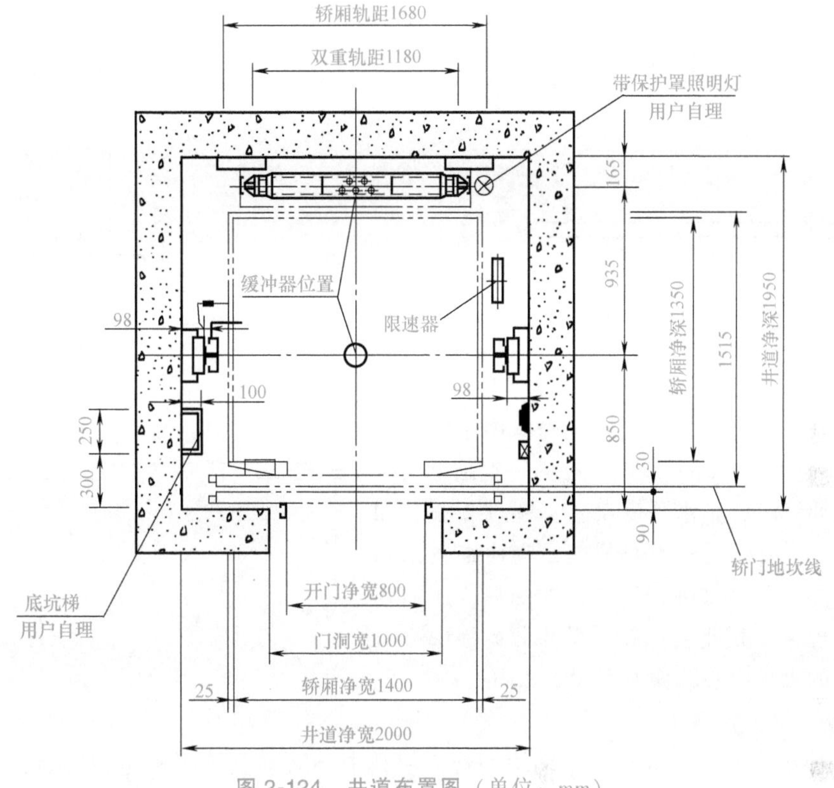

图 2-124 井道布置图（单位：mm）

1）轿厢部分。将缓冲器底座固定在已灌制好的缓冲器下底座上。

2）对重部分。直接将缓冲器与已灌制好的缓冲器下底座连接固定。

以上两项需确认缓冲器座的水平度不大于 1/1000。

2. 确认缓冲器的水平位置

对于轿厢缓冲器，应使其在导轨中心线方向的偏差应不大于 20mm，在前后方向（垂直于导轨中心线方向）只能向层门方向偏移，且偏移值不大于 20mm；对于对重缓冲器，应使其相对于对重缓冲器下底座的偏心值不大于 20mm，如图 2-125 所示。

3. 安装油压缓冲器

（1）缓冲器检查

油压缓冲器应注入缓冲器油，直到油量达到检查口为止。油压缓冲器行程部分的表面附有异物及灰尘等杂物后，应在其表面涂抹黄油，然后套上防尘袋，捆扎严密。

（2）垂直方向安装检测

将油压缓冲器分别固定在相应缓冲器支座上，缓冲距为 150~400mm。油压缓冲器安装要垂直，可用水平仪和铅垂线调节缓冲器，使柱塞垂直度不超过柱塞全长的 0.5%，使用垫片调整 $|a-b|<1$mm，如图 2-126 所示。

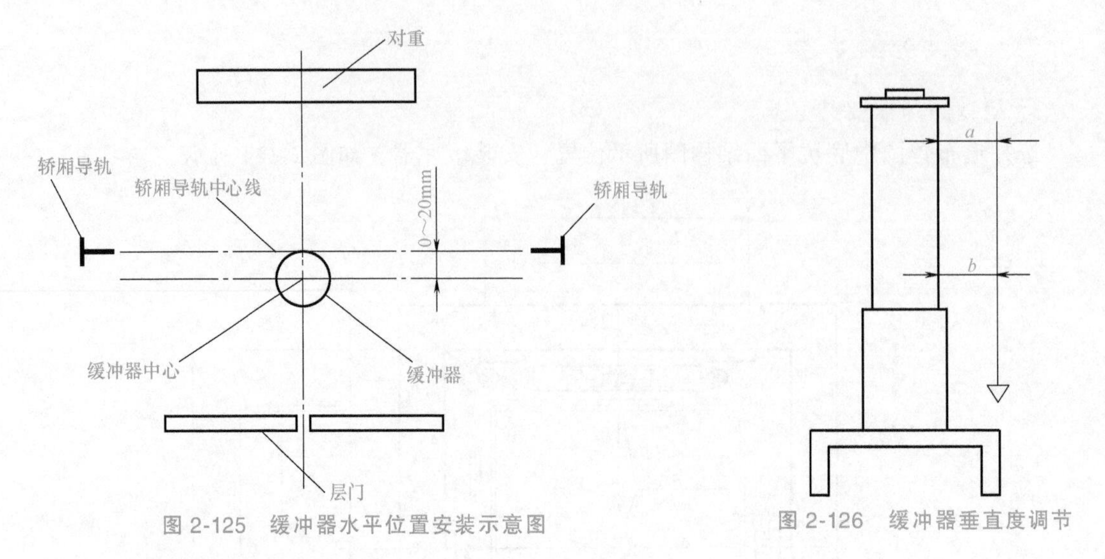

图 2-125 缓冲器水平位置安装示意图

图 2-126 缓冲器垂直度调节

(3) 水平方向安装检测

轿厢侧使用两个缓冲器时，应确认两个缓冲器之间的相互高度差在 2mm 以内，在同一基础上安装两个油压缓冲器时，其水平度误差不超过 2mm，如图 2-127 所示。油压缓冲器安装前，应检查锈蚀和油路畅通情况，必要时进行清洗，加油后，放油孔不得有漏油现象，充液量正确。缓冲器撞板中心与轿厢、对重的撞板中心的偏差不大于 20mm。

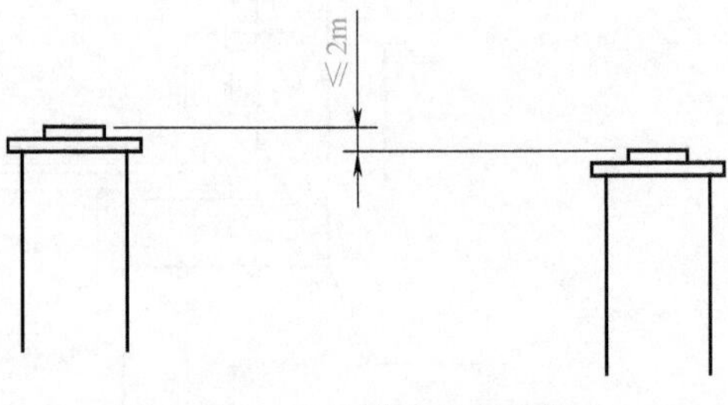

图 2-127 缓冲器水平误差调节

(4) 缓冲器位置确定

在轿厢撞板中心放一线锤，移动缓冲器，使其中心对准重锤来确定轿厢缓冲器的位置，两者在任何方向的偏移不得超过 20mm。

(5) 缓冲器安装测量

用水平尺测量轿厢缓冲器顶面，要求其水平度<2/1000，如图 2-128a 所示，垂直度不大于 0. 5%，如图 2-128b 所示，紧固轿厢缓冲器螺栓。用同样标准测量调整对重缓冲器，紧固对重缓冲器螺栓。在导轨底座内浇灌混凝土，填满抹平。

a) 缓冲器水平度测量

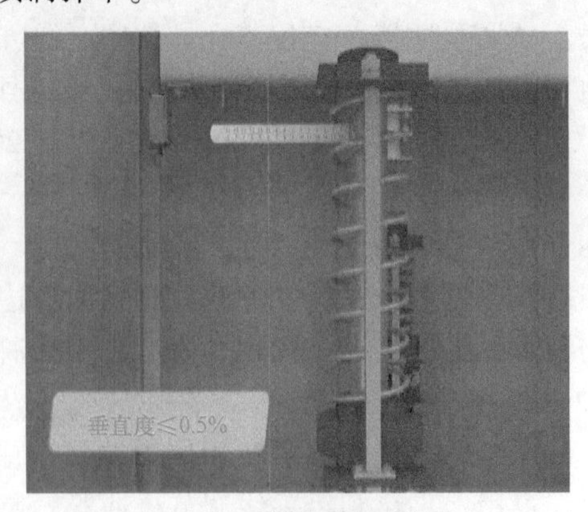

b) 缓冲器垂直度测量

图 2-128 缓冲器安装测量

4. 安装弹簧缓冲器

弹簧缓冲器缓冲距为200~350mm。弹簧缓冲器要垂直，垂直度误差不超过2mm。缓冲器中心应对准轿架或对重的缓冲座的中心，其垂直度误差不超过20mm。聚氨酯缓冲器安装方法与此相同。

5. 安装缓冲器电气安全开关

缓冲器的电气安全开关应保证在缓冲器动作后未恢复到正常位置时使电梯不能正常运行。安装对重缓冲器时，应将缓冲器的电气开关朝向补偿链异向侧，如图2-129所示。

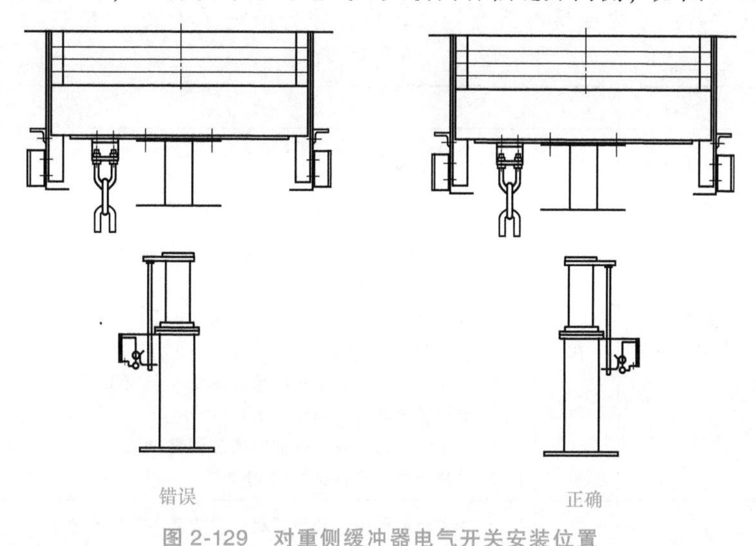

图2-129 对重侧缓冲器电气开关安装位置

视频教学资源

演示缓冲器的安装方法。

扫码观看

任务实施

步骤一：学习准备

1. 根据本任务学习内容在“有机房曳引式垂直电梯安装（有脚手架）”学习平台进行垂直电梯缓冲器的安装操作，教师事先做好预案，利用学习平台先模拟完成本次学习任务，然后集中开展任务实施工作，教师做巡回指导。

2. 指导教师对垂直电梯缓冲器的安装操作做简单介绍。

3. 借助学习平台实施电梯缓冲器的安装操作。

4. 根据实际操作任务的要求选取电梯安装通用工具和器材。

步骤二：模拟实施电梯缓冲器安装作业

按要求完成电梯缓冲器安装与调整任务作业。

步骤三：教师巡回指导

结合本任务学习内容，开展任务模拟操作与实际操作练习，教师巡回指导，及时发现和解决学生存在的问题。

步骤四：任务点评

根据学生的任务实施情况，进行任务实施点评，提高学生应用所学知识解决实际工作问题的能力。

学习单元评价

自我评价（100分）

由学生根据学习任务完成情况进行自我评价，评分值记录于表2-18中。

表2-18 自我评价表

学习任务	项目内容	配分	评分标准	扣分	得分
学习任务2.9	1. 课堂纪律	15	1. 不遵守课堂纪律要求(扣2分/次) 2. 有其他违反课堂纪律的行为(扣2分/次)		
	2. 熟悉电梯缓冲器安装工序	70	1. 独立完成工作页的填写(7分) 2. 利用网络资源、工艺手册等查找有效信息(7分) 3. 正确使用工、量具及设备(7分) 4. 叙述电梯缓冲器的作用与结构(10分) 5. 叙述缓冲器安装流程(8分) 6. 描述缓冲器的安装步骤与技术要求(8分) 7. 描述缓冲器安装的注意事项(8分) 8. 以小组方式完成缓冲器的安装调整(8分) 9. 模拟缓冲器安装操作(7分)		
	3. 职业规范和环境保护	15	1. 在工作过程中工具和器材摆放凌乱(扣3分/次) 2. 不爱护设备、工具,不节省材料(扣3分/次) 3. 在工作完成后不清理现场,在工作中产生的废弃物不按规定处置(扣2分/次,将废弃物遗弃在工作现场的可扣3分/次)		
总评分=(1~3项总分)					

签名：________ ________年____月____日

阅读材料

对重缓冲器附近的永久性标识

缓冲器是电梯设备重要的安全部件，在电梯轿厢发生坠落或冲顶危险时起保护作用。为了防止电梯轿厢冲顶，确保电梯轿厢内的乘客、电梯轿厢顶部检修人员的安全，对轿厢、对重装置的撞板与其缓冲器顶面间的距离进行了限制，设置对重缓冲器距离。

对重缓冲器距离是指电梯轿厢在最高层站平层时，对重装置撞板与缓冲器顶面之间的距离，简称对重缓冲距。对重缓冲距需满足电梯检规要求。

井道上下两端应当装设极限开关，该开关在轿厢或者对重接触缓冲器前起作用，并且在缓冲器被压缩期间保持其动作状态。在电梯中，极限开关分为上极限开关和下极限开关。当轿厢位于顶层端站平层位置时，电梯以检修速度向上运行直到上极限开关动作，电梯停止运行，此时测量轿厢地坎与最高层站层门地坎的垂直高差为 h_1。根据电梯检规的要求，对重缓冲距 H_1 必须大于 h_1，才能满足上极限开关在对重接触缓冲器前起作用。因此设置标识线 1，标识线 1 就是对重最大允许垂直距离标识的其中一道横线，如图 2-130 所示。

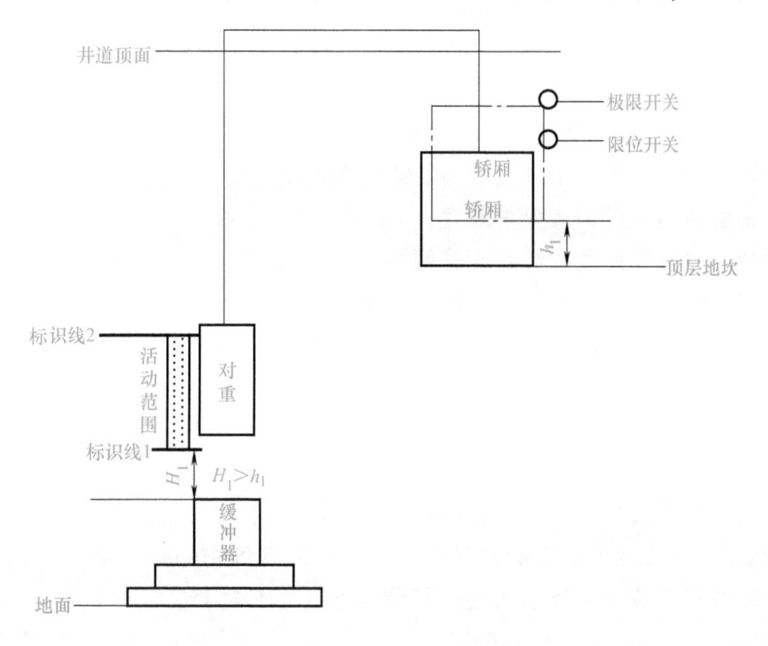

图 2-130　永久性标识线

标识线 1 是对重装置撞板的最低位置标识线。当轿厢在顶层端站平层位置时短接上限位开关及上极限开关，电梯以检修速度向上运行至对重装置撞板接触其缓冲器，短接对重侧耗能型缓冲器电气开关，继续以检修速度向上运行直至对重缓冲器完全压缩、钢丝绳在曳引轮上打滑，此时测量轿厢地坎与层门地坎的垂直高差 h_3。此过程中，对重装置撞板相对于轿厢顶层端站平层位置时向下运行的距离也为 h_3。从对重的完全压缩端面线向上距离 h_3 的标识线 2，就是对重装置撞板的最高位置标识线。

只要对重装置撞板位于标识线 1 和标识线 2 之间，就可以判断电梯顶部空间和上极限开关的相对位置符合要求。电梯在使用过程中，曳引钢丝绳会伸长。新装电梯在使用的前几年伸长的量比较大，之后伸长的量比较小。当曳引钢丝绳伸长导致对重装置撞板超出标识线 1 时，就要对曳引钢丝绳进行截短，截短之后，对重装置撞板位于标识线 1 和标识线 2 之间，电梯顶部空间和上极限开关的相对位置就符合要求。

思考与练习

一、填空题

1. 缓冲器吸收或消耗电梯下降的____________，使轿厢减速缓冲停在缓冲器上。

2. ____________缓冲器由于适应各种速度、吨位要求应用比较普遍。

3. 弹簧缓冲器用于____________。

4. 油压缓冲器缓冲距为____________。

5. 同一基础上安装两个油压缓冲器时，其水平度误差不超过____________。

6. 弹簧缓冲器缓冲距为____________。

二、判断题

1. 缓冲器设置在井道底坑内轿厢与对重的下方 。 (　　)

2. 缓冲器是位于行程端部用来吸收轿厢或对重动能的安全装置。 (　　)

3. 缓冲器是电梯的最后一道保护装置。 (　　)

4. 常用的缓冲器分为弹簧式和液压式两类。 (　　)

5. 蓄能型缓冲器一般用于 $v \leq 1m/s$ 的低速电梯上。 (　　)

6. 液压式缓冲器具有缓冲平稳的特点，又称蓄能型缓冲器，是以消耗电梯下坠能量的安全装置。 (　　)

7. 防止轿厢冲顶的机械安全保护装置是缓冲器。 (　　)

三、选择题

1. 在弹簧式缓冲器安装时，其顶部的水平度不超过（　　）。

A. 0.5/1000　　B. 1.0/1000　　C. 1.5/1000　　D. 2/1000

2. 液压式缓冲器安装时，要求垂直，其柱塞垂直度不大于（　　）。

A. 0.5/1000　　B. 1.0/1000　　C. 1.5/1000　　D. 2/1000

3. 轿厢在两端站平层位置时，轿厢、对重的撞板与缓冲器顶面间的距离，对于蓄能型缓冲器应为（　　）mm。

A. 150~350　　B. 200~350　　C. 150~400　　D. 200~400

4. 轿厢在两端站平层位置时，轿厢、对重的撞板与缓冲器顶面间的距离，对于耗能型缓冲器应为（　　）mm。

A. 150~350　　B. 200~350　　C. 150~400　　D. 200~400

5. 电梯对重蹲在缓冲器上称为电梯（　　）。

A. 蹲底　　B. 冲顶　　C. 越程　　D. 超程

6. 蓄能型缓冲器适用的电梯额定速度为（　　）。

A. 不大于 0.5m/s　　B. 不大于 1m/s　　C. 不大于 1.75m/s　　D. 任何速度

四、简答题

1. 简述油压缓冲器的安装方法与要求。

2. 简述弹簧缓冲器的安装方法与要求。

项目总结

电梯作为特种设备，其安装工作的专业化程度很高，对于从业人员的专业性和规范性要求非常严格，操作时的安全规范甚至会直接关系到作业人的生命安全，因此在作业时一定要遵守相应的安全守则和相关的检查和安装安全操作规程。

1. 本项目将电梯机械部件安装分为 9 个部分进行，其中包括样板架制作与放样、导轨的安装、门系统的安装、驱动系统的安装、轿厢和对重的安装、钢丝绳的安装、导靴的安装、限速器和安全钳的安装、缓冲器的安装，任务的选取依据电梯安装操作实际。

2. 在电梯安装过程中，最重要的环节是放样，放样是将电梯井道安装工程图样上设计的位置（或物体）放到实地位置（或物体）的过程，定位电梯导轨、轿厢、对重、层门等核心部件在电梯井道中的位置，以保证电梯安装的精度和可靠性。安装时主要做好样线位置的调整，为后续安装奠定基础。

3. 电梯导轨的安装是垂直电梯运行的基础，导轨在电梯运行时起导向作用，同时承受电梯制动时的冲击力。导轨主要由钢轨、连接板、支架组成，安装时调整好导轨的垂直度及两导轨的平行度。

4. 电梯驱动系统包括曳引机、承重梁、制动器，确保电梯安全平稳运行；轿厢是电梯用以承载和运送人员和物资的箱形空间，是电梯承载系统的重要组成部分；对重是用来平衡轿厢重量和轿厢载重量的装置，安装时需控制好承重梁和曳引机的安装位置。

5. 电梯门系统包含轿门和层门，主要功能是封闭层站入口及轿厢入口，防止人员和物品坠落井道或轿厢内乘客和物品与电梯井道相撞而发生危险；导靴是引导轿厢和对重沿导轨运行的装置，轿厢和对重的负载偏心所产生的力通过导靴传递到导轨上，安装时需注重尺寸的检测与调整。

6. 电梯限速器、张紧轮、缓冲器在电梯运行中起到安全保护的作用，安装时需保证部件的安全作用效果。

通过本项目的学习，学生对电梯的安装基本知识和技能应有一个整体的感性认识，并掌握主要部件安装与调整方法，并能从事相关安装与调整工作。

学习项目 3　电梯电气部件安装

项目描述

某工地拟安装一台乘客电梯，现已完成施工前准备工作和电梯机械部件安装工作，要求电梯安装企业依据实际工作情况，参照已制订的电梯安装施工方案，开展电梯电气部件安装作业，具体内容如下：

1. 机房内电气安装。
2. 井道内电气安装。
3. 轿厢与层站电气安装。

电梯电气部分为保障电梯正常平稳运行输送和调配能源。电梯电气部件安装是电梯安装工程的重要阶段，确保电梯按照相应要求运行。通过本项目学习，使学生掌握电梯各区域电气部件和元器件的安装要求和方法，提升学生的安装和维修能力，为从事电梯安装工作奠定基础。

项目目标

电梯电气部件安装是电梯安装工程的重要阶段，必须高度重视。通过本项目的学习达到以下目标：

1. 了解电梯机房控制柜和电源配电箱的安装要求。
2. 熟悉电梯机房电气布线要求。
3. 掌握电梯机房电气布线方法。
4. 了解井道内随行电缆的敷设要求。
5. 熟悉井道内电缆的敷设要求。
6. 熟悉轿顶接线盒的安装要求。
7. 掌握轿顶接线盒的安装方法。
8. 熟悉层站元器件的安装要求。
9. 掌握楼层控制和运行控制元器件的安装方法。

学习任务 3.1　机房内电气安装

任务分析

电梯机房内电气安装是电梯安装过程中的重要工作，是电源供给和信号传输的重要媒介。机房内控制柜和电梯配电箱等部件的布置和安装需符合 GB 7588—2003《电梯制造与安装安全规范》要求，以确保电梯安全平稳运行。通过本任务的学习，使学生掌握电梯机房内电气安装的基本知识和安装方法，为从事电梯行业安装与维保工作奠定基础。

建议学时

建议完成本任务用4~6学时。

学习目标

应知

1. 了解电梯机房电气安装内容。
2. 熟悉电梯机房电气布线要求。
3. 掌握电梯机房电气布线方法。

应会

能够按要求完成机房控制柜安装和机房电气敷线作业。

基础知识

一、电梯电气部件安装基本知识

电气设备及安全部件安装主要包括机房内电气设备安装、井道内电气设备安装、层站电气设备安装。机房电气设备安装主要包括机房布线、控制柜安装、电源开关安装。机房布线示意图如图3-1所示。

电梯电气设备安装方式、方法常因电梯类型、井道、机房土建规格等不同而不同，但其安装原理差异不大，电梯各部件的主要电气连接关系如图3-2所示。

二、动力电路知识

动力电路主开关及其从属电路、轿厢照明电路开关及其从属电路属于电气设备组成部件。电梯应视为一个整体，如同一部含有电气设备的机器一样。国家有关电力供电线路的各项要求，适用于开关的输入端，同时也适用于机房、井道和底坑的全部照明和插座电路。

开关从属电路的要求，应依据现行国家有关电气设备的标准，同时尽可能考虑电梯的特殊要求。在引用这些标准时，应注明引用标准号。如果没有给出明确的标准，所用电气设备应符合通用安全法规。

在机房内，必须采用防护罩壳来防止触电，所用外壳防护等级应不低于IP2X。应测量每个通电导体与地之间的绝缘电阻，绝缘电阻的最小值应按照表3-1来选取。

当电路中包含有电子装置时，测量时应将相线和中性线连接起来。

对于控制电路和安全电路，导体之间或导体与地之间的直流电压平均值和交流电压有效值均不应大于250V。中性线和接地保护线应始终分开。

三、机房内设备安装

1. 控制柜安装

根据机房布置图及现场情况确定控制柜位置。其原则是控制柜与门窗、墙壁的距离不小于600mm；控制柜的维护侧与墙壁的距离不小于600mm，封闭侧不小于50mm，如图3-3所示；双面维护的控制柜成排安装时，其长度超过5m，两端宜留出入通道，宽度不小于600mm；控制柜与设备的距离不宜小于500mm。

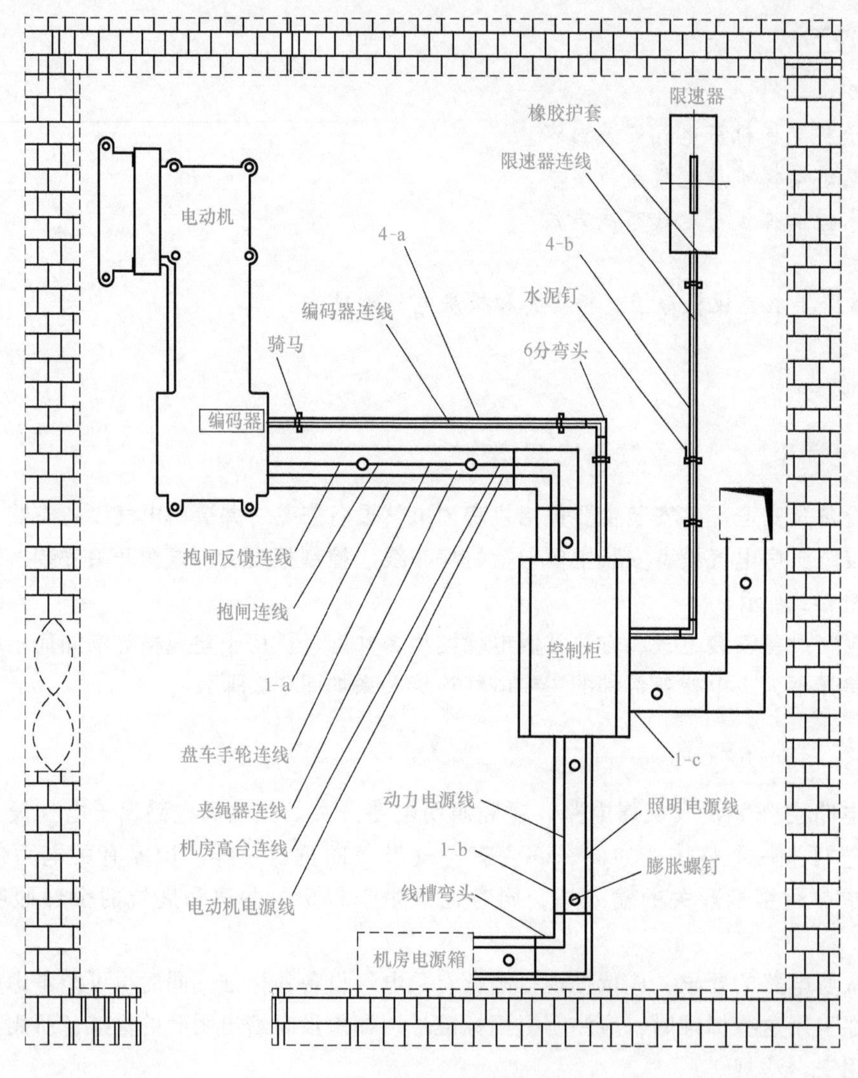

图3-1 机房布线示意图

1-a—电源和控制柜线槽 1-b—电动机和控制柜连接线槽 1-c—连接控制柜和机房外的电气部件
4-a—控制柜和编码器连接线线管 4-b—控制柜和限速器连接线线管

控制柜的过线盒要按控制柜安装图的要求用膨胀螺栓固定在机房地面上。若无控制柜过线盒，则要用10#槽钢制作控制柜底座或混凝土底座，底座高度为50~100mm。控制柜与槽钢底座采用镀锌螺栓连接固定，连接螺栓由下向上穿。控制柜与混凝土底座采用地脚螺栓连接固定。控制柜要和槽钢底座、混凝土底座连接固定牢靠，控制柜底座更要与机房地面可靠固定。控制柜底座安装前，应先除锈、刷防锈漆、装饰漆。

多台控制柜并排安装时，其间应无明显缝隙且柜面应在同一平面上。

2. 电源配电箱安装

电源配电箱要安装在机房门口附近，以便操作，距地面1.3～1.5m，如图3-4所示。主电源开关应尽可能装于靠近机房出入口门内的墙上，每台电梯各设置一只。通常此电源总开关由用户自备，在土建设计施工时即予考虑并放置。另外，每台电梯应单独设置轿厢照明和通风、轿顶与底坑电源插座、电梯井道照明、报警装置等电气开关，开关容量应符合电源负荷要求。

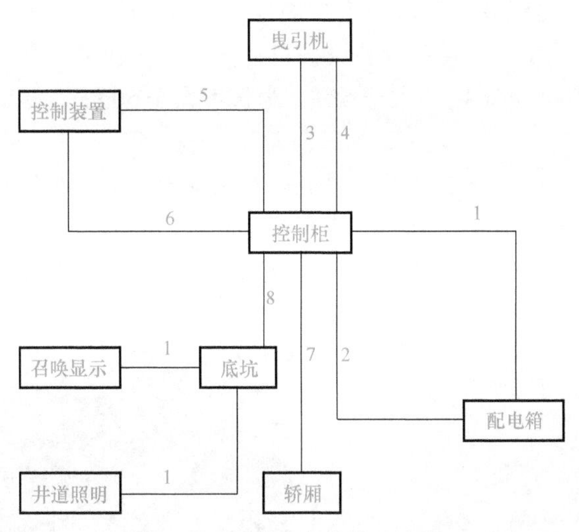

图3-2　电梯电气连接示意图

1—AC 380V三相动力电缆　2—AC 220V单相照明电缆　3—曳引电动机三相电缆
4—编码器反馈信号电缆　5、6—控制电缆　7—轿厢随行电缆　8—AC 36V安全照明电缆

表3-1　绝缘电阻最小值

标称电压/V	测试电压(直流)/V	绝缘电阻/MΩ
安全电压	250	≥0.25
≤500	500	≥0.50
>500	1000	≥1.00

a) 维护侧与墙壁距离

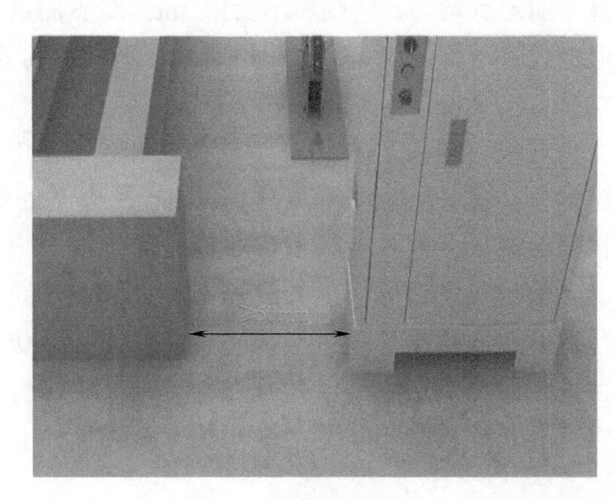

b) 封闭侧距离

图3-3　控制柜安装示意图

3. 机房布线

电梯电气装置的配线，应使用额定电压不低于 500V 的铜芯绝缘导线。机房和井道内的配线应使用电线管或电线槽保护，严禁使用可燃性材料制成的电线管或电线槽。铁制电线槽沿机房地面敷设时，其壁厚不得小于 1.5mm。不易受机械损伤的分支线路可使用软管保护，但长度不应超过 2m。同时通往轿顶的配线应走向合理，防护可靠。

电线管、电线槽、电缆架等与可移动的轿厢、钢绳等的距离，机房内应不小于 50mm，井道内应不小于 20mm。电线管安装应用卡扣固定，固定点间距均匀，且应不大于 3m，与电线槽连接处应用锁紧螺母锁紧，管口应装设护口，安装后应横平竖直，其水平和垂直偏差应达到机房内应不大于 2‰、井道内不大于 5‰、全长不大于 50mm。暗敷时，保护层厚度应不小于 15mm。

电线槽安装应安装牢固，每根电线槽固定点不应少于 2 个。并列安装时，应使槽盖便于开启，安装后应横平竖直，接口严密，槽盖齐全、平整、无翘角，其水平和垂直度在机房内不大于 2‰，井道内不大于 5‰、全长垂直度误差不大于 50mm，并且出线口应无毛刺，位置正确，如图 3-5 所示。

图 3-4 电源配电箱安装示意图

图 3-5 线槽敷设示意图

金属软管安装应无机械损伤和松散，与箱、盒、设备连接处应使用专用接头，安装应平直，固定点均匀，间距应不大于 1m，端头固定应牢固。电线管、电线槽均应可靠接地或接零，但电线槽不得作为保护线使用。接线箱、盒的安装应平正、牢固、不变形，其位置应符合设计要求。当无设计规定时，中线箱应安装在电梯正常提升高度的 1/2 加高 1.7m 处的井道壁上。

导线（电缆）敷设时，动力线和控制线应隔离敷设，配线应绑扎整齐，并有清晰的接线编号。保护线端子和电压为 220V 及以上的端子应有明显的标记，接地保护线宜采用黄绿相间的绝缘导线，电线槽弯曲部分的导线、电缆受力处，应加绝缘衬垫，垂直部分应可靠固定。敷设于电线管内的导线总截面积不应超过电线管内截面积的 40%，敷设于电线槽内的导线总截面积不应超过电线槽内截面积的 60%。线槽配线时，应减少中间接头。中间接头宜采用冷压端子，端子的规格应与导线匹配，压接可靠，绝缘处理良好，配线应留有备用线，其长度应与箱、盒内最长的导线相同，如图 3-6 所示。

4. 接地和接零

接地和接零技术是保证电梯电气安全的有效措施之一。应符合下列规定：

所有电气设备的金属外壳均应良好接地，从进机房起中性线和接地保护线应始终分开，接地保护线的颜色为黄绿双色绝缘铜芯线，除36V以下安全电压外的电气设备金属外壳均应设有易于识别的接地端，且应有良好的接地。接地线应分别直接接至接地线柱上，不得互相串接后再接地。接地电阻应不大于4Ω。接地线应用铜线，其截面积应不小于相线截面积的1/3，裸铜线截面积应不小于$4mm^2$，绝缘铜线截面积应不小于$1.5mm^2$。钢管接地应跨接，跨接可用钢筋焊牢。电梯轿厢接地可采用电缆芯线接地，一般同时用3根芯线，不得少于2根。

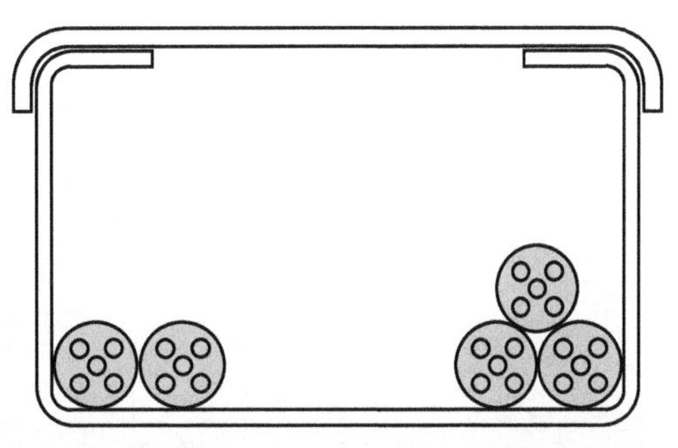

图3-6 线槽内布线示意图

视频教学资源

演示机房内的控制柜安装方法。

扫码观看

任务实施

步骤一：学习准备

1. 根据本任务学习内容在“有机房曳引式垂直电梯安装（有脚手架）”学习平台进行垂直电梯机房内电气安装操作，教师事先做好预案，利用学习平台先模拟完成本次学习任务，然后集中开展任务实施工作，教师做巡回指导。

2. 指导教师对垂直电梯机房内电气安装操作做简单介绍。

3. 借助学习平台实施电梯机房内电气安装操作。

4. 根据实际操作任务的要求选取电梯安装通用工具和器材。

步骤二：模拟实施电梯机房内电气安装作业

按要求完成电梯机房内电气安装作业，具体安装任务包括：

1. 安装控制柜。

2. 安装电源配电箱。

3. 机房布线与敷设电缆。

步骤三：教师巡回指导

结合本任务学习内容，开展任务模拟操作与实际操作练习，教师巡回指导，及时发现和解决学生存在的问题。

步骤四：任务点评

根据学生的任务实施情况，进行任务实施点评，提高学生应用所学知识解决实际工作问题的能力。

学习单元评价

自我评价（100分）

由学生根据学习任务完成情况进行自我评价，评分值记录于表3-2中。

表 3-2 自我评价表

学习任务	项目内容	配分	评分标准	扣分	得分
学习任务 3.1	1. 课堂纪律	15	1. 不遵守课堂纪律要求(扣 2 分/次) 2. 有其他违反课堂纪律的行为(扣 2 分/次)		
	2. 熟悉电梯机房内电气安装工序	70	1. 独立完成工作页的填写(7 分) 2. 利用网络资源、工艺手册等查找有效信息(7 分) 3. 正确使用工、量具及设备(7 分) 4. 叙述电梯电源系统(7 分) 5. 识读电源电路原理图(7 分) 6. 掌握电源配电箱安装位置、安装步骤与技术要求(7 分) 7. 掌握电源配电箱内的接线方法(7 分) 8. 掌握机房各电气部件接线方法和注意事项(7 分) 9. 在教师指导下,以小组方式进行机房电气安装作业(7 分) 10. 模拟机房内电气安装操作(7 分)		
	3. 职业规范和环境保护	15	1. 在工作过程中工具和器材摆放凌乱(扣 3 分/次) 2. 不爱护设备、工具,不节省材料(扣 3 分/次) 3. 在工作完成后不清理现场,在工作中产生的废弃物不按规定处置(扣 2 分/次,将废弃物遗弃在工作现场的可扣 3 分/次)		
			总评分=(1~3 项总分)		

签名:________ ________年____月____日

 相关链接

电梯电气控制实训系统

一、设备示意图

电梯电气控制实训系统设备如图 3-7 所示。

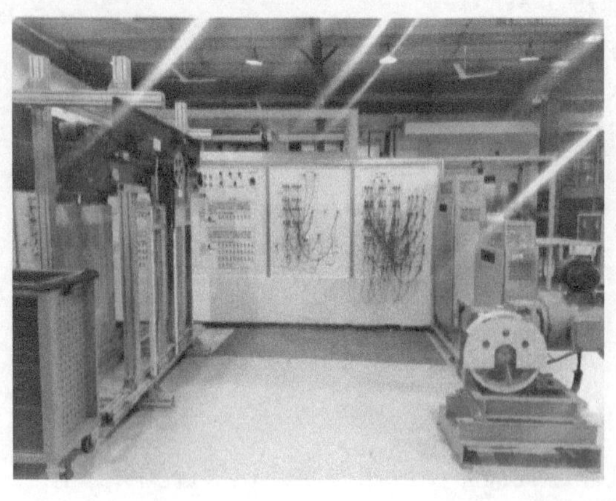

图 3-7 电梯电气控制实训系统设备

二、电梯开关门功能介绍

电梯开关门电气原理图如图 3-8 所示。

1. 正常状态时的关门。当司机输入轿内指令，电梯自动定出方向，司机再按下关门按

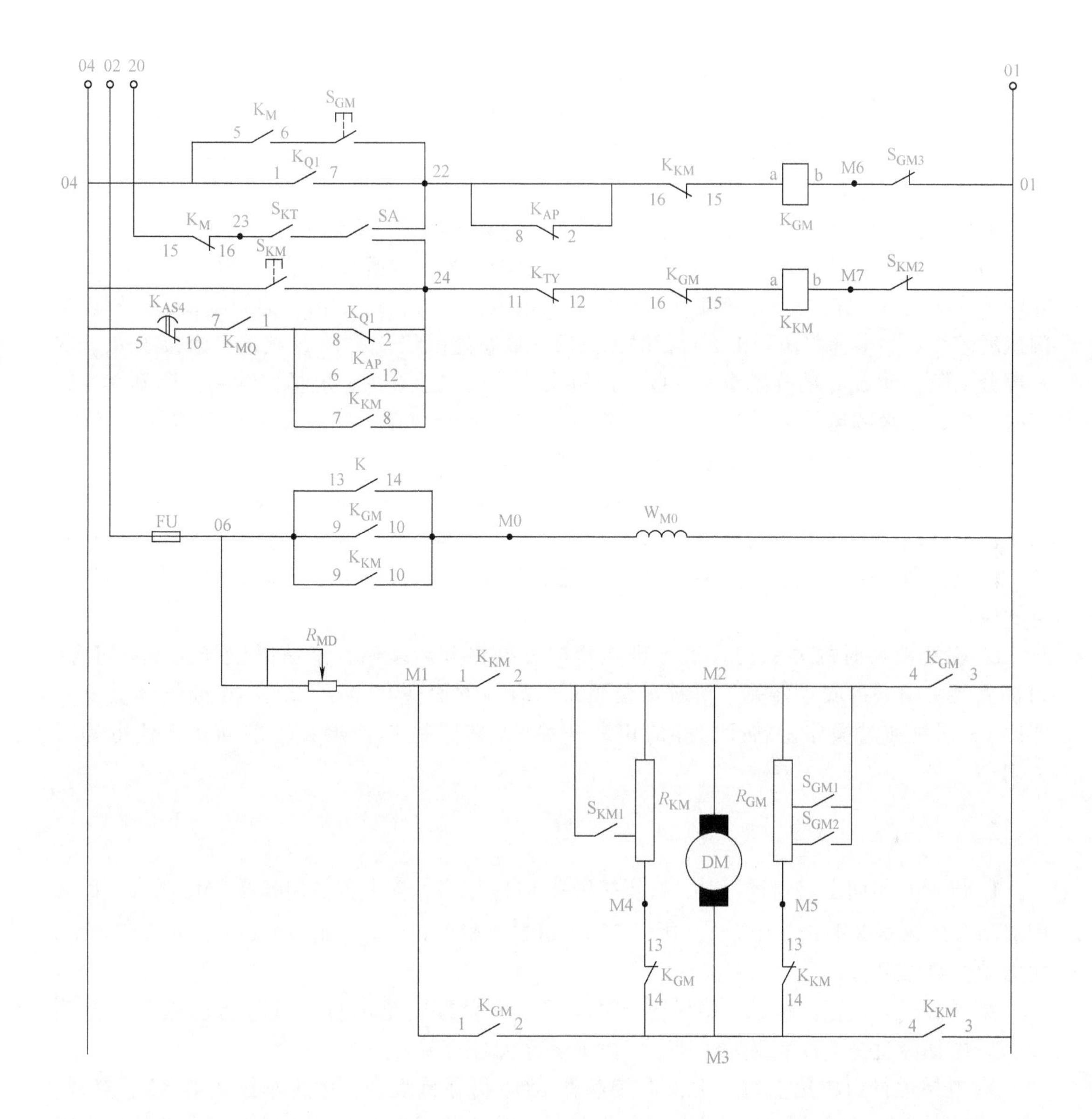

图 3-8　电梯开关门电气原理图

钮时，关门启动继电器 K_{Q1} 吸合，控制关门继电器 K_{GM} 吸合。控制门机电动机向关门方向运转。电梯门完全关闭，切断关门到位限位开关 S_{GM3}，K_{GM} 释放，门停止运行。

2. 检修状态时的关门。电梯处于检修状态时，检修继电器 K_M 吸合，通过按下操纵箱上的关门按钮 S_{GM}，即可使 K_{GM} 吸合。

3. 正常状态时的开门。电梯到站停靠时，装在轿厢上的门区感应器插入该楼层的隔磁铁板，使门区继电器 K_{MQ} 吸合。等电梯完全停止，$K_{AS4}\downarrow\rightarrow K_{MQ}\uparrow\rightarrow K_{Q1}\downarrow\rightarrow K_{TY}\downarrow\rightarrow K_{GM}\downarrow$，使开门继电器 K_{KM} 吸合。门机电动机向开门方向旋转，电梯门打开。当门完全开启，切断开门到位限位开关 S_{KM2}，K_{KM} 释放，开门结束。

4. 检修状态时的开门。检修状态时，只有在电梯停止运行时 $K_{TY}\downarrow$，按下 S_{KM} 可使

K_{KM} 吸合，电梯开门。

5. 电梯开关门中的减速过程。

1）开门。当 K_{KM} 吸合时，电流一方面通过 DM，另一方面通过开门电阻 R_{KM}，从 M2→M3，使门机电动机向开门方向旋转，此时 R_{KM} 电阻值较大，通过 R_{KM} 的分流较小，所以开门速度较快。当电梯门关闭到 3/4 行程时，开关减速限位开关 S_{KM1} 接通，短接了 R_{KM} 的大部分电阻，使通过 R_{KM} 的分流增大，从而使电动机转速降低，实现了开门的减速的功能。

2）关门。当 K_{GM} 吸合时，电流一方面通过 DM，另一方面通过关门电阻 R_{GM}，从 M3→M2，使门机电动机向关门方向旋转，此时 R_{GM} 电阻值较大，通过 R_{GM} 的分流较小，所以关门速度较快。当电梯关闭到 1/2 行程时，关门一级减速限位开关 S_{GM1} 接通，短接了 R_{GM} 的一部分电阻，使 R_{GM} 的分流增大一些，门机实现一级减速开关，电梯门继续关闭到 3/4 行程时，接通二级减速限位开关 S_{GM2}，短接 R_{GM} 的大部分电阻，使 R_{GM} 的分流进一步增大，电梯门机转速进一步降低，实现了关门的二级减速。

通过调节开关门电路中的总分压电阻 R_{MD}，可以控制开关门的总速度。因为当 K_Y 吸合时，门机励磁绕组 W_{M0} 一直有电，所以当 K_{KM} 或 K_{GM} 释放时，能使电动机立即进入能耗制动，门机立即停转。而且在电梯门关闭时，能提供一个制动力，确保在轿厢内不能轻易扒开电梯门。

6. 基站锁梯时的开关门。当下班锁梯时，电梯开到基站，基站限位开关 S_{KT} 闭合，司机需要关闭轿内安全开关，切断安全回路，另一方面使 02 号线接至 20 号线（见安全回路），司机通过操作基站厅门外的钥匙开关 SA 来控制 K_{KM} 或 K_{GM} 的动作来使电梯开关门。

三、电梯主回路（图 3-9）功能介绍

1. 电梯开始向上启动运行时，快车接触器 KM_K 吸合，向上方向接触器 KM_S 吸合。因为刚启动时接触器 KM_{A1} 还未吸合，所以 380V 通过电阻电抗 R_{QA}、X_Q 接通电动机快车绕组，使电动机减压起动运行。

2. 约经过 2s 左右延时，接触器 KM_{A1} 吸合，短接电阻电抗，使电动机电压上升到 380V。电梯经过一个加速最后达到稳速快车运行状态。

3. 电梯运行到减速点时，上方向接触器 KM_S 仍保持吸合，而快车接触器 KM_K 释放，KM_{A1} 释放，慢车接触器 KM_M 吸合。因为此时电动机仍保持高速运转状态，电动机进入再生发电制动状态。如果慢车绕组直接以 380V 接入，则制动力矩太强，将使电梯速度急速下降，舒适感极差。所以必须分级减速。最先让电源串联电阻电抗，减小慢车绕组对快速运行电动机的制动力。经过一定时间，接触器 KM_{A2} 吸合，短接一部分电阻，使制动力矩增加一些。然后接触器 KM_{A3}、KM_{A4}也分级吸合，使电梯速度逐级过渡到稳速慢车运行状态。

4. 电梯进入平层点，接触器 KM_S、KM_M、KM_{A2}、KM_{A3}、KM_{A4} 同时释放，电动机失电，制动器抱闸，使电梯停止运行。

四、电梯电气控制实训系统实训模块简介

模块一：变压器测量。

模块二：电梯电动机电气控制。

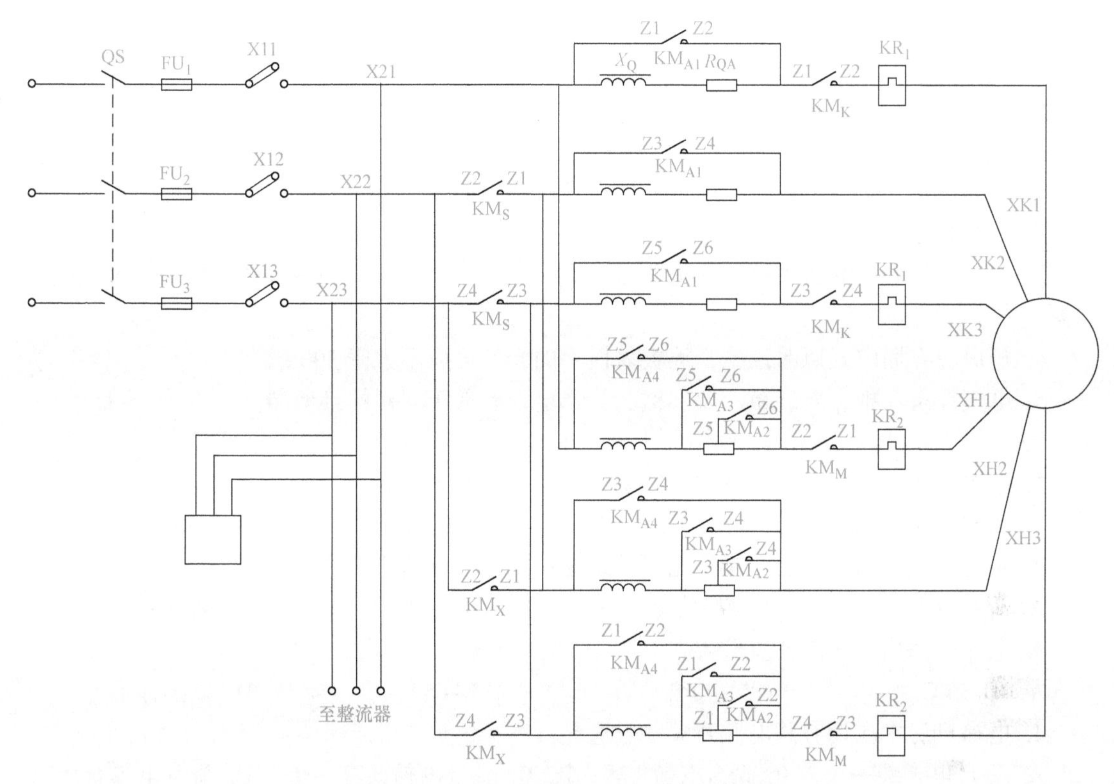

图 3-9　电梯主回路原理图

模块三：电梯门机电气控制。

模块四：改变电动机转向。

模块五：电梯制动器机械、电气调试。

模块六：电梯层、轿门机械、电气调试。

模块七：电梯驱动系统识别。

模块八：电梯安全装置识别。

模块九：万用表（使用）电气操作。

模块十：钳形电流表（使用）电气操作。

模块十一：绝缘电阻测试电气操作。

模块十二：整流电路、稳压电路电气操作。

模块十三：电梯层楼显示电路电气操作。

思考与练习

一、填空题

1. ____________主开关及其从属电路、轿厢照明电路开关及其从属电路属于电气设备组成部件。

2. 在机房和滑轮间内，必须采用____________以防止直接触电。

3. 对于控制电路和安全电路，导体之间或导体与地之间的直流电压平均值和交流电压有效值均＿＿＿＿＿＿。

4. 控制柜的维护侧与墙壁的距离＿＿＿＿＿＿。

5. 控制柜与混凝土底座采用＿＿＿＿＿＿连接固定。

二、判断题

1. 电梯机房门必须上锁，通往机房的通道必须畅通。（　）

2. 电梯的进线应是三相四线制。（　）

3. 机房、轿厢、井道和层站的电气部件均应处于干燥状态，无受潮或受水浸湿、浸泡现象。（　）

4. 机房应有固定式照明设施，地板表面上的光照度应不大于200lx。（　）

5. 电气设备、柜、屏、箱、盒、槽、管都应设有易于识别的接地端。（　）

三、选择题

1. 电梯机房地坪应平坦、整洁、能承受（　）的载荷。

A. $250kg/m^2$　B. $400kg/m^2$　C. $500kg/m^2$　D. $600kg/m^2$

2. 将电气设备非带电的金属外壳用导线与接地体进行的连接称为（　）。

A. 保护接地　B. 保护接零　C. 触电保护　D. 断电保护

3. 电梯机房内空气温度应保持在（　）。

A. 0~55℃　B. 5~40℃　C. 15~65℃　D. 以上都不对

4. 电梯机房中应设有总电源开关并且应是（　）。

A. 每台电梯装一个　B. 两台电梯共享一个　C. 多台电梯共享一个　D. 所有电梯合用

5. 电梯主电源安装高度为（　）。

A. 1.0~1.5m　B. 1.2~1.5m　C. 1.3~1.5m　D. 1.4~1.5m

四、简答题

1. 简述机房布线要求。

2. 简述机房电气接地和接零的规定。

学习任务3.2　井道内电气安装

任务分析

电梯井道内电气安装是电梯安装过程中的重要工作，是电梯楼层控制反馈、承载运行的重要组成部分。井道内部件的布置和安装需符合GB 7588—2003《电梯制造与安装安全规范》要求，确保电梯安全平稳运行。通过本任务的学习使学生掌握电梯井道内电气安装的基本知识和安装方法，为从事电梯行业安装与维保工作奠定基础。

建议学时

建议完成本任务用6~8学时。

学习目标

应知

1. 熟悉井道内随行电缆的敷设要求。

2. 熟悉井道内电缆的敷设要求。

应会

1. 能够进行井道内随行电缆的安装检验。
2. 能够进行井道内端站开关的安装作业。

基础知识

电梯井道内电气安装包括随行电缆的安装敷设、终端保护装置的安装、平层装置的安装、井道照明设备的安装等，如图 3-10 所示。

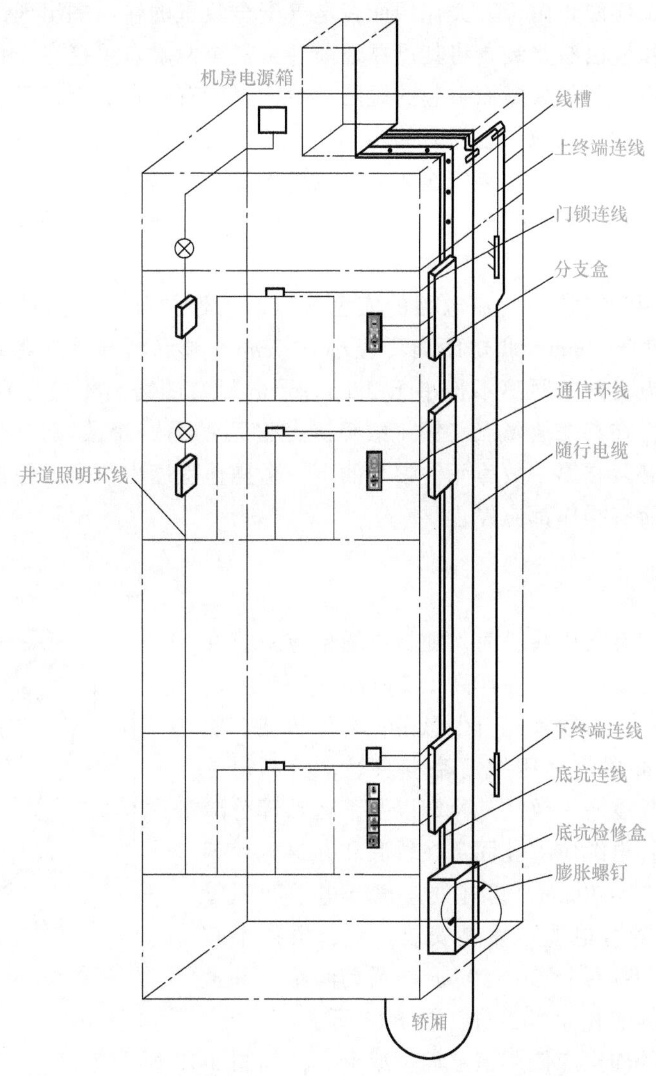

图 3-10　井道内电气安装示意图

一、电气安全装置

在电梯使用中，如果电路接地或接触金属构件而造成接地，该电路中的电气安全装置应切断电梯驱动主机电源，使主机立即停止运转，并有效防止电梯驱动主机再启动。

电气安全装置包括安全触点或安全电路中的其他元器件，它应直接切断接触器或其继电器的供电。电气装置不应与电气安全装置并联，与电气安全回路上不同点的连接只允许用来采集信息，且这些连接装置应该满足安全电路的要求。一个电气安全装置发出的信号，不应被同一电路中设置在其后的另一个电气安全装置发出的外来信号所改变，以免造成危险后果。

在含有两条或更多条平行通道组成的安全电路中，除奇偶校验所需要的信息外，应仅取自一条通道。记录或延迟信号的电路，即使发生故障，也不应妨碍或明显延迟由电气安全装置作用而产生的电梯驱动主机停机，即停机应在与系统相适应的最短时间内发生。内部电源装置的结构和布置，应防止由于开关作用而在电气安全装置的输出端出现错误信号。

安全触点的动作应由断路装置将其可靠地断开，甚至两触点熔接在一起也应断开。安全触点应尽可能减小由于部件故障而引起的短路危险。当所有触点的断开元件处于断开位置且在有效行程内时，动触点和施加驱动力的驱动机构之间无弹性元件（如弹簧）施加作用力，即为触点获得了可靠的断开。如果安全触点的保护外壳的防护等级不低于IP4X，则安全触点应能承受250V的额定绝缘电压。如果其外壳防护等级低于IP4X，则应能承受500V的额定绝缘电压。

安全触点应是用于交流、直流电路的安全触点。若保护外壳的防护等级不高于IP4X，则其电气间隙不应小于3mm，爬电距离不应小于4mm，触点断开后的距离不应小于4mm。在触点断开后，触点之间的距离不得小于2mm。导电材料的磨损不应导致触点短路。当安全电路出现故障时，在某个故障点（第一故障）与随后的另一个故障点（第二故障）组合导致危险情况前，必须在第一故障元件参与的下一个操作程序中使电梯停止。只要第一故障仍然存在，电梯的所有操作都应停止。

二、随行电缆的敷设

当随行电缆的安装设中线箱时，随行电缆架应安装在电梯正常提升高度的1/2处并在加高1.5m的井道壁上。

随行电缆安装前，必须预先自由悬吊，消除扭曲，敷设长度应使轿厢缓冲器完全压缩后略有余量，但不得拖地。多根并列时，长度应一致，其两端以及不运动部分应可靠固定。圆形随行电缆应绑扎固定在轿底和井道电缆架上，绑扎长度应为30~70mm，绑扎处应离开电缆架钢管100~150mm；扁平随行电缆可重叠安装，重叠根数不宜超过3根，每两根间应保持30~50mm的活动间距。井道内、轿底随行电缆的绑扎如图3-11、图3-12所示。

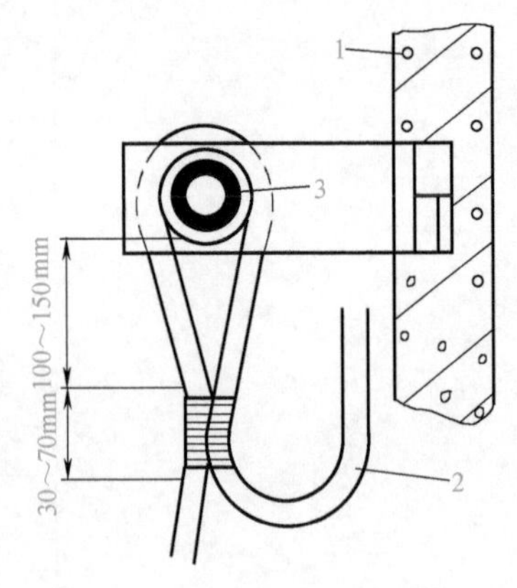

图3-11 井道内随行电缆绑扎

1—井道壁 2—随行电缆 3—电缆架钢管

扁平随行电缆的固定应使用楔形插座或卡子，如图3-13所示。

随行电缆在运动中有可能与井道内其他部件刮碰时，必须采取防护措施。圆形随行电缆的芯数不宜超过40芯。

1. 井道布设要求

井道内的电缆敷设应横平竖直，分支箱要求垂直、固定、牢靠，每隔1m用U型管卡固定。安装随行电缆架、挂随行电缆，在井道顶部附近井道壁上安装随行电缆架，将随行电缆的一端通过井道顶部电缆预留孔穿入机房控制柜，用井道顶部固定架固定随行电缆，如图 3-14 所示。

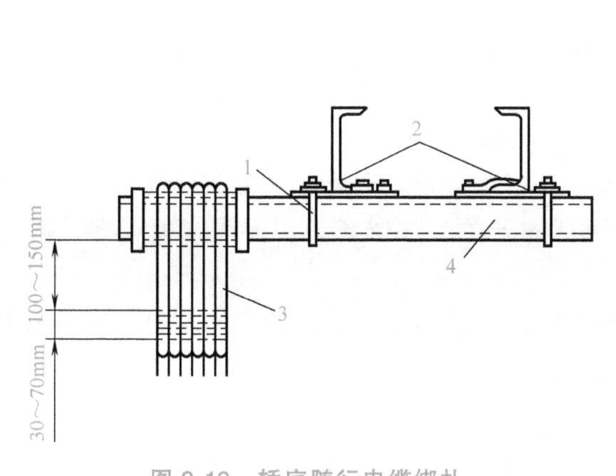

图 3-12　轿底随行电缆绑扎
1—轿底电缆架　2—电梯底梁　3—随行电缆　4—电缆架钢管

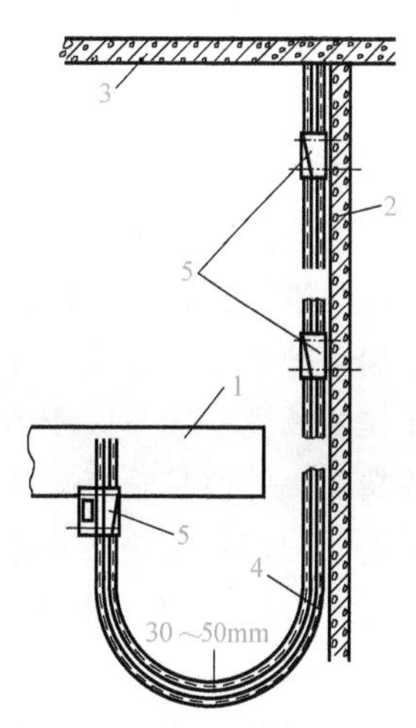

图 3-13　扁平随行电缆安装
1—轿厢底梁　2—井道壁　3—机房地板
4—扁平电缆　5—楔形插座

a) 随行电缆固定装置

b) 随行电缆固定装置间距

图 3-14　随行电缆固定

2. 布设随行电缆方法

将随行电缆的一端接入轿顶接线箱，用轿顶固定架固定。慢车运行电梯至井道中部，在井道壁上安装随行电缆架，固定随行电缆。电梯运行至底坑，在轿底安装随行电缆固定架，固定随行电缆。

3. 随行电缆注意事项

随行电缆应当避免与限速器绳、选层器钢带、限位与极限开关等装置干涉。当轿厢压实在缓冲器上时，电缆不得与地面和轿厢底边框接触，且能避开缓冲器，保持不小于 200mm 的距离。在导轨支架折角处，绑扎钢丝，以防止随行电缆在运行过程中刮碰导轨支架，造成随行电缆损坏。

三、终端保护装置的安装

终端保护装置的功能是防止由于电梯电气系统失灵、轿厢到达顶层或底层后仍继续行驶(冲顶或蹲底)造成超越行程等运行事故。终端保护装置主要包括强迫减速开关、终端限位开关和终端极限开关三个开关，分上、下两组。从上至下的排列顺序是上极限开关、上限位开关、上强迫减速开关、下强迫减速开关、下限位开关、下极限开关。终端保护开关使用可自动复位的滚轮式行程开关。

终端保护装置的安装是在测量好的位置上，用角钢做好支架，安装在导轨的背面，角钢伸出导轨的长度一般不大于500mm。将强迫减速开关、限位开关、极限开关用螺栓固定在角钢的端部，并使其垂直。

终端保护装置安装在井道上端站和下端站附近，轿厢尽可能接近端站时起作用而无误动作的位置上。图3-15为下端站保护开关，上端站保护开关的位置与其相反。

1. 强迫减速开关

强迫减速开关是为防止电梯失控时造成冲顶或蹲底的第一道防线。它由上、下两个开关组成，分别装在井道的顶部和底部。当电梯出现失控，轿厢已到达顶层或底层而不能减速停车时，装在轿厢上的开关打板就会随轿厢的运行而与强迫减速开关的碰轮相接触，使开关内的触点发出指令信号，强迫电梯减速停驶。强迫减速开关的调节高度以轿厢在两端站刚进入自平的同时，切断顺向快车控制电路为准。

根据电梯的运行速度可设置若干减速开关，速度越高，减速开关设置越多，其设置多少根据人体能承受的减速度而确定。一般速度为1m/s的双速交流电梯，减速开关只设置一只，如图3-16所示。

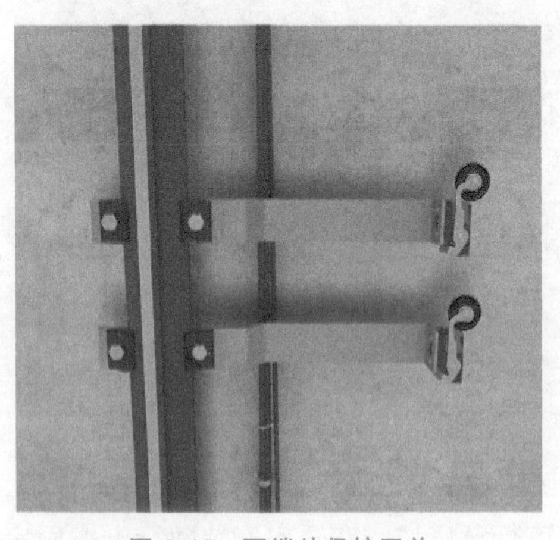

图3-15 下端站保护开关

图3-16 下强迫减速开关

2. 限位开关

限位开关是为了防止电梯冲顶或蹲底的第二道防线。它由上、下两个开关组成，分别装在强迫减速开关上、下方。当轿厢地坎超越上、下端站地坎50~100mm，而强迫减速开关又未能使电梯减速停车时，上限位开关或下限位开关动作，切断运行方向继电器电源。这时电梯只能应答层楼反方向召唤信号，并向相反方向运行。限位开关以电梯在两端停平时，刚好切断顺向慢车控制电路为准，如图3-17所示。

3. 极限开关

当电梯失控后，如果前两道防线均不能使电梯停止运行，轿厢的上、下开关打板就会随着电梯的继续运行去碰撞安装在井道内的极限开关，断开电梯主电源，迫使电梯立即停止运行。极限开关一般用在交流电梯中，越过轿厢平层位置大于 100mm 时起作用，如图 3-18 所示。

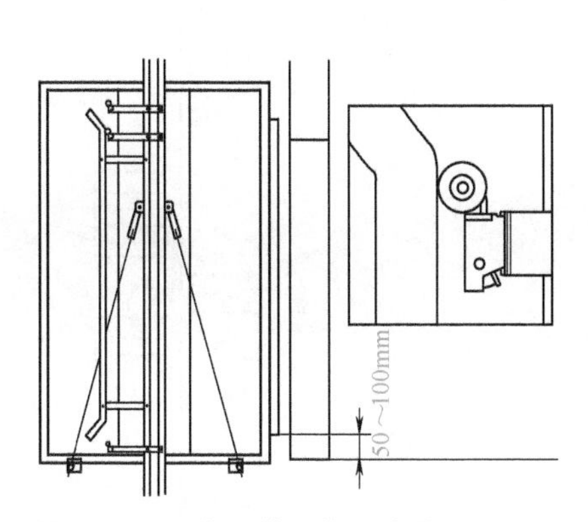

图 3-17　限位开关工作示意图

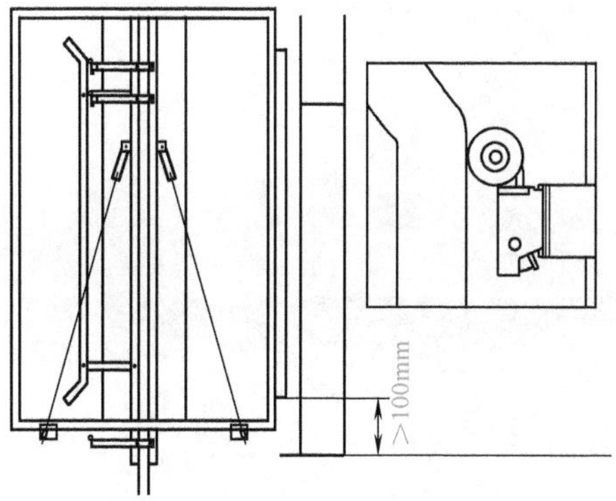

>100mm

图 3-18　极限开关工作示意图

当轿厢运行超过终端时，极限开关用于切断控制电源。极限开关必须在轿厢或对重未触及缓冲器之前动作，并在缓冲器被压缩期间保持动作状态。极限开关动作后，电梯应不能自动恢复运行。对于强制驱动的电梯，用强制的机械方法直接切断电动机和制动器的供电电路；对于可变电压或连续调速电梯，极限开关应能迅速地在最短时间内使电梯驱动主机停止运转。

四、隔磁板的安装

隔磁板是在平层区域内使轿厢达到平层准确度要求的装置。平层装置主要包括平层感应器和隔磁板两部分。平层装置安装在轿顶适当位置，当电梯进入平层区域时，平层感应器发出信号，使电梯自动平层。

隔磁板安装在电梯井道内每个层站的平层区域内，隔磁板安装时应固定牢固，防止松动，不得因电梯运行而产生碰撞、摩擦。安装时需保证隔磁板位于感应器中央位置，隔磁板垂直度不大于 2/1000，隔磁板插入感应器 62～70mm，且中心偏差不大于±1mm，不丢失信号。每个隔磁板与导轨距离偏差不大于 2mm，如图 3-19 所示。

五、井道照明设备的安装

井道照明设备是由底坑往上 0.5m 起至井道顶端安装的照明灯具，每两灯之间的间隔最大不应超过 7m，井道顶部 0.5m 内应设一盏照明灯具。井道照明电压采用 36V 安全电压，有地下室的电梯也应采用 36V 安全电压作为井道照明。井道照明灯具的安装位置应选择井道中与电梯活动部件保持安全距离且不影响电梯正常运行的位置，如图 3-20 所示。

六、井道接线盒的安装

1. 安装井道中间接线盒

当井道随行电缆架设于井道中间位置时，在井道中应设置顶层分支箱、中间分支箱和底坑分支箱，底坑分支箱距离底坑地面尺寸不高于 1000mm，如图 3-21 所示。

图 3-19 隔磁板安装示意图

图 3-20 井道照明示意图

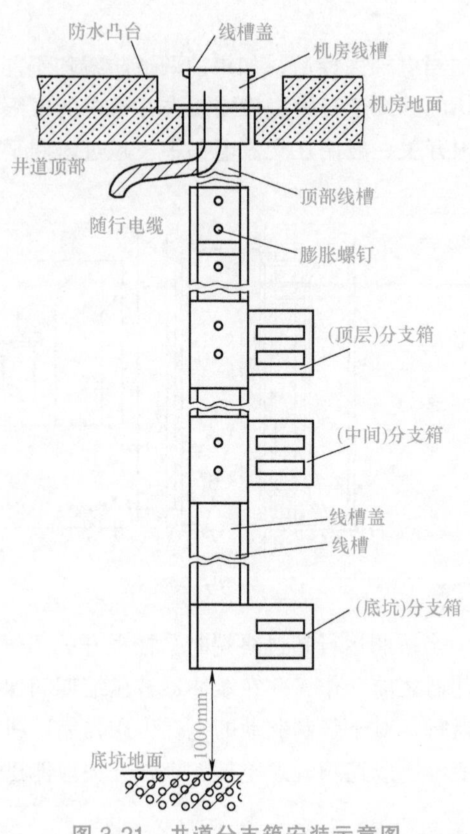

图 3-21 井道分支箱安装示意图

2. 安装底坑检修盒

检修盒应该在靠线槽较近的地坎下面，以便于操作，如图 3-22a 所示。底坑检修盒用膨胀螺栓固定在井壁上。底坑辅助急停安装在爬梯侧，在操作方便、不影响电梯运行的位置安装底坑爬梯，如图 3-22b 所示。

a) 底坑检修盒

b) 底坑检修盒与爬梯

图 3-22 底坑检修盒安装示意图

3. 安装井道照明

井道应设置永久性的电气照明，在距井道最高和最低点 0.50m 以内各装设一盏灯，再设中间灯；即使在所有的门关闭时，在轿顶面以上和底坑地面以上 1m 处的照度均至少为 50lx。

视频教学资源

演示井道布线方法。

扫码观看

任务实施

步骤一：学习准备

1. 根据本任务学习内容在“有机房曳引式垂直电梯安装（有脚手架)”学习平台进行垂直电梯井道内电气安装操作，教师事先做好预案，利用学习平台先模拟完成本次学习任务，然后集中开展任务实施工作，教师做巡回指导。

2. 指导教师对垂直电梯井道内电气安装操作做简单介绍。

3. 借助学习平台实施电梯井道内电气安装操作。

4. 根据实际操作任务的要求选取电梯安装通用工具和器材。

步骤二：模拟实施电梯井道内电气安装作业

按要求完成井道内电气安装作业，具体安装任务包括：

1. 井道布线。

2. 底坑布线。

步骤三：教师巡回指导

结合本任务学习内容，开展任务模拟操作与实际操作练习，教师巡回指导，及时发现和解决学生存在的问题。

步骤四：任务点评

根据学生的任务实施情况，开展任务实施点评，提高学生应用所学知识解决实际工作问题的能力。

学习单元评价

自我评价（100 分）

由学生根据学习任务完成情况进行自我评价，评分值记录于表 3-3 中。

表 3-3　自我评价表

学习任务	项目内容	配分	评 分 标 准	扣分	得分
学习任务 3.2	1. 课堂纪律	15	1. 不遵守课堂纪律要求(扣 2 分/次) 2. 有其他违反课堂纪律的行为(扣 2 分/次)		
	2. 熟悉电梯井道内电气安装工序	70	1. 独立完成工作页的填写(7 分) 2. 利用网络资源、工艺手册等查找有效信息(7 分) 3. 正确使用工、量具及设备(7 分) 4. 描述电梯井道传感器的作用(7 分) 5. 叙述端站开关的作用(7 分) 6. 叙述随行电缆的敷设要点(7 分) 7. 叙述隔磁板的作用和安装要求(7 分) 8. 在教师指导下，以小组方式进行端站开关安装作业(7 分) 9. 在教师指导下，以小组方式进行底坑线路敷设作业(7 分) 10. 模拟井道内电气安装操作(7 分)		

（续）

学习任务	项目内容	配分	评分标准	扣分	得分
学习任务 3.2	3. 职业规范和环境保护	15	1. 在工作过程中工具和器材摆放凌乱（扣 3 分/次） 2. 不爱护设备、工具，不节省材料（扣 3 分/次） 3. 在工作完成后不清理现场，在工作中产生的废弃物不按规定处置（扣 2 分/次，将废弃物遗弃在工作现场的可扣 3 分/次）		
			总评分=（1~3 项总分）		

签名：________ ________年____月____日

思考与练习

一、填空题

1. 如果电路接地或接触金属构件而造成接地，该电路中的电气安全装置应________，使主机立即停止运转，并有效防止电梯驱动主机再启动。

2. 安全触点应是用于____________的安全触点。

3. 随行电缆架应安装在电梯正常提升高度的 1/2 处并在加高____________的井道壁上。

4. 圆形随行电缆的芯数不宜超过____________芯。

5. 极限开关在轿厢位于最高层或最低层超行____________处即起作用。

二、判断题

1. 随行电缆线的移动弯曲半径应根据电缆线的粗细而定。若电梯中采用多种规格电缆共用时，应按最小移动弯曲半径为准。（ ）

2. 井道线槽（管）一般应安装在门外召唤按钮盒一侧，并不得卡阻运行中摆动的随行电缆。（ ）

3. 电梯发生冲顶、蹲底时，极限开关动作，每台电梯必须安装两只极限开关。（ ）

4. 极限开关应在轿厢或对重接触缓冲器之后起作用。（ ）

5. 强迫减速开关在正常换速点位置动作，能保证电梯有足够的换速距离。（ ）

三、选择题

1. 缓冲越程是指轿厢在下端站（ ）位置时，轿厢底部缓冲板与其缓冲器顶部的距离。

A. 极限开关　B. 限位开关　C. 下端站减速开关　D. 平层

2. 极限开关切断电梯的（ ）回路电源。

A. 信号　B. 门锁　C. 控制　D. 总电源

3. 电气极限开关通常用于（ ）和高速电梯。

A. 低速电梯　B. 快速电梯　C. 慢速电梯　D. 卷筒电梯

4. 控制电缆线是悬挂在轿厢（ ）再接入轿厢内。

A. 顶部　B. 底部　C. 中间　D. 侧面

5. 电梯行程超过（ ）时需要安装补偿装置。

A. 15m　B. 20m　C. 25m　D. 30m

四、简答题

1. 简述端站强迫减速装置的安装内容和方法。
2. 简述随行电缆的安装内容与方法。

学习任务3.3　轿厢与层站电气安装

任务分析

电梯轿厢与层站电气安装是电梯安装过程中的重要工作，也是电梯楼层召唤、乘客候梯的核心区域。轿厢与层站部件的布置和安装必须符合GB 7588—2003《电梯制造与安装安全规范》标准要求，确保乘客可以正常呼梯乘坐。通过本任务的学习使学生掌握电梯轿厢与层站内电气安装的基本知识和安装方法，为从事电梯行业安装与维保工作奠定基础。

建议学时

建议完成本任务用4~6学时。

学习目标

应知

1. 了解轿厢电气设备的结构、原理及作用。
2. 熟悉轿厢电气设备的布线方法。
3. 掌握轿厢电气设备的安装方法及注意事项。

应会

1. 能够根据设计图样正确安装轿厢电气设备。
2. 能正确连接轿厢电气设备线路。

基础知识

轿厢与层站电气安装主要涉及电梯电气控制的信号输入，通过按钮、触摸控制、磁卡控制等进行信号输入。轿厢电气装置可分为轿内、轿顶和轿底三大部分，轿顶电气设备安装工作较为复杂。轿顶电气设备主要有轿顶检修盒、轿顶接线盒、平层感应器、到站钟以及各种安全开关；轿内电气装置包括操纵箱、信号箱、层站显示装置、内部通话装置、关门保护装置；轿底电气装置主要是超载装置。

一、轿顶电气装置的安装

轿顶电气装置包括的轿顶电气设备主要有轿顶检修盒、平层感应器、轿顶接线箱、到站钟以及各种安全开关等。

1. 轿顶检修盒

轿顶检修盒分为固定式和移动式两种，供电梯检修人员在轿顶进行短时操纵电梯慢速运行之用，其中固定式检修盒常安装在轿厢架上梁便于操纵的位置，如图3-23所示。移动式检修盒在停止使用时应放入一特殊的安全箱体，以免损坏。此外，轿顶应配有照明和电源插座，对其安装位置的要求是使用方便，通常与固定式检修盒组合在一起。

图 3-23 轿顶检修装置示意图

如果轿内、机房也设有检修运行装置，应确保轿顶优先。

检修装置应置于盒中，防止使用人员触及带电零件。

2. 轿顶接线盒

轿顶接线盒装于顶端位置，用螺栓连接在轿顶型钢上，轿厢电缆电线汇总于该接线盒，再分别做操纵箱、楼层灯、轿顶开门机、平层感应器、轿顶检修盒等的管线。轿顶接线盒是连接轿厢电气设备与井道随行电缆的电气接线盒。轿顶接线盒、导线槽、导线管等要按厂家安装图安装。若无安装图，则应按便于安装和维修的原则进行布置。

在布置轿厢电气设备时，因轿厢的各装置分布在轿底、轿内和轿顶，应在轿底和轿顶各设置一个接线盒。随行电缆进入轿底接线盒后，分别用导线或电缆引至称重装置、操作屏和轿顶接线盒。再从轿顶接线盒引至轿顶各装置，如门电动机、照明灯具、传感器及安全开关等。从轿顶接线盒引出的导线，必须采用导线管或金属软管保护，并沿轿厢四周或轿顶加强敷设，且应整齐美观，维修操作方便。

3. 照明设备、风扇

照明设备、风扇的作用是为乘客创造优雅舒适的环境。照明有很多种形式，简单的只在轿顶上安装两盏荧光灯，而高级客梯的装潢考究，安装时应根据设计要求安装牢靠和美观。风扇只需根据设计位置安装牢固即可。

轿顶风扇一般使用轴流风扇，大多起换气作用，如图 3-24 所示。在轿厢内看不到换气风扇，风由轿顶装饰两侧吹入轿厢，一般在轿壁位置能感觉到轻微的气流。安装风扇时，要注意风扇方向，如果是直流风扇，要注意连接线的正负极。

4. 平层感应器

平层感应器由上、下平层感应器和上、下再平层感应器装在一副支架上组成。感应器有上行和下行之分，如图 3-25 所示。

电梯用感应器由一凹形塑料盒内装一干簧管及一永久磁钢组成，即永磁感应器，也称为干簧管感应器。它具有工作可靠、体积小、安装方便、对环境要求低等特点。

永磁感应器由 U 形永久磁钢、干簧管、盒体组成，如图 3-26a 所示，干簧管内结构如图 3-26b 所示。其原理为：由 U 形磁钢产生磁场，对干簧管产生作用，使干簧管内的触点动

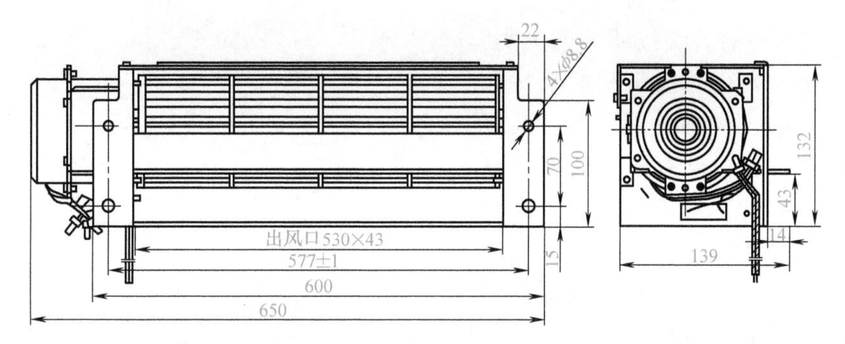

图 3-24　轿顶风扇（单位：mm）

图 3-25　平层装置安装位置示意图

作，其动合触点闭合、动断触点断开；当隔磁板插入 U 形磁钢与干簧管中间空隙时，由于干簧管失磁，其触点复位（即动合触点断开、动断触点闭合）；当隔磁板离开感应器后，干簧管内的触点又恢复动作。

安装平层感应器时，先把感应器安装在轿顶的支架上，将其开口侧对着导轨上的隔磁板位置。感应器安装完成后应将隔磁板取下，否则感应器将不起作用。安装隔磁板时，将轿厢升至顶层，然后从顶层隔磁板向下放一垂线，使轿厢慢车从顶层向下运行，将隔磁板安装好，边安装边调整，最后从轿顶传感器接线盒引出导线与相应轿顶接线盒接好。

5. 到站钟

到站钟是电梯到达目的层站时，发出音响的一种装置。到站钟用于提醒乘客注意上下梯，一般安装在轿厢顶部。

二、轿内电气装置的安装

轿内电气装置包括轿内操纵箱、信号箱、层楼显示器、内部通话装置、关门保护装置等。

1. 轿内操纵箱

轿内操纵箱是控制电梯关门、开门、起动、停层、急停等的控制装置，如图3-27所示。它有手柄式和按钮式两大类，按钮式又可分为大行程按钮和微动按钮两种，并可供有/无司机使用。有些高级电梯为使乘客方便，设有两只轿内操纵箱。轿内操纵箱安装工艺较简单，只要在轿厢相应位置装入箱体，将全部导线接好后盖上面板即可，一般面板都是精致成品，安装时切勿损伤。

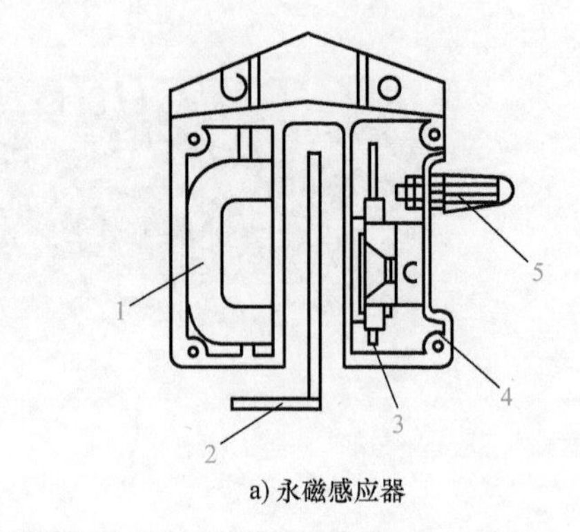

a) 永磁感应器

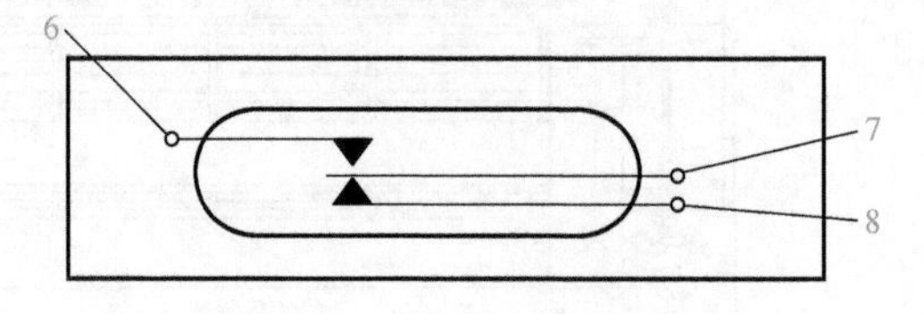

b) 干簧管内部结构

图 3-26 平层感应器

1—U 形磁钢 2—隔磁板 3—干簧管 4—盒体 5—接线端 6—动合触点 7—切换触点 8—动断触点

轿内操纵箱的安装拆卸方法如下：

1）安装时，将轿内操纵箱箱体放入轿厢操纵壁的操纵箱预留孔，利用两侧的螺栓将其固定在轿厢壁上。调整操纵箱距离轿壁面板±1mm 后，将所有的固定螺栓紧固。

图 3-27 轿内操纵箱

2）面板的固定。将面板侧的固定钩压入轿内操纵箱体侧的圆柱形铆钉，然后把面板往下侧拉，则圆柱形铆钉固定在固定钩的槽内。安装面板时，应注意不要压迫到轿内操纵箱内的导线。

3）面板的拆卸。按面板固定方法相反的顺序，将面板往上侧拉，则圆柱形铆钉从固定沟槽内脱出，这时可将面板从操纵箱拆下。

安装轿内操纵箱时，需要注意操纵箱内的导线必须固定好，不要影响轿门的打开。

2. 信号箱、层楼显示器

信号箱安装于轿内操纵箱上方，用来显示各层站的呼用情况，常与轿内操纵箱共用一块面板，其安装方法可参照轿内操纵箱的安装方法。层楼显示器用来显示轿厢所在位置的装置，其安装十分简单，只需将内部线路连接好，安放于相应位置即可，通常安装于轿门上方或轿内操纵箱上方。

3. 内部通话装置

内部通话装置用于轿厢和机房、电梯管理中心等之间的相互通话。在电梯发生故障时，它用来帮助轿内乘客向外报警，同时便于电梯管理人员及时安抚乘客，降低乘客的恐惧感；在电梯调试或维修时，方便不同位置有关人员相互沟通。

4. 关门保护装置

在关门过程中，通过安装在轿厢门口的光信号或机械保护装置实现关门保护，当探测到有人或物体在此区域时，立即重新开门。

常用的关门保护装置有安全触板、红外线光幕、电磁感应关门保护装置及超声波关门保护装置等。一般情况下，对于中分式门，安全触板双侧安装；对于旁开式门，安全触板单侧安装，且装在快门上。安全触板动作的碰撞力不大于5N。

三、轿底电气装置的安装

超载装置的作用是对电梯轿厢的载重进行自动控制。一般在载重量达到电梯额定载重的110%时，超载装置切断电梯控制电路，使电梯不能起动，实行强制性载重控制。对于集选控制电梯，当载重量达到电梯额定载重的80%~90%时，接通直驶电路，运行中的电梯不应答厅外截停信号。

电梯超载装置有多种形式，如机械式、电磁式等。

电磁式超载装置是由于电梯载重增大后，电梯轿底受到向下活动的压力使轿底缓冲橡胶产生弹性变化，通过霍尔式传感器检测位移变化，从而实现对电梯轿厢超载进行检测。

超载开关的调试方法如下：

1）用连接支架安装好超载装置，并尽可能将其安装在轿底中部。

2）将磁铁吸附在轿底，且标志面正对超载装置感应点。

3）安装调整超载装置，使轿底磁铁对准其上端面中心点。同时必须保证超载装置端面与磁铁断面相互平行。

4）在电梯额定负载时，调节超载装置使其指示灯刚好由暗到亮翻转，此时紧固超载装置，调试完毕。

四、层站电气装置的安装

1. 呼梯盒的安装

呼梯盒安装在距地坪1.2~1.4m的墙壁上，如图3-28a所示，盒边距层门边200~300mm，如图3-28b所示。群控电梯的呼梯盒应装在两台电梯的中间位置，在同一候梯厅有2台及以上电梯并列或相对安装时，各呼梯盒的高度偏差应不大于2mm，与层门边的距离偏差应不大于 10mm，相对安装的各层指示灯盒和各呼梯盒的高度偏差均应不大于 5mm。

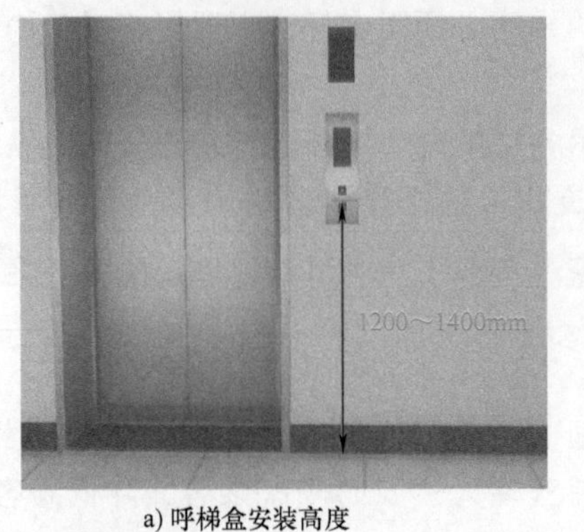

a) 呼梯盒安装高度

b) 呼梯盒层门距

图 3-28 呼梯盒安装示意图

2. 消防功能要求

具有消防功能的电梯，必须在基站或撤离层设置消防开关，如图 3-29 所示，消防开关应装在呼梯盒的上方，其底边距地面高度为 1.6~1.7m，如图 3-30 所示。

图 3-29 消防开关示意图

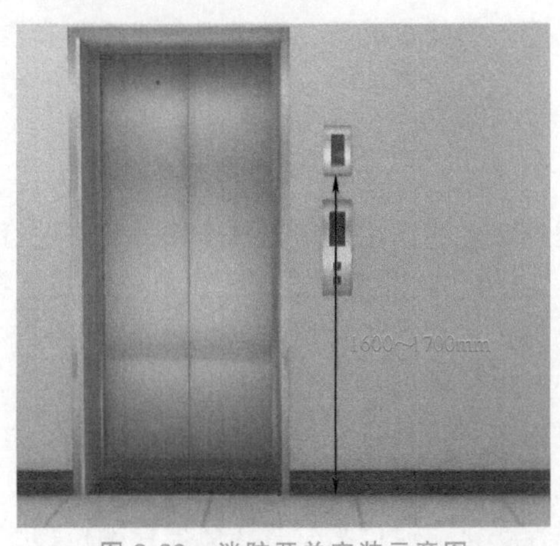

图 3-30 消防开关安装示意图

视频教学资源

演示呼梯盒、操纵盘安装方法。

扫码观看

任务实施

步骤一：学习准备

1. 根据本任务学习内容在“有机房曳引式垂直电梯安装（有脚手架）”学习平台进行垂直电梯轿厢内电气安装操作，教师事先做好预案，利用学习平台先模拟完成本次学习任务，然后集中开展任务实施工作，教师做巡回指导。

2. 指导教师对垂直电梯轿厢内电气安装操作做简单介绍。

3. 借助学习平台实施电梯轿厢内电气安装操作。

4. 根据实际操作任务的要求选取电梯安装通用工具和器材。

步骤二：模拟实施电梯轿厢和层站电气安装作业

按要求完成电梯轿厢和层站电气安装作业，具体安装任务包括：

1. 安装平层感应器、感应板。

2. 安装呼梯盒。

3. 安装消防装置。

4. 安装轿内操纵箱。

步骤三：教师巡回指导

结合本任务学习内容，开展任务模拟操作与实际操作练习，教师巡回指导，及时发现和解决学生存在的问题。

步骤四：任务点评

根据学生的任务实施情况，进行任务实施点评，提高学生应用所学知识解决实际工作问题的能力。

学习单元评价

自我评价（100分）

由学生根据学习任务完成情况进行自我评价，评分值记录于表3-4中。

表3-4　自我评价表

学习任务	项目内容	配分	评分标准	扣分	得分
学习任务3.3	1. 课堂纪律	15	1. 不遵守课堂纪律要求(扣2分/次) 2. 有其他违反课堂纪律的行为(扣2分/次)		
	2. 熟悉电梯轿厢内电气安装工序	70	1. 独立完成工作页的填写(7分) 2. 利用网络资源、工艺手册等查找有效信息(7分) 3. 正确使用工、量具及设备(7分) 4. 描述轿顶检修盒的作用(7分) 5. 叙述轿顶接线盒、轿顶风扇的作用(7分) 6. 叙述轿内操纵箱的安装要点(7分) 7. 叙述层站电气部件的安装要点(7分) 8. 在教师指导下,以小组方式进行轿底电气安装作业(7分) 9. 在教师指导下,以小组方式进行轿顶电气安装作业(7分) 10. 模拟井道内电气安装操作(7分)		
	3. 职业规范和环境保护	15	1. 在工作过程中工具和器材摆放凌乱(扣3分/次) 2. 不爱护设备、工具,不节省材料(扣3分/次) 3. 在工作完成后不清理现场,在工作中产生的废弃物不按规定处置(扣2分/次,将废弃物遗弃在工作现场的可扣3分/次)		
			总评分=(1~3项总分)		

签名：________　________年____月____日

思考与练习

一、填空题

1. 轿顶电气设备主要有________________、轿顶接线盒、平层感应器、到站钟以及各种安全开关等。

2. 如果轿内、机房也设有检修运行装置，应确保______________优先。

3. 平层感应器由____________平层感应器和上、下再平层感应器装在一副支架上组成。

4. 干簧管感应器（也称永磁感应器）由U形永久磁钢、____________、盒体组成。

5. 呼梯盒安装在距地坪______________m的墙壁上。

二、判断题

1. 轿厢与层站电气安装主要涉及电梯电气控制的信号输入，通过按钮、触摸控制、磁卡控制等进行信号输入。（　）

2. 轿顶接线盒、导线槽、导线管等可随意安装。（　）

3. 照明设备、风扇的作用是为乘客创造优雅舒适的环境。（　）

4. 当隔磁板插入U形磁钢与干簧管中间空隙时，由于干簧管失磁，动合触点断开、动断触点闭合。（　）

5. 到站钟是电梯到达目的层站时，发出音响的一种装置。到站钟用于提醒乘客注意上下梯，一般安装在轿厢顶部。（　）

三、选择题

1. 轿内操纵箱是控制电梯关门、开门、起动、停层、急停等的（　）装置。

A. 控制　　B. 操纵　　C. 自动　　D. 手动

2. 在关门过程中，通过安装在轿厢门口的光信号或机械保护装置实现（　）保护，当探测到有人或物体在此区域时，立即重新开门。

A. 信号　　B. 门锁　　C. 控制　　D. 关门

3. 载重达到电梯额定载重的（　）时，超载装置切断电梯控制电路，使电梯不能起动，实行强制性载重控制。

A. 100%　　B. 110%　　C. 120%　　D. 130%

4. 具有消防功能的电梯，必须在（　）或撤离层设置消防开关。

A. 顶层　　B. 基站　　C. 中间层　　D. 机房

5. 电梯超载装置有多种形式，如机械式、（　）等。

A. 按钮式　　B. 触点开关　　C. 光电式　　D. 电磁式

四、简答题

1. 简述轿内操纵箱的安装与拆卸方法。

2. 简述超载开关的调试方法。

项目总结

电梯作为特种设备，其安装工作是一项专业化程度很高的工作，对于从业人员的专业性和规范性要求非常严格，操作时的安全规范甚至会直接关系到作业人的生命安全，因此在作业时一定遵守相应的安全守则和相关的检查和安装安全操作规程。

1. 本项目将电梯电气部件安装分为3个部分进行，包括机房内电气安装、井道内电气安装、轿厢和层站电气安装，任务设置以电梯作业区域划分，先做机房作业，之后完成井道内作业，最后完成轿厢和层站作业。

2. 在电梯安装过程中，电梯电气部件安装十分重要，电梯机械部件安装如同躯干一样负责实现各项承载运输功能，而电气安装就如同血液一样，为承载功能提供必要的支撑。机房电气部件是电梯控制的中枢，所以机房内电气安装需在遵守电气安全规范的前提下开展，保证各线路、各元器件工作正常。

3. 电梯井道内电气安装在电气安装中工作范围最大，需随着电梯楼层的变化来实施电气安装作业，楼层高作业量大，在安装过程中需敷设随行电缆、端站开关等电气部件，在线路敷设和元器件安装过程中需注意安装规范，确保安装作业可靠有效。

4. 电梯轿厢和层站电气安装主要包括轿顶电气安装、轿内电气安装、轿底电气安装和层站电气安装4部分，其中轿内电气安装和层站电气安装是电梯与乘客进行交互的区域，在安装过程中要确保该区域交互功能准确、可靠、有效，其余部分包括电梯运行控制电气部件、检修运行电气部件以及中间接线端等，同样需按标准要求达到相应功能效果，确保电梯安全可靠运行。

通过完成本项目的学习，学生对电梯的电气安装基本知识和技能应有一个整体的感性认识，掌握主要电气部件的安装敷设方法，并能结合所学知识和技能从事相关电梯电气部件安装与维修工作。

学习项目4　电梯试运行检查与调整

项目描述

某工地安装了一台电梯，单梯单井。梯型为AC-VVVF，载重750kg（10人），梯速为1.0m/s，电源电压为AC 380V，办公楼供电系统为三相五线制，电动机功率为11kW，断路器容量为30A，铜导线规格为$8mm^2$，变压器容量为8kV·A。现已完成电梯机械和电气设备安装作业，要求电梯安装企业依据实际工作情况，完成如下任务：

1. 电梯运行前检查与调整。
2. 电梯运行检查与调整。

通过本项目学习，使学生掌握在电梯全部项目安装完毕后，需要进行的系统检查和调整，以及试运行试验。通过学习，学生应基本掌握电梯调整与试运行的方法，为从事电梯安装维修工作奠定基础。

项目目标

电梯试运行检查与调整是电梯安装工程的重要阶段，也是收尾阶段，通过本项目的学习达到以下目标：

1. 了解电梯系统的功能。
2. 掌握电梯系统各部分的功能及工作原理。
3. 掌握电梯各种功能的调整和检查方法。
4. 熟悉电梯控制柜的图样等技术资料。
5. 会使用仪器仪表对需要的电气元件、线缆的性能、质量进行检测。
6. 能按照图样安装电气元件及线缆。
7. 根据调整要求找到相应国标要求，并能根据国标对电梯进行调整。
8. 能对调试结果进行自检。

学习任务4.1　电梯运行前检查与调整

任务分析

电梯的检查与调整工作是电梯正常运行的基础和保障，将直接影响到电梯的使用安全。为了避免危险及有害因素的发生，在电梯全部项目安装完毕后，分别在机房和轿顶进行电梯运行前检查作业。在完成所有检查作业的情况下，电梯在所有电气及机械安全保护装置作用下方可进行运行试验，确保电梯正常运行。通过本任务的学习，学生应掌握电梯运行前检查与调整的方法，为学生从事电梯安装和维修工作奠定基础。

建议学时

建议完成本任务用 6~8 学时。

学习目标

应知

1. 了解电梯检查与调整的内容和作用。
2. 掌握电梯检查与调整的要求。
3. 掌握电梯检查与调整的方法。

应会

能够根据 TSG/T 7001—2009《电梯监督检验和定期检验规则——曳引与强制驱动电梯》要求对已完成安装的电梯进行检查调整作业。

基础知识

为了更好地安全使用电梯，在安装作业后期需要专业人员对电梯进行运行前检查和调整，待检查合格后方可正常使用。

电梯交付运行前的检验应包括检查及试验，其中检查是对提交的文件与安装完毕的电梯进行对照；检查电梯在一切情况下均应满足 TSG/T 7001—2009《电梯监督检验和定期检验规则——曳引与强制驱动电梯》和 GB 7588—2003《电梯制造与安装安全规范》标准的要求；根据制造标准，直观检查标准无特殊要求的部件；对要进行型式试验的安全部件，将其型式试验证书上的详细内容与电梯参数进行对照。型式试验是指在设计完成后，对试制出来的新产品进行的定型试验，是验证产品能否满足技术规范的全部要求所进行的试验。试验内容包括对门锁装置、电气安全装置、制动系统、电气接线、极限开关、曳引机、限速器、轿厢安全钳、对重安全钳、缓冲器、报警装置、轿厢上行超速保护装置进行可靠性试验。

一、运行前检查与调整

1. 门锁装置检查

电梯在正常运行时，应不能打开层门或多扇层门中的任意一扇，除非轿厢在该层门的开锁区域内停止或停站，开锁区域不应大于层站地平面±0.2m，在用机械方式驱动轿门和层门同时动作的情况下，开锁区域可增加到不大于层站地平面±0.35m。如果一个层门或多扇层门中的任何一扇门开着，应不能起动电梯或保持电梯继续运行。

在开锁区域内，允许在相应的楼层高度处进行平层和再平层，允许在层站楼面以上延伸到高度不大于 1.65m 的区域内，进行轿厢的装卸货物操作。此外，层门的上门框与轿厢地面之间的净高度在任何位置时均不得小于 2m。在开锁区域内，必须保证层门不经专门操作而完全闭合。

轿厢应在锁紧元件啮合不小于 7mm 时才能起动，如图 4-1 所示。

每个层门均应能从外面借助于一个规定的与开锁三角孔相配的钥匙将门开启，如图 4-2 所示。

开锁三角钥匙应只交给一个负责人员。钥匙应带有书面说明，详述必须采取的预防措

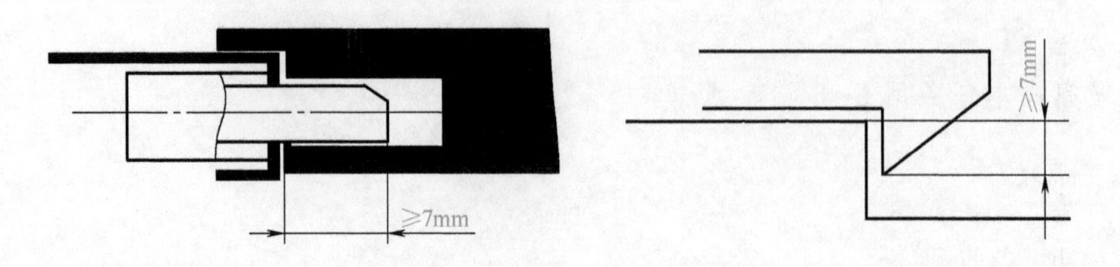

图 4-1 门锁啮合示意图

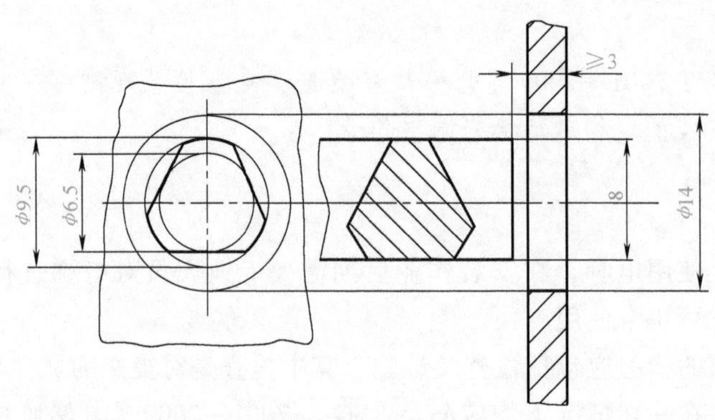

图 4-2 开锁三角钥匙（单位：mm）

施，以防止开锁后因未能有效地重新锁上而引起事故。在一次紧急开锁以后，门锁装置在层门闭合状态下，不应保持开锁位置。在轿门驱动层门的情况下，轿厢在开锁区域之外时，层门开启后，应确保该层门能自动关闭。

2. 电气安全装置检查

电气安全装置检查内容见表 4-1，检查结果需满足 GB 7588—2003 的要求。

表 4-1 电气安全装置检查内容

序号	检查项目	序号	检查项目
1	检查检修门、井道安全门及检修活板门的关闭位置	16	检查限速器绳的张紧
		17	检查轿厢上行超速保护装置
2	检查底坑停止装置	18	检查缓冲器的复位
3	检查滑轮间停止装置	19	检查轿厢位置传递装置的张紧(极限开关)
4	检查层门的锁紧状况	20	检查曳引驱动电梯的极限开关
5	检查层门的闭合位置	21	检查轿门的锁紧状况
6	检查无锁门扇的闭合位置	22	检查可拆卸盘车手轮的位置
7	检查轿门的闭合位置	23	检查轿厢位置传递装置的张紧(减速检查装置)
8	检查轿厢安全窗和轿厢安全门的锁紧状况	24	检查减行程缓冲器的减整状况
9	检查轿顶停止装置	25	检查强制驱动电梯钢丝绳或链条的松弛状况
10	检查钢丝绳或链条的非正常相对伸长(使用两根钢丝绳或链条时)	26	用电流型断路接触器的主开关控制回路
		27	检查平层和再平层
11	检查补偿绳的张紧	28	检查轿厢位置传递装置的张紧(平层和再平层)
12	检查补偿绳防跳装置	29	检查检修运行停止装置
13	检查安全钳的动作	30	检查对接操作的行程限位装置
14	限速器的超速开关	31	检查对接操作停止装置
15	检查限速器的开关		

3. 制动系统检查

电梯必须设有制动系统，在出现动力电源失电、控制电路电源失电情况时能自动动作。制动系统应具有一个机-电式摩擦型制动器。此外，还可装设其他制动装置。

当轿厢载有125%额定载荷并以额定速度向下运行时，制动器应能使曳引机停止运转。并且在上述情况下，轿厢的减速度不应超过安全钳动作或轿厢撞击缓冲器所产生的减速度。所有参与向制动轮或盘施加制动力的制动器机械部件应分两组装设。如果一组部件不起作用，应仍有足够的制动力使载有额定载荷以额定速度下行的轿厢减速下行。

被制动部件应以机械方式与曳引轮或卷筒、链轮直接刚性连接。正常运行时，制动器应在持续通电下保持松开状态。切断制动器电流，制动器应保持抱紧制动状态。

当电梯的电动机有可能起发电机作用时，应防止该电动机向操纵制动器的电气装置馈电。断开制动器的释放电路后，电梯应无延迟制动。使用二极管或电容器与制动器线圈两端直接连接不能看作延时装置。装有手动紧急操作装置的电梯驱动主机，应能用手松开制动器并需要以一个持续力保持其松开状态。机-电式制动器制动闸瓦或衬垫的压力应用有导向的压缩弹簧或重铊施加。

4. 电气接线检查

电气接线检查是进行机房接地端与易于意外带电的不同电梯部件间的电气连通性检查。

不同电路绝缘电阻的测量方法不同，应测量每个通电导体与地之间的绝缘电阻，测量的绝缘电阻的最小值选取见表3-1。做此项测试时，所有电子元器件的连接均应断开。

5. 极限开关检查

极限开关应设置在尽可能接近端站，并且无误动作危险的位置上。极限开关应在轿厢或对重接触缓冲器之前起作用，并在缓冲器被压缩期间保持其动作状态。端站停止开关和极限开关必须采用分别的动作装置。对于曳引驱动的电梯，极限开关的动作应直接利用处于井道的顶部和底部的轿厢或利用一个与轿厢连接的装置，如钢丝绳、带或链条。该连接装置一旦断裂或松弛，规定的电气安全装置应使电梯驱动主机停止运转。

对于曳引驱动的单速或双速电梯，极限开关应能切断电路，通过电气安全装置切断两个接触器线圈直接供电的电路；对于可变电压或连续调速电梯，极限开关应能迅速地在与系统相适应的最短时间内使电梯驱动主机停止运转。

极限开关动作后，电梯应不能自动恢复运行。

6. 曳引检查

曳引钢丝绳应在轿厢装载至125%规定额定载荷的情况下保持平层状态不打滑。在任何紧急制动的状态下，不管轿厢内是空载还是满载，其减速度的值不能超过缓冲器作用时减速度的值。当对重压在缓冲器上而曳引机按电梯上行方向旋转时，应不可能提升空载轿厢。

在相应于电梯最严重的制动情况下，停车数次，进行曳引检查。每次试验，轿厢应完全停止。试验应包括：行程上部范围内，上行，轿厢空载；行程下部范围内，下行，轿厢载有125%额定载重量；当对重压在缓冲器上时，空载轿厢不能向上提升。

可通过电流检测的方法检查平衡系数是否达到要求。

7. 限速器检查

操纵轿厢安全钳的限速器应在速度至少等于额定速度的115%时动作。根据安全钳的不同，限速器动作速度应符合如下要求：

1）对于除了不可脱落滚柱式以外的瞬时式安全钳，限速器动作速度为6.8m/s。

2）对于不可脱落滚柱式瞬时式安全钳，限速器动作速度为1m/s。

3）对于额定速度小于或等于1m/s的渐进式安全钳，限速器动作速度为1.5m/s。

4）对于额定速度大于1m/s的渐进式安全钳，限速器动作速度为（1.25v+0.25v）m/s。

注：对于额定速度大于1m/s的电梯，以接近4）规定的动作速度值参考。

对重安全钳的限速器动作速度应大于规定的轿厢安全钳的限速器动作速度，但超出量不得超过10%。

在轿厢上行或下行的速度达到限速器动作速度之前，限速器或其他装置上的电气安全装置应使电梯驱动主机停止运转。对于额定速度不大于1m/s的电梯，该电气安全装置可在限速器达到其动作速度时起作用。如果安全钳释放后，限速器未能自动复位，则在限速器未复位时，电气安全装置应防止电梯起动，在限速器绳断裂或过分伸长的情况下，应通过电气安全装置的作用，使电动机停止运转。

8. 轿厢安全钳检查

安全钳动作时所能吸收的能量已经过了型式试验期，需要重新进行验证。电梯交付使用前试验的目的是检查安全钳是否正确安装、正确调整和检查整个组装件（包括轿厢、安全钳、导轨及其和建筑物的连接件）的坚固性。为了便于试验结束后轿厢卸载及松开安全钳，试验宜尽量在对着层门的位置进行。

试验在轿厢装有均匀分布的载重量并且下行期间进行，电梯驱动主机运转直至钢丝绳打滑或松弛为止，并在下列条件下进行验证。

1）对于瞬时式安全钳，轿厢装有额定载重，安全钳的动作验证需在检修速度下进行。

2）对于渐进式安全钳，轿厢装有125%额定载重量，安全钳的动作可在额定速度或检修速度下进行。

试验以后，应用直观检查并确认未出现对电梯正常使用的不利影响和损坏。必要时，可更换摩擦元件。

对重安全钳需在轿厢上行、对重下行时检验，检验方法与轿厢安全钳检验方法相同。

9. 缓冲器检查

缓冲器应设置在轿厢和对重的行程底部极限位置。轿厢缓冲器的作用点应设一个一定高度的缓冲器支座，当轿厢完全压在缓冲器上时，底坑中应有足够的空间，该空间的大小以能容纳一个不小于0.50m×0.60m×1.0m的长方体为准，任一平面朝下放置即可；底坑底和轿厢最低部件之间的自由垂直距离不小于0.50m；距其作用区域的中心0.15m范围内，有导轨和类似的固定装置，不含墙壁，则这些装置是缓冲器工作的障碍物。

1）蓄能型缓冲器试验应以载有额定载重量的轿厢压在缓冲器上，同时检查压缩情况是否符合缓冲器要求。

2）非线性缓冲器和耗能型缓冲器试验应以载有额定载重量的轿厢和对重以额定速度撞击缓冲器。

检查以后，应确认未产生对电梯正常使用不利影响和损坏。

10. 报警装置检查

为使乘客能向轿厢外求援，轿厢内应装设乘客易于识别和触及的报警装置。该装置的供电应来自应急照明电源。轿内电话应采用一个对讲系统，以便与救援服务持续联系。在启动对讲系统后，被困乘客应不必再做其他操作。如果电梯行程大于 30m，在轿厢和机房之间应设置应急电源供电的对讲系统或类似装置。

二、检修运行检查与调整

1. 检修运行前准备工作

(1) 机房内运行前检查

确定机房配电箱、控制柜拥有良好的接地装置，如图 4-3 所示。机房内拥有足够照明，并有电源插座、通风降温设备，门口应有“机房重地闲人免进”的警示标志，如图 4-4 所示。

图 4-3　接地装置检查

图 4-4　警示标志检查

(2) 调试通电前的机械部件调整

制动闸瓦与制动轮间隙调整：制动器制动后，要求制动闸瓦与制动轮可靠接触；松闸后，制动闸瓦与制动轮完全脱离，无摩擦、无异常声音且间隙均匀，最大间隙不超过 0.7mm，如图 4-5 所示。

自动门机检查：层门应开关自如、无噪声；轿厢运行前，应将轿门有效地锁紧在关门位置上；层门电气锁点应可靠闭合，如图 4-6 所示。

图 4-5　制动器间隙检查

图 4-6　层门门锁检查

(3) 调试通电前的安全开关装置检查

层门、轿门的电气联锁应动作灵活可靠，缓冲器开关、断绳保护开关、限位开关、极限开关动作准确、安全、可靠，各急停开关应有效。

(4) 安全检查

要确保限速器与安全钳联动动作可靠，确保各层的层门和轿门关好，确保非电梯安装人员不能将层门打开。

(5) 清洁、润滑

对机房、井道、底坑进行清洁，在轿厢和对重导轨上的油杯中加入润滑油。

2. 检修试运行

(1) 慢车试运行

1) 电气检查。在电梯满载试运行前，加入剩余对重块，应先在机房检修运行后，才能在轿顶进行检修运行，按动检修盒上的慢上按钮，电梯应以检修速度慢上。继电器动作与接触器动作及电梯运行方向应确保一致，如图 4-7 所示。按动检修盒上的慢下按钮，电梯应以检修速度慢下。

2) 间隙检查。检查开门刀与各层门地坎间隙，如图 4-8 所示；检查各层门锁轮与轿厢地坎间隙，如图 4-9 所示，检查轿厢最外端与井道壁间隙，轿厢部件与导轨支架的间隙、随行电缆、对重等与井道各部件的距离，不符合要求的应及时调整，保证轿厢及对重在井道全程运行时无任何卡阻碰撞现象，安全距离满足规范要求。

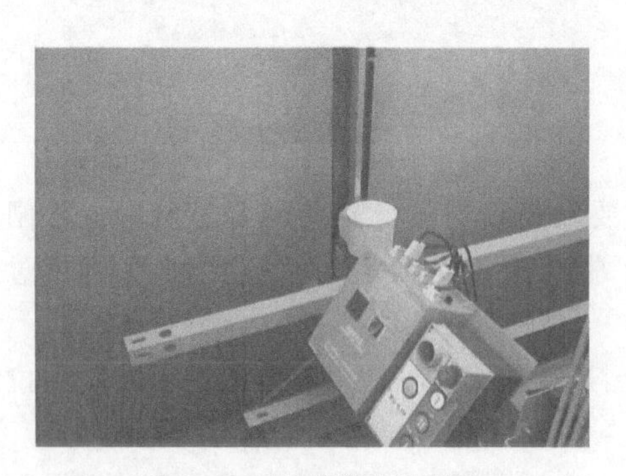

图 4-7 轿顶检修运行检查

图 4-8 开门刀与层门地坎间隙检查

(2) 安装补偿链

将轿厢慢车运行到底坑上方适当位置，在轿底固定补偿链，安装补偿链二次保护，轿厢慢车运行至顶层，安装补偿链导向装置，如图 4-10a 所示。在对重底部固定补偿链，安装补偿链二次保护，当电梯轿厢在最高位置时，补偿链距底坑地面距离要求在 100mm 以上，补偿链不允许与其他部件相碰撞，如图 4-10b 所示。

图 4-9 层门锁轮轿厢地坎间隙检查

(3) 自动门调整

使电梯处在检修状态，在轿顶操纵箱上按开门或关门按钮，门电动机应转动，且方向应与开关方向一致，开门时间一般调整在2.5~3s，关门时间一般调整在3~3.5s，如图4-11a所示，光幕功能应可靠，如图4-11b所示。

a) 补偿链安装

b) 补偿链检查

图4-10 安装补偿链

a) 开关门时间检查

b) 光幕检查

图4-11 自动门调整

视频教学资源

演示机房内安装运行前检查方法。

扫码观看

任务实施

步骤一：学习准备

1. 根据本任务学习内容在“有机房曳引式垂直电梯安装（有脚手架）”学习平台进行垂直电梯运行前检查与调整操作，教师事先做好预案，利用学习平台先模拟完成本次学习任务，然后集中开展任务实施工作，教师做巡回指导。

2. 指导教师对垂直电梯运行前检查与调整操作做简单介绍。

3. 借助学习平台实施电梯运行前检查与调整操作。

4. 根据实际操作任务的要求选取电梯安装通用工具和器材。

步骤二：模拟实施电梯运行前检查与调整作业

按要求完成运行前检查与调整作业，具体安装任务包括：

1. 运行前准备工作，检查各部件、元器件是否符合要求。

2. 慢车试运行检查，检查运行状况是否正常。

步骤三：教师巡回指导

结合本任务学习内容，开展任务模拟操作与实际操作练习，教师巡回指导，及时发现和解决学生存在的问题。

步骤四：任务点评

根据学生的任务实施情况，进行任务实施点评，提高学生应用所学知识解决实际工作问题的能力。

学习单元评价

自我评价（100分）

由学生根据学习任务完成情况进行自我评价，评分值记录于表4-2中。

表4-2 自我评价表

学习任务	项目内容	配分	评分标准	扣分	得分
学习任务4.1	1. 课堂纪律	15	1. 不遵守课堂纪律要求(扣2分/次) 2. 有其他违反课堂纪律的行为(扣2分/次)		
	2. 熟悉运行前检查与调整工序	70	1. 独立完成工作页的填写(7分) 2. 利用网络资源、工艺手册等查找有效信息(7分) 3. 正确使用工、量具及设备(7分) 4. 描述电梯运行前检查内容(7分) 5. 叙述电梯机房检查项目和要求(7分) 6. 叙述电梯井道检查项目和要求(7分) 7. 叙述电梯轿厢和层站检查项目和要求(7分) 8. 在教师指导下,以小组方式进行机械部分检查作业(7分) 9. 在教师指导下,以小组方式进行电气部分检查作业(7分) 10. 模拟电梯运行前检查操作(7分)		
	3. 职业规范和环境保护	15	1. 在工作过程中工具和器材摆放凌乱(扣3分/次) 2. 不爱护设备、工具,不节省材料(扣3分/次) 3. 在工作完成后不清理现场,在工作中产生的废弃物不按规定处置(扣2分/次,将废弃物遗弃在工作现场的可扣3分/次)		
			总评分=(1~3项总分)		

签名：________ ________年____月____日

阅读材料

电梯调试与试运行（上）

本内容以默纳克 NICE1000 new 一体化控制系统调试为例。

一、通电前检查

1. 检查机房的通道、通风设施、消防设施、照明设施、门窗等相关设施是否完整合理，机房卫生符合要求。

2. 检查限速器是否安装正确。

3. 检查所有旋转部件是否有加防护罩。

4. 机房所有孔洞必须有防护措施。

5. 机房用电采用临时电源的，必须对临时电源线进行检查，确保完整无损、无老化现象。临时电源箱必须遵循“一个剩余电流保护器控制一个用电点”的原则。

6. 检查下列端子与接地端子 PE 之间的电阻是否无穷大。

1）R、S、T 与 PE 之间。

2）U、V、W 与 PE 之间。

3）主板 24V 与 PE 之间。

4）电动机 U、V、W 与 PE 之间。

5）+、-母线端子与 PE 之间。

7. 检查机房线槽安装是否符合要求，控制柜电源进线与电动机连线是否正确（避免上电后烧毁变频器）。旋转编码器应安装稳固，接线可靠，编码器信号线与强电回路分开布置（防止干扰）。

8. 检查控制柜壳体、控制器接地线、曳引机接地线、轿厢接地线、层门接地线、线槽接地线、编码器接地线是否可靠安全接地，确保人身安全。

9. 检查用户电源，各相间电压应在 380（1±15%）V 以内，每相不平衡度不大于 3%。主控板控制器进电 24V 与 COM 间进电电压应为 DC 24（1±15%）V。用户电源总进线线规及总开关容量应达到要求。

10. 检查井道层门四周门洞必须按规定全部封闭，能够防止异物坠入和撞击。

11. 检查井道内是否有妨碍电梯运行的异物或凸出物。

12. 检查底坑卫生整洁情况，爬梯安装是否正确，缓冲器安装是否正确。

13. 检查井道照明、底坑照明是否正常。

14. 检查门锁开关、井道与底坑安全开关安装应正确有效。

15. 检查轿顶护栏安装是否正确牢固，轿顶急停、安全钳开关安装应正确有效。

16. 检查轿门及轿门锁开关是否正确，门刀与门锁间隙是否符合要求。

17. 检查安全钳间隙是否符合要求，安全钳应动作灵活。

18. 检查轿导靴、对重导靴间隙是否符合要求。

19. 检查轿顶、轿内照明是否正常。

二、通电后检查

1. 确认机房控制柜检修开关处于检修状态。

2. 侧身合上总电源，确认相序继电器工作正常（XJ12 相序继电器“Normal”指示灯常亮），如发现错相，应在总电源的断路器下端更换相序。

3. 合上 NF1 断路器，确认变压器各输出电压和图样相符，确认开关电源工作正常。

4. 合上各分路断路器，确认安全回路（主板 X25 安全回路反馈信号灯常亮）、门锁回路（主板 X26 层门反馈信号灯常亮、主板 X27 轿门反馈信号灯常亮）正常有效，如图 4-12 所示。

三、系统参数设定

NICE1000 new 电梯一体化控制器可以通过操作控制器（LED 操作器），查阅和修改电梯驱动与控制的全参。LED 操作面板通过标准跳线（数据线）连接到 NICE 系列控制器的 RJ45 插口，用户通过操作面板可以对 NICE 系列电梯一体化控制器进行功能参数修改、工作状态监控和操作面板运行时的控制（起动、停止）等操作。外观显示如图 4-13 所示。

图 4-12 主板 X25、X26、X27 指示灯

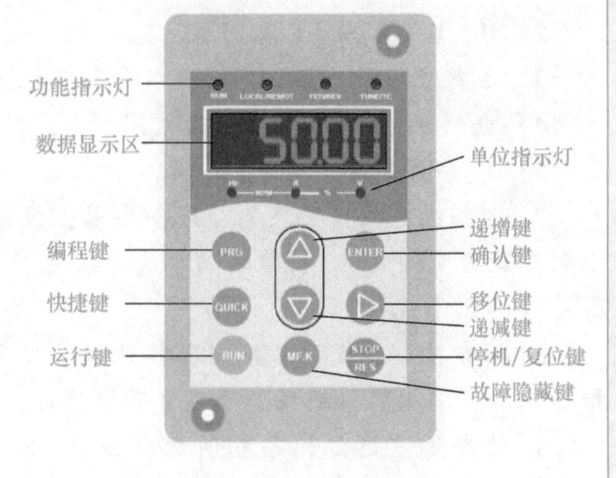

图 4-13 LED 操作器

1. LED 操作面板功能指示灯说明

1）RUN：灯亮时表示 NICE 系列电梯一体化控制器处于运转状态。

2）LOCAL/REMOT：保留。

3）FWD/REV：电梯上下行指示灯，灯亮表示电梯下行，灯灭表示电梯上行。

4）TUNE/TC：调谐指示灯，灯亮表示处于调谐状态。

单位指示灯说明如图 4-14 所示。

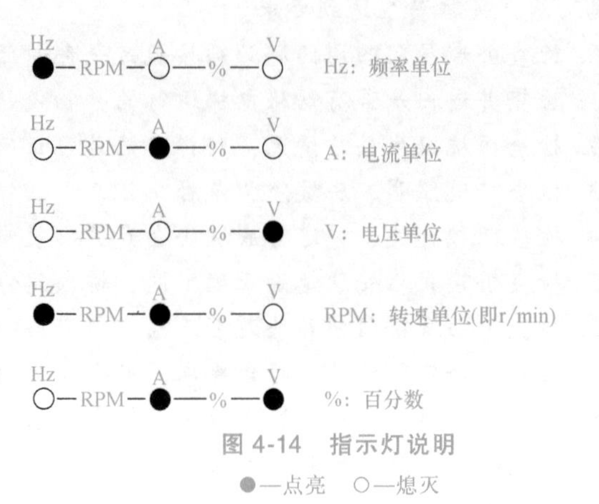

图 4-14 指示灯说明

●—点亮 ○—熄灭

2. LED 操作面板按键说明

LED 操作面板按键说明如图 4-15 所示。

按键	名称	功能
PRG	编程键	一级菜单的进入和退出
ENTER	确认键	逐级进入菜单画面、设定参数确认
△	递增键	数据或功能码的递增
▽	递减键	数据或功能码的递减
▷	移位键	在停机状态和运行状态下，通过移位键可以循环选择LED的显示参数；在修改参数时，通过移位键可以选择参数的修改位
RUN	运行键	在操作面板操作方式下，按此键用于启动运行
STOP RES	停止/复位	在操作面板操作方式下，按此键用于停止运行；故障报警状态时，按此键可进行故障复位的操作
QUICK	快捷键	进入或退出快捷菜单的一级菜单
MF.K	故障隐藏键	故障报警状态时，按此键可以进行故障信息的显示与消隐，方便参数查看

图 4-15　LED 操作面板按键说明

3. 三级菜单操作说明

操作面板采用三级菜单结构形式，可方便快捷地查询、修改功能码及参数。三级菜单分别为：功能参数组（一级菜单）→功能码（二级菜单）→功能码设定值（三级菜单），操作流程如图 4-16、图 4-17 所示。在三级菜单状态下，若参数没有闪烁位，表示该功能码不能修改，可能原因有：

1）该功能码为不可修改参数，如实际检测参数、运行记录参数等。

2）该功能码在运行状态下不可修改，需停机后才能进行修改。

说明：在三级菜单操作时，可按 PRG 键或 ENTER 键返回二级菜单。两者的区别是：按 PRG 键将设定参数保存后然后再返回二级菜单，并自动转移到下一个功能码；按 ENTER 键则直接返回二级菜单，不存储参数，并保持停留在当前功能码。

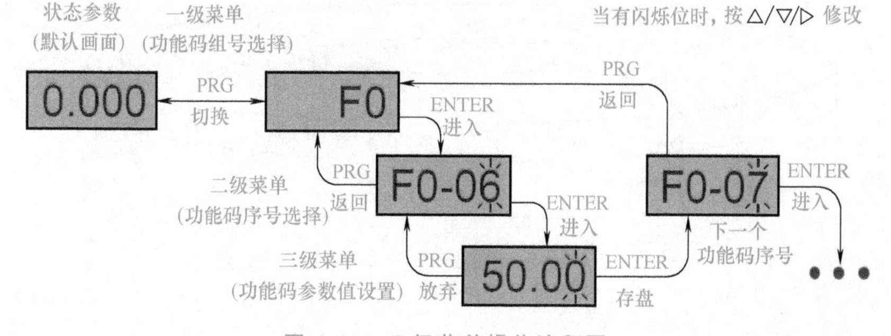

图 4-16　三级菜单操作流程图

NICE1000 new 电梯一体化控制器在停机或运行状态下，可由 LED 数码管来显示多种状态参数。具体的参数显示内容可由功能码 FA-01（运行参数）、FA-02（停机参数）按二进制位选择该参数决定是否显示。

4. 停机运行状态参数显示

在停机状态下，NICE1000 new 电梯一体化控制器共有 12 个停机状态参数可以用键循环切换显示，用户可通过 FA-02 功能码按位（转化为二进制）选择需要显示的值。在运行状态下，NICE1000 new 电梯一体化控制器共有 16 个运行状态参数可以用键循环切换显示，用户可通过 FA-01 功能码按位（转化为二进制）选择需要显示的值。操作如图 4-18、图 4-19 所示。

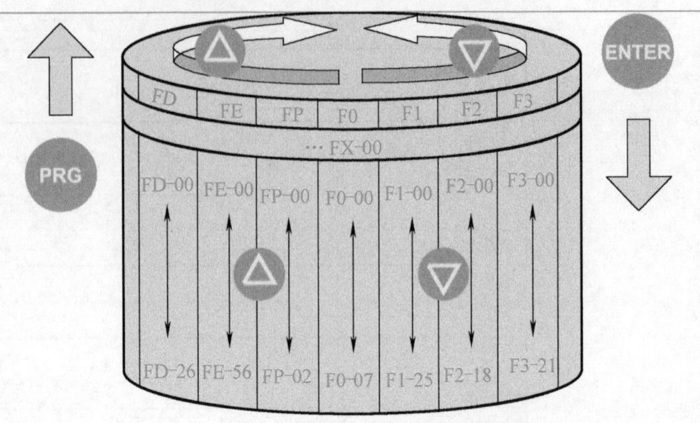

图 4-17 三级菜单切换关系示意图

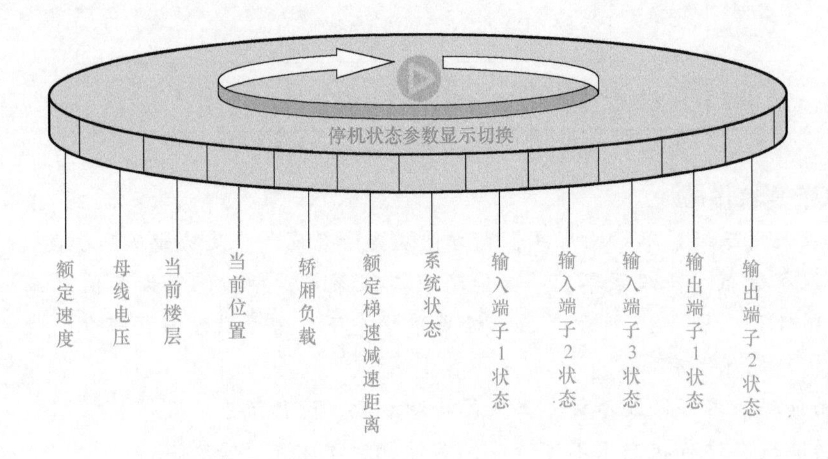

图 4-18 停机状态参数的显示切换图

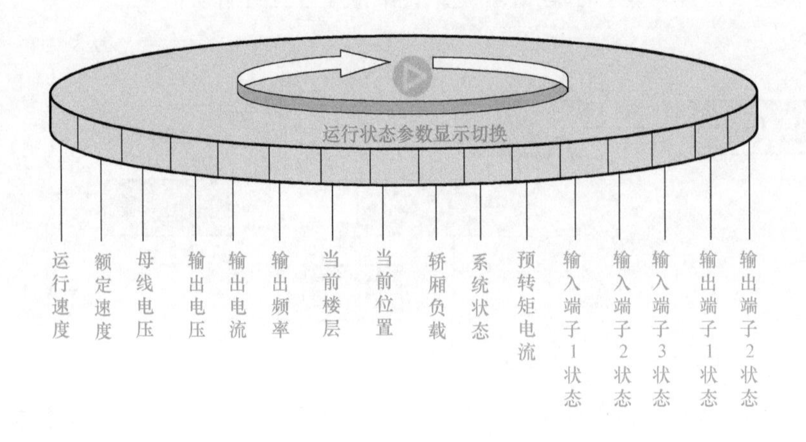

图 4-19 运行状态参数的显示切换图

5. 参数设置见表4-3。

表4-3　功能参数表

功能码	名称	参考设定值	设定范围	说明
F0组　基本参数				
F0-00	控制方式	1	0:开环矢量	主要用于异步机空载调试时的低速运行或维修时的故障判断运行,以及同步机特殊工况
			1:闭环矢量	有速度传感器矢量控制,用于正常的距离控制运行
			2:V/F方式	开环V/F控制,部分检测设备的情况下使用
F0-01	命令源选择	1	0:操作面板控制	用操作面板的RUN、STOP键进行控制,运行速度由F0-02(面板控制运行速度)设定。此方式仅用于测试或者电动机空载调谐
			1:距离控制	检修运行时电梯按照F3-11参数所设定速度运行;正常运行时在额定梯速内根据电梯当前楼层和目标楼层的距离自动计算速度和运行曲线,直接停靠
F0-03	电梯最大运行速度	小于F0-04	0.2~F0-04	设定电梯在实际中的最大速度,其设定值小于电梯额定速度
F0-04	电梯额定速度	根据曳引机铭牌设定	0.25~4.00	电梯标称的额定速度,该功能参数由电梯的机械和曳引机来决定
F0-05	最大频率	系统默认50	20.0~99.0	设定系统可输出的最大频率,该频率一定要大于曳引机的额定频率
F1组　电动机参数				
F1-00	编码器类型选择	0	0:SIN/COS绝对值型编码器	F1-25=1选择同步电动机时,此参数自动设置为0,若使用UVW型编码器,应在调谐前手动设置此参数为1,否则无法正常运行(海德汉1387编码器设置为0)
			1:UVW型编码器	
			2:AB型编码器(异步机用)	F1-25=0选择异步电动机时,此参数自动设置成2(AB型编码器),无须手动更改
F1-01	额定功率	根据曳引机铭牌设定	0.7~75.0	按照曳引机铭牌输入相关参数
F1-02	额定电压		0~440	
F1-03	额定电流		0.00~655.00	
F1-04	额定频率		0.0~99.0	
F1-05	额定转速		0~300	
F1-09	同步机电流滤波系数	0	0~3	设置电流滤波时间,对周期性垂直抖动有一定抑制作用,调节时以0.5为一调节单位逐步加大,选择效果最好的值
F1-12	编码器每转脉冲数	2048	0~10000	设置编码器的每转脉冲数(根据编码器的铭牌设定,海德汉1387编码器设置为2048)
F1-25	电动机类型	1	0:异步电动机 1:同步电动机	曳引机类型的选择

（续）

功能码	名称	参考设定值	设定范围	说明
F2组　矢量控制参数				
F2-10	电梯运行方向	0	0~1	通过该参数可以对运行方向（指在曳引机接线方式不变动前提下的曳引机运行方向）进行取反。曳引机调谐成功后，初次检修运行时，应确认电动机实际运行方向与检修指令方向是否一致，若不一致应通过设置F2-10来变更曳引机运行方向，使曳引机实际运行方向与曳引机指令运行方向保持一致
F2-11	零伺服电流系数	15.0	0.20~50.0	启动过猛应适当减小此组参数；启动倒溜则适当增加此组参数。逐渐增加零伺服电流系数（F2-11）值，到抱闸打开后倒溜足够小，并且电动机不抖动；如果在零伺服速度环 K_I（F2-13）小于1.00的情况下，电动机出现明显振荡，应减小零伺服电流系数（F2-11）值；零伺服速度环 K_P（F2-12）基本可以维持不变，不要调得太大，否则容易引起电动机振荡；如果电动机在无称重启动时噪声较大，应减小零伺服速度环相关参数（F2-12/13）
F2-12	零伺服速度环 K_P	0.5	0.00~2.00	
F2-13	零伺服速度环 T	0.6	0.00~2.00	
F3组　运行控制参数				
F3-11	检修运行速度	0.25	0.100~0.500	设定电梯在检修以及井道自学习时的速度
F3-17	低速返平层速度	0.1	0.080~F3-11	此参数用来设置电梯处于正常状态下非平层停车时返回平层位置时的速度

举例说明参数中的“FC-01-BT06＝1”设置方法：操作器先进入FC-01功能，按递增键或递减键，进入BT子功能，再按递增或递减键选择“06”，再按位移键，把“0”按递增键设置为“1”，最后按ENTER键。

思考与练习

一、填空题

1. 电梯交付运行前的检验应包括检查及__________。

2. 开锁区域不应大于层站地平面__________。

3. 轿厢应在锁紧元件啮合不小于________时才能启动。

4. 电梯轿厢在半载，向下运行至行程中段时的速度，不得大于额定速度的________，不小于额定速度的__________。

5. 操纵轿厢安全钳的限速器应在速度至少等于额定速度的__________时动作。

二、判断题

1. 开锁三角钥匙应交给多个负责人员。（　）

2. 电气安全装置检查内容包括检查安全钳的动作状况。（　）

3. 如果一组部件不起作用，无需制动力使载有额定载荷以额定速度下行的轿厢减速下行。（　）

4. 极限开关应设置在尽可能接近端站的位置。（　）

5. 限速器电气检查时，在轿厢上行或下行的速度达到限速器动作速度之后，限速器或其他装置上的电气安全装置应使电梯驱动主机停止运转。（　　）

三、选择题

1. 电梯运行（　　）后，应由电梯技工对其一般重要的机械和电气装置进行比较细致的检查、调整和修正。

A. 一个月　　B. 两个月　　C. 三个月　　D. 半年

2. 电梯运行的充分必要条件是（　　）。

A. 合上电源　　B. 确定运行方向　　C. 安全回路完好　　D. 机房门必须关好

3. 底坑应有监视专用的灯和插座，其电压不超过（　　），还应设有停止电梯运行的非自动复位的红色停止按钮。

A. 36V　　B. 110V　　C. 220V　　D. 380V

4. 限速器安装要牢固，它的绳轮应垂直于地面，垂直度误差应不大于（　　）。

A. 0.5mm　　B. 1.0mm　　C. 1.5mm　　D. 2.0mm

5. 操纵轿厢安全钳的限速器的动作应发生在速度至少等于额定速度的（　　）。

A. 115%　　B. 120%　　C. 125%　　D. 140%

四、简答题

1. 简述轿厢安全钳的验证内容和方法。

2. 简述缓冲器试验内容方法。

学习任务4.2　电梯运行检查与调整

任务分析

电梯的检查与调整工作是电梯正常运行的基础和保障，将直接影响到电梯的使用安全。为了避免危险的发生，在电梯全部项目安装完毕后，分别在机房和轿顶进行运行前检查作业，在完成运行前检查试验的情况下，可进行运行试验，确保电梯正常运行。通过本任务的学习，学生应掌握电梯运行检查与调整方法，为学生从事电梯安装和维修工作奠定基础。

建议学时

建议完成本任务用6~8学时。

学习目标

应知

1. 了解试运行调整的准备工作。

2. 熟悉快车运行调试要求。

3. 掌握平衡系数调整方法。

应会

能够根据标准TSG/T 7001—2009《电梯监督检验和定期检验规则——曳引与强制驱动电梯》要求对电梯进行运行检查与调整作业。

基础知识

电梯运行检查调整工作是电梯安装后的总检查和调试，因此要在运行前检查完成后进行，在运行调整前，整个安装过程中要采取检修运行措施，使电梯始终保持检修状态，确保安全。

一、试运行调整的准备工作

1. 检查和清理工作

对已安装好的部件，进行彻底检查和清理，清扫、擦洗所有电气机械装置，务必使其保持清洁，检查电气触头是否正常清洁。

2. 检查各润滑处，并添加润滑剂

1）对于有齿轮曳引机蜗轮减速箱而言，当位于室内（环境温度为-5~40℃）时，采用SYB1103-62S号齿轮油润滑，油位高度按油位线所示。

2）对于导靴（滑动导靴），导轨为人工润滑时采用钙基润滑脂，如GB 491-65型；导轨没有自动润滑装置时采用HJ-40机械油，如GB 443-64型。

3）油压缓冲器油按表4-4所示油号选用。

表4-4 油压缓冲器油液选择

电梯的起重量/kg	油号规格	黏度范围
500	高度机械油(HJ-5)(GB 486-65)	1.29~1.40°E50
750	高度机械油(HJ-7)(GB 486-65)	1.48~1.67°E50
1000	高度机械油(HJ-10)(GB 443-65)	1.57~2.15°E50
1500	高度机械油(HJ-20)(GB 443-65)	2.6~3.31°E50

3. 电气控制系统的检查

检查各电气装置在安装中有无损坏，接线是否正确（在电梯轿厢不动的情况下进行）。

4. 安全钳的调试

拉动轿厢上的安全钳提拉杆，安全钳的楔块应同时接触导轨工作面。此项检查轿厢应位于底层，操作人员在井道底坑内测量安全钳的实际动作时，应在轿厢空载、低速向下运行条件下进行，当限速器钢丝绳动作时，应先切断安全回路，随后制动轿厢。

二、试运行调整

1. 通电运行

用盘车手轮使轿厢下行一定距离，确认可以通电试运行时，即可通电运行。

2. 井道自学习运行

井道自学习运行是指电梯以自学习速度运行并记录各楼层的位置和井道中各个开关的位置。由于楼层位置是电梯正常起制动运行的基础和楼层显示的依据，因此，在快车运行之前，必须首先进行井道自学习运行。

确认电梯符合安全运行条件，通过手持编程器输入自学习命令，使电梯进入自动状态，电梯将以自学习速度向下运行到底层，如图4-20所示，然后从底层开始向上运行至顶层，自动学习井道内各参数，例如层站数和平层位置等。自学习成功后，开慢车将轿厢停于中间

楼层，此时轿内不载人，将电梯转换至正常状态，在机房控制屏处，手动运行电梯先单层后多层，上下往返数次，如无问题，试车人员可以进入轿厢进行实际操作。

图 4-20　井道自学习调试

3. 慢车检查

先开慢车逐层校对层门，在轿顶检查井道内安装部件有无相互碰撞现象，再慢速断续上下往复一次运行后，对下列项目逐层进行检查校对：

1）轿门、层门地坎的间隙各层均须满足（35±5）mm。

2）门刀与层门地坎、层门门锁滚轮与轿门地坎间隙各层须一致。

3）各安全保护开关应可靠无损坏。

4）在慢速试运行过程中，可利用轿厢的上下运行来安装井道内其他辅助零件。

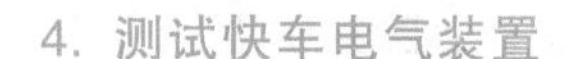

4. 测试快车电气装置

试车中对电梯的信号系统、控制系统、驱动系统进行测试、调整，使之全部正常。启动、加速、换速、制动、平层、外呼按钮、指令按钮均起作用，同时试车人员在机房内对曳引装置、抱闸等进行进一步检查，各项规定试测合格，电梯各性能符合要求，则电梯快速试验即完成。

5. 平层调整

快速上下运行至各层记录平层偏差值，如图 4-21a 所示，使平层偏差在规定范围内，综合分析调整隔磁板，使轿厢在每一层达到准确的平层位置。轿厢内加 80% 的额定负载，轿底满载开关动作；轿厢在最底层平层位置，轿厢内加 110% 的额定负载，如图 4-21b 所示，轿底超载开关动作、操纵盘上灯亮、蜂鸣器响且门不关。

a) 记录平层偏差值

b) 轿厢架110%额定载重

图 4-21　平层精度调整

6. 快车调试

(1) 调整平衡系数

平衡系数取得是否恰当，将直接影响电梯的准确性、电动机的正常工作、实际速度与额定速度之间的误差等。

1) 平衡系数。当电梯轿厢的重量与对重侧的重量基本相等时，在对重侧多加的重量与轿厢额定载重量的比称为平衡系数。其表达式为

$$K=(W_d-G)/Q$$

式中 K——平衡系数值；

W_d——对重侧装置重量（kg）；

G——轿厢重量（kg）；

Q——轿厢额定载重量（kg）。

平衡系数 K 一般取 0.4~0.6，具体需在调试中确定。通常情况下，客梯平衡系数取 0.45 左右，货梯平衡系数值应接近 0.5。

2) 平衡系数的测定方法（以 1t 的客梯为例）。在轿厢内放置 450kg 标准重量（包括操作人员自重），使电梯轿厢与对重装置在同一水平位置上，将电梯处于检修状态，并按下急停按钮，单独给制动器抱闸送电或用机械扳手松闸，其他电路不通电；然后用盘车手轮，使轿厢向上和向下分别移动 300~400mm，可重复盘动几次，凭手感判断轿厢与对重装置两边的重量是否相等，若不相等，必须调整对重的重量，直至两边的重量相等。

(2) 调整电梯平层

轿厢空载上行在各层停止时，把轿门地坎调至略高出层门地坎，满载上行在各层停止时，把轿门地坎调至略低于层门地坎，使两者数值相近似。同理，空载轿厢下行及满载下行所高出及低于层楼面的数值亦应相近似，见表 4-5。

表 4-5 平层精度

电梯类别	额定速度/(m/s)	平层精度不应超过/mm
甲	2、2.5、3	±5
乙	1.5、1.75	±15
丙	0.75、1	±30
	0.25、0.5	±0.5

(3) 调整电梯的加、减速度

在轿厢内乘坐无明显失重或振动的感觉。

(4) 调整检查各层门

任何一层层门打开或未完全关闭，电梯不得开动，要检查门锁是否可靠，同时检查开门和光幕（安全触板）工作是否正常。

(5) 调整检查各电气开关的可靠性

(6) 调整检查曳引钢丝绳的张力

各钢丝绳张力应基本一致，在运行中无抖动现象。

(7) 检查电气绝缘电阻是否合格和各处接地是否可靠

7. 电气电阻测量

电动机、控制柜、选层器和其他电器的对地绝缘电阻不得小于0.5MΩ，接地电阻在任一点处应不大于4Ω。

三、负荷运行试验

电梯运行试验分为三种形式，即空载试验、半载试验和满载试验。分别在空载、半载、满载三种情况下，通电持续率为40%时，每一种运行试验时间应不少于2h，观察电梯在起动、运行和停车时有无剧烈振动，制动器是否动作可靠，电梯信号及各种程序控制是否良好。要求制动器吸合线圈温升不应超过60℃，曳引机减速器油的温升也不应超过60℃，且油温最高不超过85℃。

1. 静载试验

所谓静载试验，就是将轿厢置于基站，切断电源，施加规定载荷试验。客梯、医用电梯和2t以上的货梯可施加额定载重量的200%，其他类型的电梯可施加到其额定载重量的150%。静载试验持续时间10min，观察各承载构件有无损坏现象，曳引绳有无滑移溜车现象，制动器刹车制动是否可靠。

2. 超负荷运行试验

使轿厢承载额定载重量的110%，在通电持续率40%的情况下，往返运行0.5h，观察电梯起动、制动是否安全可靠，曳引机是否工作正常，平层误差是否在允许范围之内。

视频教学资源

演示平层的调整方法。

扫码观看

任务实施

步骤一：学习准备

1. 根据本任务学习内容在“有机房曳引式垂直电梯安装（有脚手架）”学习平台进行垂直电梯运行检查与调整工作，教师事先做好预案，利用学习平台先模拟完成本次学习任务，然后集中开展任务实施工作，教师做巡回指导。
2. 指导教师对垂直电梯运行检查与调整工作内容做简单介绍。
3. 借助学习平台实施电梯运行检查与调整工作操作。
4. 根据实际操作任务的要求选取电梯安装通用工具和器材。

步骤二：模拟实施电梯运行检查与调整作业

按要求完成电梯运行前检查与调整作业，具体安装任务包括：

1. 井道自学习。
2. 快车试运行。
3. 测试快车电气装置。
4. 平层调整。
5. 安装底坑安全栅栏。

步骤三：教师巡回指导

结合本任务学习内容，开展任务模拟操作与实际操作练习，教师巡回指导，及时发现和解决学生存在的问题。

步骤四：任务点评

根据学生的任务实施情况，进行任务实施点评，提高学生应用所学知识解决实际工作问题的能力。

学习单元评价

自我评价（100分）

由学生根据学习任务完成情况进行自我评价，评分值记录于表4-6中。

表4-6 自我评价表

学习任务	项目内容	配分	评分标准	扣分	得分
学习任务4.2	1. 课堂纪律	15	1. 不遵守课堂纪律要求(扣2分/次) 2. 有其他违反课堂纪律的行为(扣2分/次)		
	2. 熟悉电梯运行检查与调整工作	70	1. 独立完成工作页的填写(7分) 2. 利用网络资源、工艺手册等查找有效信息(7分) 3. 正确使用工、量具及设备(7分) 4. 描述电梯试运行前准备工作内容(7分) 5. 叙述电梯试运行项目和要求(7分) 6. 叙述电梯井道自学习方法(7分) 7. 叙述电梯慢车检查项目和要求(7分) 8. 在教师指导下,以小组方式进行井道自学习作业(7分) 9. 在教师指导下,以小组方式进行慢车检查作业(7分) 10. 模拟电梯试运行检查操作(7分)		
	3. 职业规范和环境保护	15	1. 在工作过程中工具和器材摆放凌乱(扣3分/次) 2. 不爱护设备、工具,不节省材料(扣3分/次) 3. 在工作完成后不清理现场,在工作中产生的废弃物不按规定处置(扣2分/次,将废弃物遗弃在工作现场的可扣3分/次)		
			总评分=(1~3项总分)		

签名：________ ________年____月____日

阅读材料

电梯调试与试运行（下）

一、慢车试运行

1. 机房检修运行前

机房检修运行前确认事项：

1）控制柜的检修开关置于“检修”位置，轿顶及轿厢内检修开关置于“正常”位置。

2）安全回路、门锁回路工作正常，切记不可将门联锁短接。

3）编码器安装和接线正常。

4）变频器上电后显示正常，参数设置正确，液晶显示器中电梯工作状态项显示“检修运行”。

将曳引机抱闸与控制柜连线接好。

2. 机房检修运行

当机房检修运行条件满足后，按控制柜的慢上（下）按钮，电梯应以设定的检修速度向上（下）运行。

1）观察变频器显示的电动机反馈速度与方向。电梯上行时方向为正，下行时方向为负。

2）当按下慢上（下）按钮时，若变频器显示的电动机反馈转速不稳或与给定值偏差较大，则断电后将旋转编码器的A、B相对调，重新上电运行检查。

3）若电梯运行速度平稳但运行方向与按钮相反，则在断电后将变频器至电动机的任意两条相线对调，重新上电检查。

4）若电梯运行方向及反馈正确，但系统发生“运行方向错”保护，则断电后将控制柜主控板上的编码器输入端的A、B相对调，重新上电检查。

3. 轿顶及轿厢检修运行

若机房检修运行正常，可进行轿顶及轿厢检修运行。若轿顶或轿厢检修的上、下方向按钮与电梯实际运行方向相反，则应检查相应的检修方向按钮线路，不能再对控制柜的线路进行改动。

4. 电梯抱闸机械检查（机械调试）

5. 平层感应器的安装及减速距离的确定（机械调试）

平层感应器的安装标准如图4-22所示。

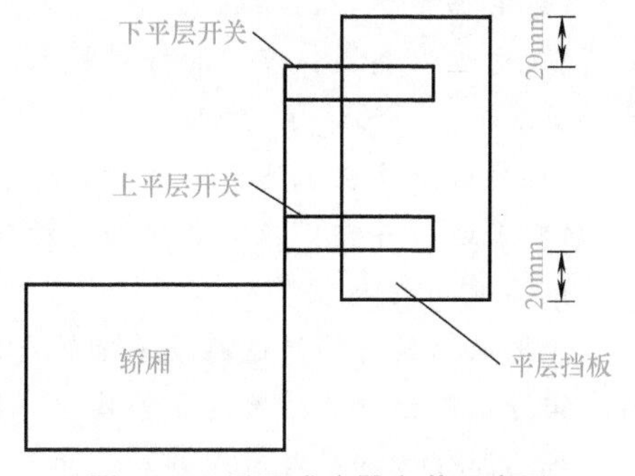

图4-22 平层感应器安装示意图

6. 减速距离的确定（机械调试）

强迫减速距离的参考数值：对于1.0m/s的电梯为1.5～1.7m；对于1.5m/s的电梯为2.3～2.6m；对于1.75m/s的电梯，第二强迫减速为1.5～1.8m，第一强迫减速为2.5～3.0m；对于2.0m/s的电梯，第二强迫减速为1.5～1.7m，第一强迫减速为3.0～3.4m。

二、快车调试

1. 井道自学习

井道自学习运行是指电梯以自学习速度运行并测量各楼层的位置及井道中各个开关的位置，由于楼层位置是电梯正常起、制动运行的基础及楼层显示的依据，因此，电梯快车运行之前，必须首先进行井道自学习运行。

井道自学习必须在检修状态下才能进行。在开始井道自学习后，系统会检测轿厢是否在下限位位置，如不在下限位位置则自动运行至下限位，然后电梯自动向上运行进行井道自学习。电梯自学习至上限位停止。自学习成功则显示“自学习成功”，此时按“ENTER”键确认，井道自学习完成。

电梯进行井道自学习前必须具备以下条件：

1）上/下限位开关、上/下端站开关安装完毕，接线正确。

2）上/下门区开关及每层门区挡板安装完毕，接线正确。

3）安全回路及门锁回路正常，变频器正常。

4）系统参数设置完成。

5）电梯可正常进行全程检修运行。

6）在外部检修状态。

自学习注意事项：

1）电梯在下限位位置时，上平层感应器应脱出门区挡板。

2）脉冲编码器的输入必须正确，如不正确则在主菜单上显示“脉冲方向错误”，此时须互换微机板输入的A、B相。

注意：编码器输入变频器的A、B相不能互换。

3）上/下平层感应器不能接反，否则在主菜单上会显示“平层开关错误”，此时应将接线互换。

注意：上平层感应器在下方，下平层感应器在上方。

4）为使电梯能准确平层并加快调试过程，在安装门区挡板时应尽量使轿厢的平层感应器在门区挡板的中央位置。

2. 快车试运行

在确定井道自学习准确无误后，可进行快车试运行。步骤如下：

1）电梯置于“门禁状态”。

2）通过液晶操作器中的呼梯状态界面，可以选定电梯运行楼层，分别进行单层、双层、多层及全程的试运行。

3）确认电梯在上述区间运行时均能正常起动，加速、减速至零速后平层停车。

4）若运行异常，应认真核查主控单元参数设置及变频器参数设置是否有误。

3. 电梯舒适感调整

如果电梯运行的舒适感及平层精度不够理想，首先应检查系统机械情况，如导靴的间隙、润滑、钢丝绳的松紧度是否均匀、绳头夹板位置是否合适等影响电梯运行舒适感的部分。机械部分经检查没有问题后，才可对控制部分进行调整。

由于变频器是按给定的起、制动曲线来控制电动机的运行，因此给定的起、制动曲线形状、变频器控制的电动机反馈速度对曲线的跟踪程度及主控微机板发给变频器控制信号的时序逻辑都将直接影响电梯运行的舒适感。

起、制动曲线的调整如图4-23所示。

起动段的S曲线由下列三个参数调节：

起动段的S曲线由起动开始段、起动加速段、起动结束段三个参数调节，由于加速度的原因，起动时加速度逐渐加大，电梯起动运行速度逐渐升高，速度随着加速度和时间的变化而变化，形成S曲线速度变化率，该速度变化率对应的变化幅度越圆滑，说明起动运行加速度变化越缓慢，乘用感觉越平稳舒适。

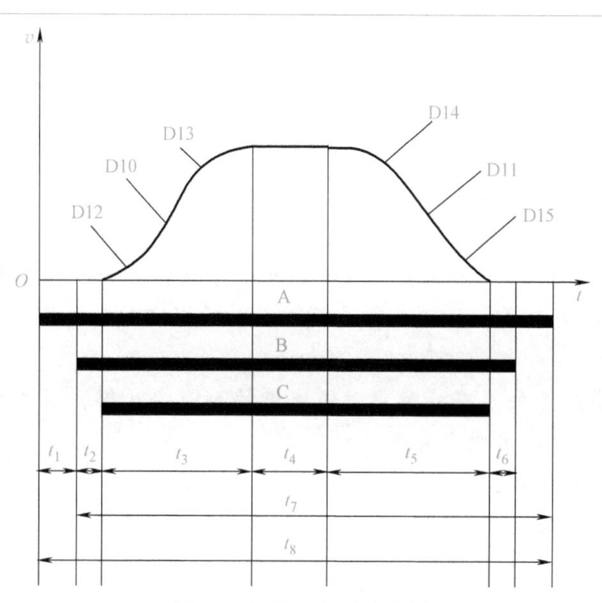

图 4-23　起、制动曲线图

t_1—运行方向建立时间　t_2—抱闸启动延时　t_3—启动加速时间　t_4—稳速运行时间
t_5—制动减速时间　t_6—抱闸释放延时　t_7—运行方向保持时间　t_8—单次运行周期
A—定向　B—开闸　C—速度给定
D12—起动开始段　D10—起动加速段　D13—起动结束段　D14—起动开始段　D11—起动加速段　D15—制动结束段

制动段的 S 曲线由制动开始段、制动加速段、制动结束段三个参数调节，由于减速度的原因，电梯制动运行减速度逐渐加大，电梯开始制动运行，运行速度逐渐降低，速度随着减速度和时间的变化而变化，形成 S 曲线速度变化率，该曲线变化率对应的变化幅度越圆滑，说明制动运行减速度变化越缓慢，乘用感觉越平稳舒适。

注意：现场调试中应在保证电梯运行效率的前提下，适当调节以上六个参数，以获得最佳电梯运行曲线。

对运行曲线的跟踪调整如下：

1）变频器必须控制电动机使其反馈速度严格跟踪给定运行曲线的变化才能达到预期的舒适感。由于变频器按照用户输入的电动机参数建立数学模型，并按此模型控制电动机的起、制动运行，因此，用户必须输入准确的电动机参数（建议进行电动机参数自学习）。

2）速度环的比例增益和积分增益的参数也将影响曲线的跟踪程度。通常增大比例增益会改善系统运行时的动态响应，提高跟踪的快速性。但比例增益过大会引起系统的高频振动，电动机噪声增大。加大积分增益会提高系统的抗扰动能力和跟踪能力，提高平层精度，但过大的积分增益会使系统振荡，表现为速度超调及运行时波浪式抖动。通常先调节比例增益，在保证系统不振荡的前提下尽量增大该值。然后调节积分增益，使系统既有快速的响应特性又超调不大。

4. 门机的调试（电气机械调试）

对门机的开关门平稳性、噪声进行调试。

5. 平层精度调整

平层精度的调整应在舒适感调整基本完成后进行。

(1) 保证电梯平层的基本条件

准确平层首先需保证平层感应器及挡板的安装位置十分准确，即要求在电梯安装时做到：

1）每层门区挡板长度必须准确一致。

2）支架必须牢固。

3）挡板的安装位置必须十分准确。当轿厢处于平层位置时，挡板的中心点与两门区感应器之间距离的中心点相重合，否则将出现该层站平层点偏移，即上、下均高于平层点或低于平层点。

4）如果采用磁感应开关，安装时应确保桥板插入深度足够，否则将影响感应开关的动作时间，造成该层站平层出现上高下低现象。

5）为保证平层，系统还要求电梯在停车之前必须有短暂爬行。

6）在实际调整时，首先应对某一中间层进行调整，一直到调平为止。然后，以此参数为基础，再调其他层。

7）通过上节中曲线选择及比例、积分增益的调整，应确保电梯无论上行和下行至中间楼层停车时，停车位置具有重复性（即每次所停位置之间的误差不大于±2~3mm）。

(2) 多段速度方式下的平层精度的调整

1）无爬行或爬行时间过长。系统要求电梯在减速后，首先应进入爬行状态，这是保证电梯平层的基本条件。如果没有爬行，说明减速曲线过缓；如果爬行时间过长，说明减速曲线过急。这时应调整减速曲线，使之既有爬行，又不过长。

2）上行低、下行高或上行高、下行低。当停车后出现上行低、下行高的现象，说明爬行速度偏低；当停车后出现上行高、下行低的现象，说明爬行速度偏高。这时应调整爬行速度。

3）上行低、下行低或上行高、下行高。当停车后出现上行低、下行低或上行高、下行高的现象，说明门区轿板的位置偏移，这时应调整门区轿板的位置。

4）上下端站的安装位置不正确。上下端站的安装位置不正确会影响电梯在两端的平层精度。以上端站为例，端站位置的调整步骤如下：将端站开关安装于大于换速距离的位置；电梯快速运行至端站，换速后停止将出现不平层；立即将系统置于检修状态；测量电梯距平层的距离，该距离就是上端站需向上调整的距离。同理，可进行下端站的调整。

(3) 模拟给定方式下的平层精度调整

1）停车位置重复性的确认。通过起、制动曲线选择及比例、积分增益的调整，应确保电梯无论上行和下行至中间楼层停车时，停车位置具有重复性（即每次所停位置之间的误差不超过±2~3mm。

2）门区挡板的调整。

① 电梯逐层停靠，测量并记录每层停车时轿厢地坎与层门地坎的偏差值 ΔS（轿厢地坎高于层门地坎时为正，反之为负。）

② 逐层调整门区挡板的位置，若 $\Delta S>0$，则门桥板向下移动 ΔS；若 $\Delta S<0$，则门区挡板向上移动 ΔS。

③ 门区挡板调整完毕后，必需重新进行井道自学习。

④ 重新进行平层检查，若平层精度达不到要求则重复步骤①~③。

思考与练习

一、填空题

1. 当限速器钢丝绳动作时，应先切断______________随后制动轿厢。

2. 在轿顶检查井道内安装部件有无相互______________现象。

3. 轿门、层门地坎的间隙各层均须满足______________。

4. 平衡系数 K 一般取值______________。

5. 电动机、控制柜、选层器和其他电器的绝缘电阻对地不得小于______________，接地电阻在任一点处应不大于______________。

二、判断题

1. 机房应有固定式照明设施，地板表面上的照度应不大于200lx。 (　　)

2. 电梯运行时轿厢内应无剧烈的振动和冲击。 (　　)

3. 电梯运行试验时，制动器动作可靠，线圈温升不应超过60℃。 (　　)

4. 电梯起动必须满足定向和开门两个环节。 (　　)

5. 补偿装置的作用是为平衡电梯运行过程中由于曳引钢丝绳自重分布的变化而引起的曳引变化。 (　　)

三、选择题

1. 停用超过（　　）后重新使用时，使用前应经认真检查和试运行后方可交付继续使用。

A. 5天　　B. 15天　　C. 一周　　D. 二周

2. 限速器安装要牢固，它的绳轮应垂直于地面，垂直度误差应不大于（　　）。

A. 0.5mm　　B. 1.0mm　　C. 1.5mm　　D. 2.0mm

3. 电梯电气部分绝缘电阻≥（　　）MΩ。

A. 0.22　　B. 0.38　　C. 0.50　　D. 0.63

4. 电梯电气部分接地电阻≤（　　）Ω。

A. 1　　B. 4　　C. 8　　D. 10

5. 超载试验将轿厢内的载荷达到额定载重的（　　）时，使电梯既不能关门，又不能开车。

A. 90%　　B. 100%　　C. 110%　　D. 120%

四、简答题

1. 试述快车运行的调试内容。

2. 简述电梯负荷试验的内容和方法。

项目总结

1. 本项目将试运行与调整分为两个部分进行，其中包括电梯运行前检查与调整、电梯试运行检查与调整，任务设置依据以电梯安装作业实际工作为基础。

2. 电梯运行前检查与调整是为了检查在电梯安装过程中，因安装作业而产生的设备故障，判断各功能部件可以达到标准要求，并能可靠地进行运行作业，保证各部件、各线路、各元器件工作正常。

3. 电梯试运行检查与调整是电梯运行前的最后检查步骤，通过电梯相关控制系统的自学习，确认井道各元器件功能，测试电梯平衡系数，验证安全系统的有效性，通过试运行检查与调整作业确保电梯安装作业可靠有效性，确保电梯安全运行。

通过本项目的学习，对电梯运行与调整知识和技能应有一个整体的感性认识，并掌握运行前检查与调整项目和内容及电梯试运行检查与调整项目和内容，并能结合所学知识和技能从事相关电梯电气部件安装与维修工作。

附　录

附录A　自导式电梯安装流程图

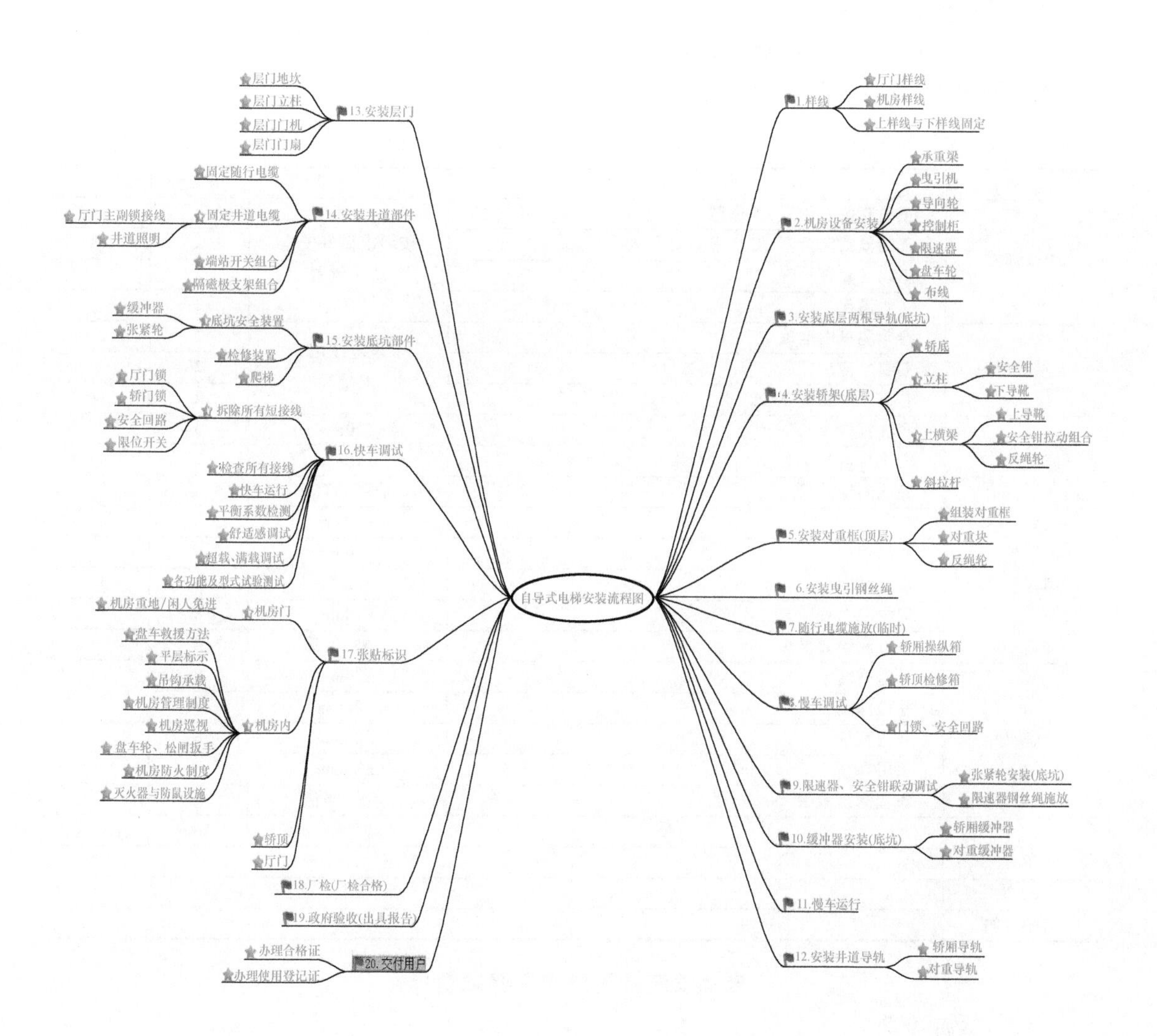

附录 B　电梯安装技能考核试题单和评分表

电梯安装技能操作考核试题单

试题代码：001

试题名称：电梯土建测量

规定用时：30min

1. 操作内容

根据电梯井道现场情况，进行电梯土建测量，并绘制土建测量图。

2. 操作要求

1）着装规范。

2）正确使用工量具。

3）电梯土建相关参数测量方法准确。

4）测量完毕后绘制测量图。

电梯土建测量评分表

考核项目	检查项目	标准要求	配分	得分
职业素养	正确穿戴工作服、工作鞋	按要求做好安全防护设置	2	
	正确佩戴安全帽、安全带等安全防护设备		2	
	正确设置警示牌		2	
	文明操作		2	
工量具使用	绘制测量图准确	规范使用工量具	2	
	钢卷尺使用正确		2	
	井道尺寸测量方法正确		2	
底坑尺寸	底坑宽度	±20mm	8	
	底坑深度	±20mm	8	
	底坑测绘效果	清晰、整洁	4	
门区尺寸	门高度	±20mm	6	
	开门宽度	±20mm	6	
	楼层高度	±20mm	6	
	门中心左偏距	±10mm	8	
	底坑测绘效果	清晰、整洁	4	
井道尺寸	井道高度	±20mm	8	
	井道深度	±20mm	8	
	井道宽度	±20mm	8	
	顶层高度	±20mm	8	
	底坑测绘效果	清晰、整洁	4	
总分			100	
学号				
教师				
考核时间				

电梯安装技能操作考核试题单

试题代码：002

试题名称：电梯样板架放置

规定用时：30min

1. 操作内容

根据井道布置图，按照电梯井道现场作业要求，实施井道放样作业。

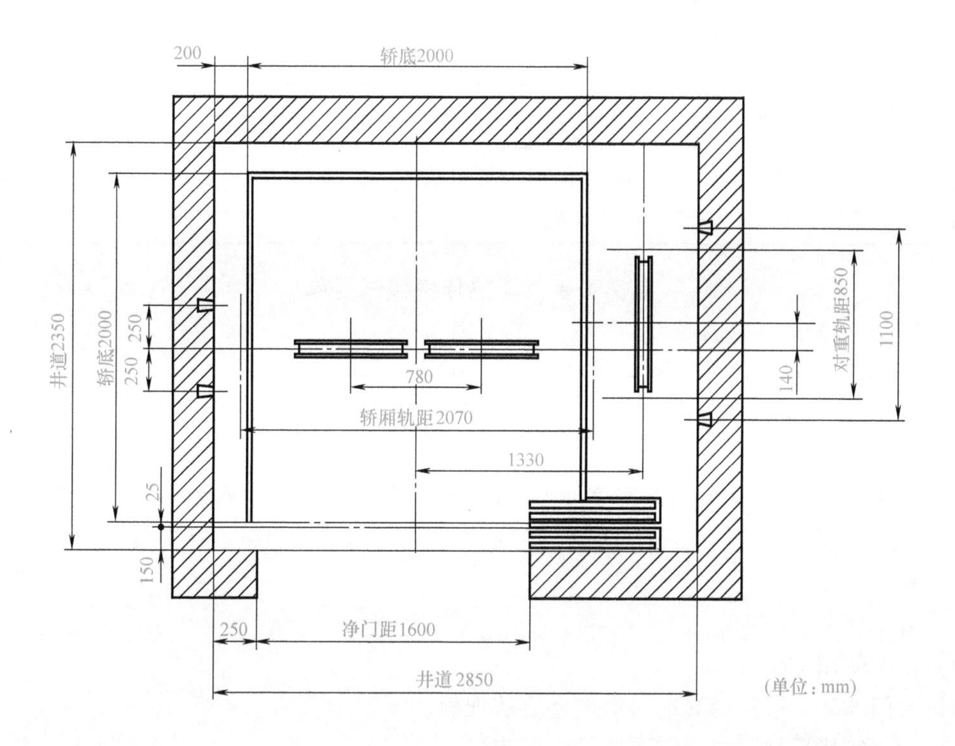

2. 操作要求

1）着装规范。

2）正确使用工量具。

3）电梯井道放样操作方法准确。

电梯井道样板架设置评分表

考核项目	检查项目	标准要求	配分	得分
职业素养	正确穿戴工作服、工作鞋	按要求做好安全防护设置	2	
	正确佩戴安全帽、安全带等安全防护设备		2	
	正确设置警示牌		2	
	文明操作		2	
工量具使用	放线工具选用准确	规范使用工量具	3	
	钢卷尺使用正确		3	
	钢直尺使用正确		3	
	测量数据准确		3	
门口样线	门口样线与井道左侧壁距离 250mm	±2mm	8	
	门口样线与井道右侧壁距离 1000mm	±2mm	8	
	门口样线与门口井道壁距离 150mm	2mm	6	
	开门宽度样线距 1600mm	±2mm	8	
轿厢导轨距样线	轿厢导轨支架样线距中心线 250mm	±2mm	6	
	轿厢导轨距样线距 2070mm	±2mm	8	
	轿厢门开门宽样线距 1600mm	±2mm	6	
	轿厢曳引中心线	2mm	4	

（续）

考核项目	检查项目	标准要求	配分	得分
对重导轨距样线	对重导轨与轿厢导轨中心线距 140mm	±2mm	8	
	对重导轨与轿厢导轨中心线距 1330mm	±2mm	8	
	对重导轨样线距 850mm	±2mm	6	
	对重导轨支架样线距 1100mm	±2mm	4	
总分			100	
学号				
教师				
考核时间				

电梯安装技能操作考核试题单

试题代码：003

试题名称：电梯层门的安装与调整

规定用时：30min

1. 操作内容

开门宽度中分 800mm、门扇高度 1100mm。层门装置已经基本安装完成，需复核和检查电梯层门已安装部件的安装质量，并对层门地坎、层门门套、门扇进行安装与调整。

2. 操作要求

1）着装规范。

2）正确使用工量具。

3）层门地坎、层门门套、门扇调整方法准确。

4）调整完毕后填写层门安装质量记录表格。

层门系统安装评分表

考核项目	检查项目	标准要求	配分	得分
职业素养	正确穿戴工作服、工作鞋	目测	2	
	正确佩戴安全帽、安全带等安全防护设备	目测	2	
	操作人员具有团队意识,沟通、协调顺利	目测	2	
工量具使用	工量具选用准确	目测	3	
	工量具使用正确	目测	3	
	工量具摆放整齐	目测	3	
层门地坎	钢制牛腿	≤2	3	
	纵向水平(左右两处)	≤1	3×2	
	横向水平	≤1	4	
	地表装饰线	≤2	4	
层门门套	垂直度	≤1	2×4	
	上横梁水平	≤1	4	
	开门宽度	±1mm	5	
层门门扇	开门阻力(正常开门)	目测	2	
	层门与地坎	4~6mm	6	
	层门与门套	4~6mm	6	
	两门扇对口处平面度	≤1mm	4	
	门缝间隙	≤2mm	5	
	层门分中	2~3mm	7	
	门导轨与防跳限位轮	0.3~0.7mm	4×2	
	门锁“十”字线对齐	目测	3	

（续）

考核项目	检查项目	标准要求	配分	得分
门锁钩	啮合深度	≥7mm	5	
	啮合长度	(3±1)mm	5	
总分			100	
学号				
教师				
考核时间				

电梯安装技能操作考核试题单

试题代码：004

试题名称：电梯曳引机的安装与调整

规定用时：30min

1. 操作内容

按照电梯井道布局图，对电梯曳引机进行安装和调整，曳引机已经基本安装完成，需复核和检查曳引机已安装部件的安装质量，并对曳引机垂直度、曳引机支撑梁、曳引轮和导向轮进行安装与调整。

2. 操作要求

1）着装规范。

2）正确使用工量具。

3）曳引机、曳引机支撑梁、曳引轮和导向轮调整方法准确。

4）调整完毕后填写曳引机安装质量记录表格。

曳引机安装与调整评分表

考核项目	检查项目	配分	实得分
职业素养	正确穿戴工作服、工作鞋	4	
	正确佩戴安全帽、安全带等安全防护设备	4	
	小组成员间具有团队意识，沟通、协调顺利	4	
工量具使用	扳手选用准确	2.5	
	扳手使用正确	2.5	
	螺栓选用合适	2.5	
	工量具摆放整齐	2.5	
曳引点标记	按井道布局图标记轿厢曳引点	6	
	按井道布局图标记对重曳引点	6	
	检测曳引点距离	6	
曳引机支撑梁放置	水平支撑梁水平度≤1/1000	6	
	水平支撑梁间距 605mm	6	
	水平支撑梁平行度误差±2mm	6	
曳引机的安装	曳引机的捆扎是否正确	6	
	曳引机吊装方法得当	6	
	曳引机水平度测量≤1/1000	6	
	曳引轮、导向轮平行度误差 0.5~1.5mm	6	
	曳引机的定位，用线锤测量曳引轮中心与曳引点偏差±1.5mm	6	
	曳引轮垂直度误差 0.5~1.5mm	6	
	导向轮垂直度误差 0.5~1.5mm	6	
总分		100	
学号			
教师			
考核时间			

电梯安装技能操作考核试题单

试题代码：005

试题名称：门操纵机构调整

规定用时：30min

1. 操作内容

在限定时间内，完成电梯厅门操纵机构中重锤、驱动钢丝绳、限位轮零件的安装调整。

2. 操作要求

1）着装规范。

2）正确使用工量具。

3）电梯厅门操纵机构安装调整操作方法准确。

电梯层门操纵机构装调评分表

考核项目	检查项目	标准要求	配分	得分
职业素养	正确穿戴工作服、工作鞋	按要求做好安全防护设置	2	
	正确佩戴安全帽、安全带等安全防护设备		2	
	正确设置警示牌		2	
	文明操作		2	
工量具使用	扳手选用准确	规范使用工量具	2	
	钢卷尺使用正确		2	
	钢直尺使用正确		2	
重锤	安装是否正确完成	目测	12	
驱动钢丝绳	受1kg力钢丝绳距离55~65mm	钢直尺	20	
	门分中误差≤2mm	钢直尺	20	
限位轮	0.6mm>左侧间隙≥0.5mm	塞尺	16	
	0.6mm>右侧间隙≥0.5mm	塞尺	18	
总分			100	
学号				
教师				
考核时间				

电梯安装技能操作考核试题单

试题代码：006

试题名称：电梯运行前检查与测试

规定用时：30min

1. 操作内容

在限定时间内，完成电梯运行前主要功能检查与测试。

2. 操作要求

1）着装规范。

2）正确使用工量具。

3）电梯运行前主要功能的检查与测试操作方法准确。

电梯运行前主要功能检查与测试评分表

考核项目	检查项目	配分	得分
职业素养	正确穿戴工作服、工作鞋	0.5	
	正确佩戴安全帽、安全带等安全防护设备	0.5	
	正确设置警示牌	0.5	
	文明操作	0.5	
工量具使用	三角钥匙使用正确	0.5	
	专用钥匙使用正确	0.5	

电梯运行前主要功能检查与测试

序号	考核项目	标准要求	配分	得分
1	基站启用、关闭开关	专用钥匙运行、停止转换灵活	2	
2	轿内照明、通风开关	功能正确、灵活可靠、标志清晰	2	
3	本层厅外开门	按电梯停在某层的呼梯按钮，应开门	2	
4	轿内指令记忆	有多个选层指令时，电梯应顺序逐一停靠	2	
5	呼梯记忆、顺向截停	记忆厅外全部呼梯信号，按顺序停靠应答	2	
6	自动关门待客	完成全部指令后，电梯自动关门，时间4~10s	2	
7	开门按钮开门	在电梯未启动前，按开门钮，门不打开	2	
8	提早关门	按关门按钮，门不经延时立即关门	2	
9	自动返基站	电梯完成全部指令后，厅外呼梯能截车	2	
10	轿内报警装置	应采用警铃、对讲系统、外部电话	2	
11	门机断电手动开门	在开锁区，断电后手扒开门的力≤300N	2	
总分			25	

学号	
教师	
考核时间	

附录 C 电梯安装作业图样

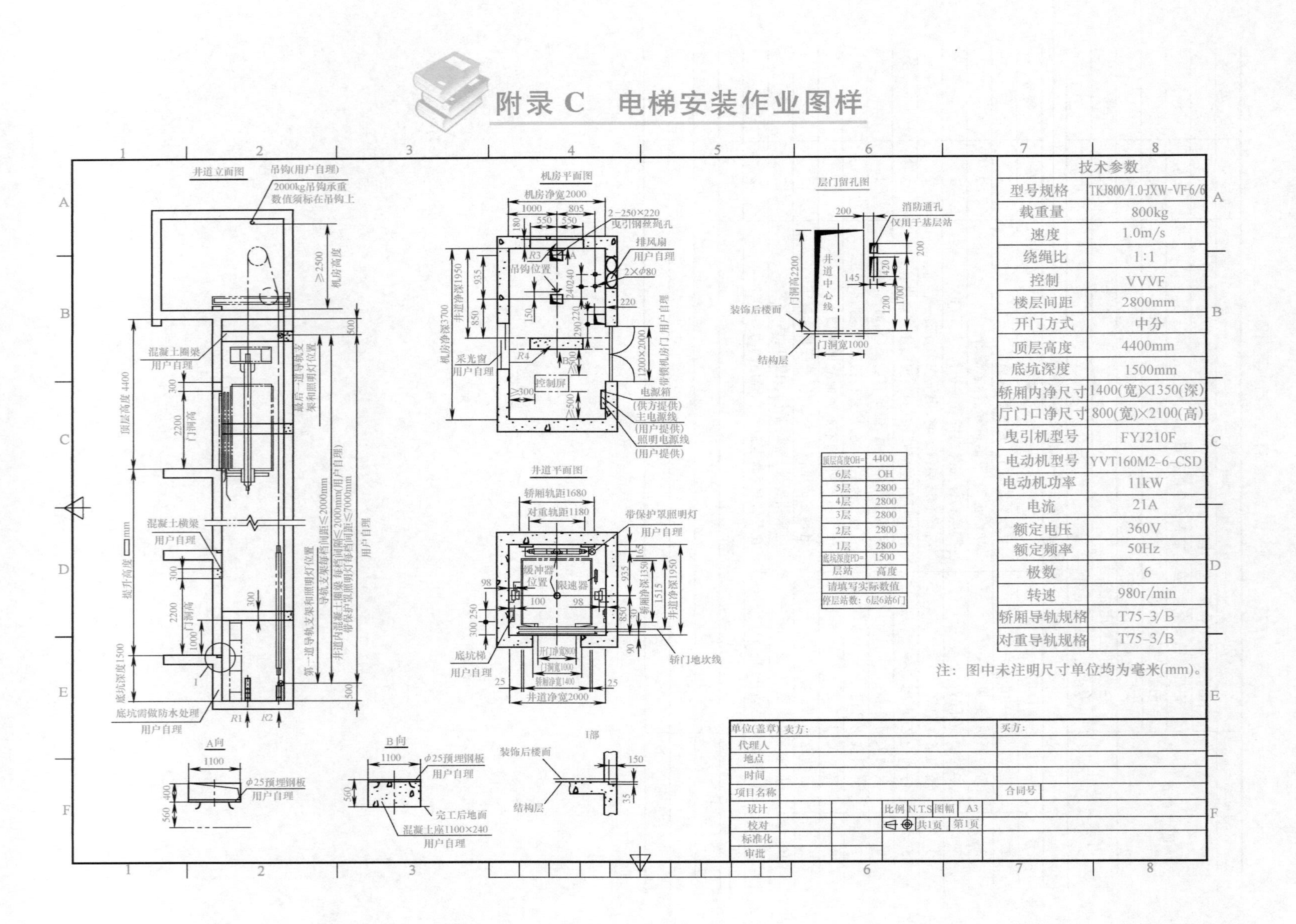

顶层高度OH=	4400
6层	OH
5层	2800
4层	2800
3层	2800
2层	2800
1层	2800
底坑深度PD=	1500
层站	高度
请填写实际数值	
停层站数：6层6站6门	

技术参数	
型号规格	TKJ800/1.0-JXW-VF-6/6
载重量	800kg
速度	1.0m/s
绕绳比	1:1
控制	VVVF
楼层间距	2800mm
开门方式	中分
顶层高度	4400mm
底坑深度	1500mm
轿厢内净尺寸	1400(宽)×1350(深)
厅门口净尺寸	800(宽)×2100(高)
曳引机型号	FYJ210F
电动机型号	YVT160M2-6-CSD
电动机功率	11kW
电流	21A
额定电压	360V
额定频率	50Hz
极数	6
转速	980r/min
轿厢导轨规格	T75-3/B
对重导轨规格	T75-3/B

注：图中未注明尺寸单位均为毫米(mm)。

参考文献

[1] 李乃夫. 电梯维修与保养 [M]. 2版. 北京: 机械工业出版社, 2019.

[2] 曾国通. 电梯安装 [M]. 北京: 机械工业出版社, 2013.

[3] 石春峰. 电梯电气系统安装与调试 [M]. 北京: 机械工业出版社, 2014.

[4] 上海市电梯行业协会. 电梯安装技术 [M]. 北京: 中国纺织出版社, 2013.

[5] 中华人民共和国国家质量监督检验检疫总局. 电梯、自动扶梯、自动人行道术语: GB/T 7024—2008 [S]. 北京: 中国标准出版社, 2008.

[6] 中华人民共和国国家质量监督检验检疫总局. 电梯制造与安装安全规范: GB/T 7588—2020 [S]. 北京: 中国标准出版社, 2020.

[7] 中华人民共和国国家质量监督检验检疫总局. 电梯安装验收规范: GB/T 10060—2011 [S]. 北京: 中国标准出版社, 2011.

[8] 中华人民共和国国家质量监督检验检疫总局. 电梯曳引机: GB/T 24478—2009 [S]. 北京: 中国标准出版社, 2009.

[9] 中华人民共和国国家质量监督检验检疫总局. 电梯 T 型导轨: GB/T 22562—2008 [S]. 北京: 中国标准出版社, 2009.